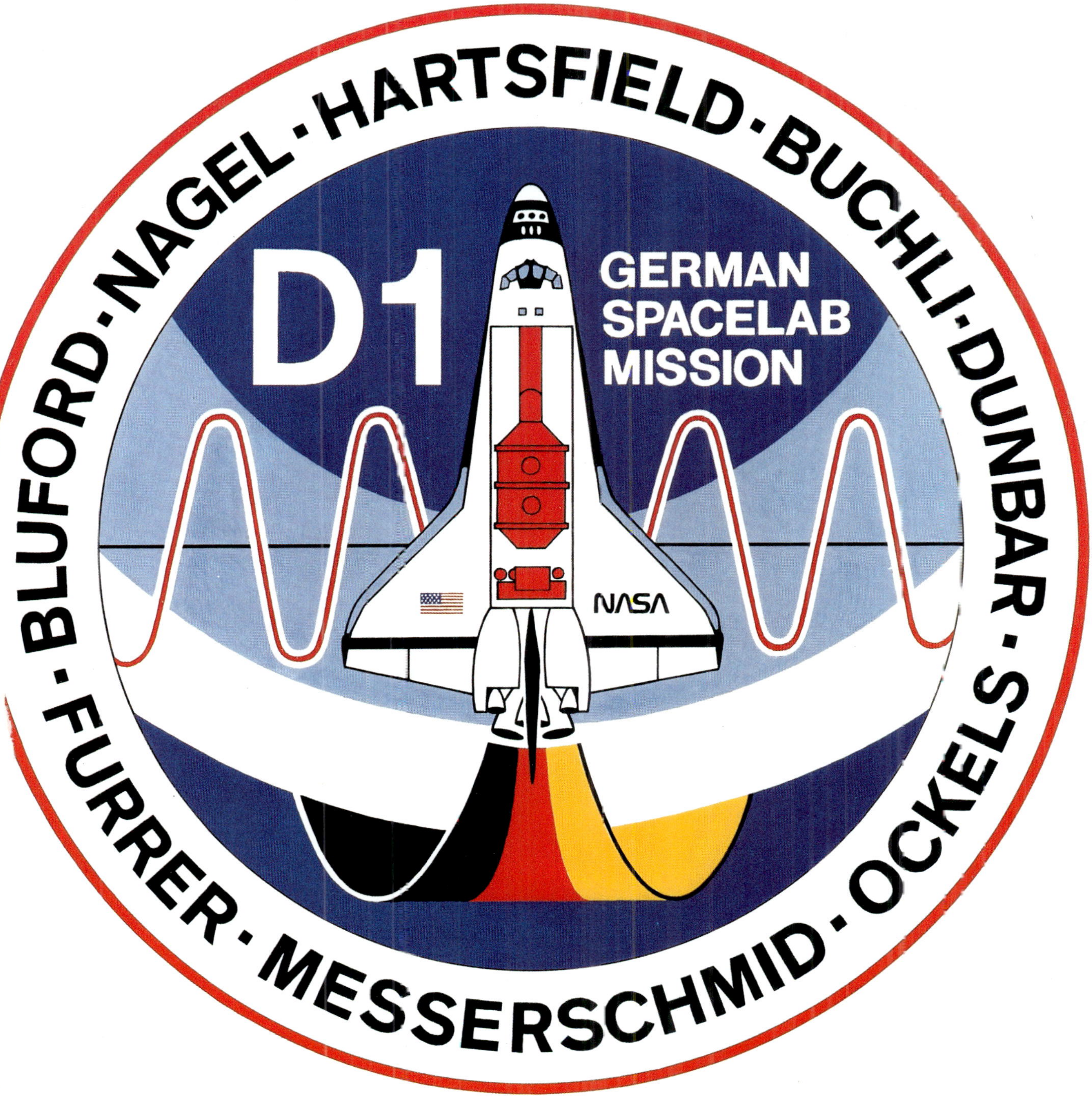
BLUFORD · NAGEL · HARTSFIELD · BUCHLI · DUNBAR ·
OCKELS · MESSERSCHMID · FURRER ·
D1
GERMAN
SPACELAB
MISSION
NASA

D1 UNSER WEG INS ALL

Ulf Merbold
Reinhard Furrer
Ernst Messerschmid
Wubbo Ockels
Hermann-Michael Hahn (Hrsg.)
Günter Siefarth

westermann

CIP-Kurztitelaufnahme der Deutschen Bibliothek
D 1 [eins] – unser Weg ins All / Ulf Merbold ...
Hermann-Michael Hahn [Hrsg.]. – Braunschweig: Westermann, 1985.
NE: Merbold, Ulf [Mitverf.]; Hahn, Hermann-Michael [Hrsg.]

ISBN 3-07-**508886**-2

© Georg Westermann Verlag GmbH, Braunschweig 1985
Umschlaggestaltung: Wolfgang Rühle und Jürgen Peters, Braunschweig
Umschlagfoto: Vorderseite: DFVLR, NASA; Rückseite: MBB-ERNO, Detlev van Ravenswaay
Gesamtherstellung: westermann druck GmbH, Braunschweig

ISBN 3-07-**508886**-2

INHALT

I.
VORWORT
Bundesminister für Forschung und Technologie, Dr. Heinz Riesenhuber 6

II.
DER ERSTE SCHRITT: SPACELAB 1
Erinnerungen 8

III.
WEGE UND UMWEGE
Von Hermann Oberth bis Spacelab 16

IV.
DAS RAUMLABOR – EUROPAS »MEISTERSTÜCK«
Die Entwicklungsgeschichte des Spacelab 42

V.
ASTRONAUTENTRAINING AUF EUROPÄISCH
Die Mannschaft von D 1 64

VI.
DAS AMERIKANISCHE SPACE SHUTTLE
Linienverkehr zwischen Erde und Orbit 84

VII.
DAS SPACELAB-HANDBUCH
Ein Raumlabor für viele Zwecke 114

VIII.
DER WELTRAUM ALS LABOR
Life Science – Forschung für den Menschen 128
Biowissenschaften 150
Materialforschung im Spacelab 159
Navigationsexperimente (NAVEX) 176

IX.
KONTAKT ZUR ERDE
Datenstrom auf Umwegen 182

X.
ZUKUNFT MIT NEUEN ZIELEN
Raumstationen und Mondbasen 190

XI.
SACHREGISTER
Bildquellenverzeichnis 206

VORWORT

Es gibt wohl kaum ein Gebiet in Wissenschaft und Technik, dessen Dynamik der Entwicklung innerhalb eines überschaubaren Zeitraums von rund einem Vierteljahrhundert so sehr in das Bewußtsein der Öffentlichkeit getreten ist wie die Weltraumfahrt. In Weltraumforschung und -technik wurde in wenigen Jahren der Schritt von ersten Experimenten zur selbstverständlichen Nutzung durch die Allgemeinheit vollzogen. Manche dieser Weltraum-Nutzungen sind bereits so in unseren Alltag eingegangen, daß wir sie kaum noch bewußt wahrnehmen. Dazu gehören weltumspannende Fernmelde- und Fernsehverbindungen oder der Blick aus 36 000 km Höhe auf unsere Erde bei der Fernseh-Wetterkarte.

Die Entwicklung der Weltraumtechnik macht weiter rasche Fortschritte. Der wiederverwendbare Raumtransporter der Vereinigten Staaten pendelt zwischen Erde und Umlaufbahn. Europa hat sich mit Ariane eine eigene leistungsfähige und zuverlässige Weltraumtransportkapazität geschaffen. Die Entwicklung und Nutzung des Spacelab konnte erste Erfahrungen in der bemannten Raumfahrt vermitteln.

Für die deutschen Weltraumaktivitäten hat sich die bemannte Raumfahrt als ein wichtiger Schwerpunkt entwickelt. Das erste wiederverwendbare Raumlabor Spacelab wurde unter deutscher industrieller Federführung gebaut. Der erste Einsatz Ende 1983 im Rahmen der europäischen Weltraumorganisation ESA mit dem deutschen Wissenschaftsastronauten Ulf Merbold an Bord hat seine Leistungsfähigkeit unter Beweis gestellt. Spacelab ermöglicht den wichtigen Schritt von der Erforschung des Weltraums zur Forschung im Weltraum, zur Nutzung des Weltraums als Labor. Bereits der erste Flug des Spacelab brachte wichtige Erkenntnisse für Werkstofforschung und Biowissenschaften, aber auch überraschende Ergebnisse und neue Fragestellungen. Gestützt auf diese Erfahrungen, sollen die Untersuchungen mit der ersten deutschen Spacelab-Mission D1 fortgesetzt und durch neue Experimente weiter ausgebaut werden.

Über diese Mission, den ersten Spacelab-Flug unter deutscher Leitung und mit einem eigenen deutschen Nutzlastkontrollzentrum, informiert eingehend dieses Buch und kommt damit einem außerordentlich starken Interesse der Öf-

fentlichkeit an der bemannten Raumfahrt entgegen. Das Autorenteam mit den deutschen Wissenschaftsastronauten Ulf Merbold, Reinhard Furrer und Ernst Messerschmid und ihrem niederländischen Kollegen Wubbo Ockels ist dabei eine Garantie für Information aus erster Hand.

Die D1-Mission ist im Gesamtrahmen unserer Weltraumaktivitäten zu sehen. Sie ist ein weiterer wichtiger Schritt auf dem kontinuierlichen Weg zur Columbus-Raumstation in den neunziger Jahren.

Columbus baut auf den Spacelab-Erfahrungen auf und wurde als deutscher Vorschlag gemeinsam mit Italien in die europäische Weltraumorganisation eingebracht. Im Januar 1985 hat die Ministerkonferenz der ESA in Rom beschlossen, dieses Projekt in Angriff zu nehmen. Europa folgt damit der Einladung der Vereinigten Staaten zur Zusammenarbeit bei Raumstationssystemen. Columbus ist eine sinnvolle Ergänzung und Erweiterung der amerikanischen Raumstationselemente. Raumstationssysteme ermöglichen die ständige Präsenz des Menschen im Weltraum. Wissenschaftler werden unter den auf der Erde nicht simulierbaren Umweltbedingungen des Weltraums experimentieren, unterstützt durch ständigen Kontakt mit den Forschungseinrichtungen am Boden. Die Raumstation ist darüber hinaus auch logistischer Stützpunkt für Wartung, Reparatur, Integration und Versorgung in der Umlaufbahn. Sie ist Plattform für die Beobachtung des Weltraums und der Erde.

Columbus, der europäische Beitrag zur partnerschaftlichen transatlantischen Zusammenarbeit bei der Raumstation, stellt sicher, daß Europa in diesem wesentlichen Gebiet der Spitzentechnologie Schritt hält und sich die zukünftige eigenständige wissenschaftliche und industrielle Nutzungsmöglichkeit sichert. Die erste deutsche Spacelab-Mission D1 ist ein wichtiger Schritt auf diesem Wege.

Ich wünsche allen, die zu ihrem Gelingen beitragen, insbesondere der Mannschaft, viel Erfolg!

(Dr. Heinz Riesenhuber)
Bundesminister für Forschung und Technologie

Rede und Antwort vor der Presse

Während einer am 20. Mai 1985 in Bonn abgehaltenen Pressekonferenz stellen sich Bundesforschungsminister Dr. Heinz Riesenhuber und die Wissenschaftsastronauten (von links nach rechts) Dr. Ernst Messerschmid, Dr. Ulf Merbold, Prof. Dr. Reinhard Furrer und Dr. Wubbo Ockels den Fragen der Journalisten zu D1 und zu den Entwicklungsperspektiven der europäischen Raumfahrt.

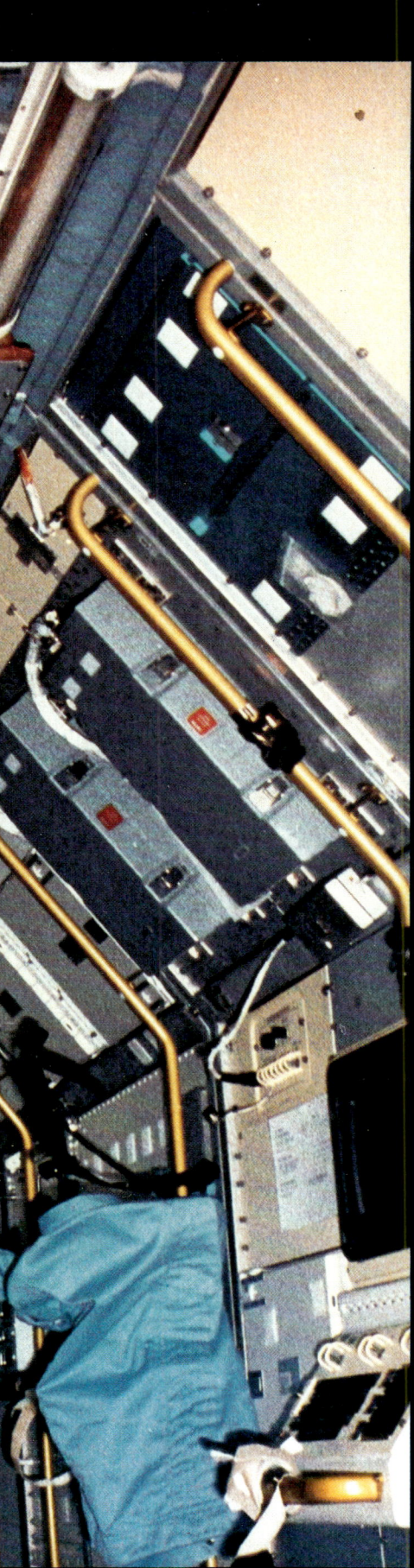

DER ERSTE SCHRITT
SPACELAB 1

Während Ulf Merbold in Schwerelosigkeit mit einem »Upside-down« demonstriert, Experimentatoren über die h den Experimentabläufe und der Spacelab 1-Mission »Kopf«.

Erinnerungen

ULF MERBOLD

Reisefieber

Wenige Stunden vor dem Start, beim obligatorischen Frühstück, sind die Gesichter der STS-9-Crew von Zuversicht, Erwartungsfreude, Tatkraft, aber auch Spannung gekennzeichnet.

Man schrieb den 28. November 1983. Lange habe ich auf diesen Tag warten müssen. Als ich am frühen Morgen die Mannschaftsquartiere des Kennedy Space Center zusammen mit den Astronauten John Young, Brewster Shaw, Owen Garriott, Robert Parker und Byron Lichtenberg verließ, um mit dem Bus zur Startplattform 39 A zu fahren, da wußte ich, daß mir der Höhepunkt meines Lebens bevorstand. Dort drüben wartete die Raumfähre Columbia auf uns, die Tanks mit flüssigem Wasserstoff und Sauerstoff gefüllt, bereit, das von der europäischen Weltraumagentur ESA in Auftrag gegebene Spacelab zu seiner Feuertaufe in den Orbit zu transportieren.

Spacelab, das hieß 72 zum Teil anspruchsvollste wissenschaftliche Experimente, ausgewählt und zusammengestellt aus den Fachdisziplinen Astronomie, Erdbeobachtung, Atmosphärenphysik, Biologie,

Medizin, Materialforschung, Technologie, Sonnen- und Plasmaphysik.

Als wir uns nach fast halbstündiger Fahrt dem Orbiter näherten, war ich erneut von seiner Größe überwältigt: Aufgerichtet wie ein großer Turm stand er da, verbunden mit dem riesigen Außentank und den beiden Feststoff-Raketen. Wir wußten, daß wir das komplizierteste Fluggerät besteigen würden, das jemals gebaut worden war, und wir hatten uns vorgenommen, zum Nutzen der Wissenschaft davon den besten Gebrauch zu machen. Als wir den kleinen Bus verlassen hatten, um den kurzen Weg zum Aufzug des Startturms zu gehen, bemerkte ich einige Feuerwehrleute, die in ihren feuerfesten Spezialanzügen wie Ritter vergangener Tage aussahen. Ihre Gegenwart verdeutlichte mehr als viele Worte, daß wir wenig später auf über tausend Tonnen hochexplosivem Treibstoff sitzen würden. Sie schüttelten uns die Hände und wünschten eine gute Reise. Aus ihren offenen Gesichtern strahlten Zuversicht und Tatkraft.

Im Aufzug begleitete uns ein Techniker nach oben. Die Fahrt stand in einem merkwürdigen Gegensatz zu dem, was man von der NASA erwartete: Der Aufzug rüttelte hin und her, schüttelte und bewegte sich geräuschvoll wie eine betagte Straßenbahn.

Im »white room« am Ende des brückenartigen Schwenkarms, unmittelbar vor der Einstiegsluke der Columbia, legten wir die letzten Teile unserer Ausrüstung an, das Gurtzeug, die Handschuhe und den Helm. Dann war es soweit: Händeschütteln und Schulterklopfen mit Jim Schlosser und den anderen, uns wohl vertrauten Technikern, die Daumen nach oben gestreckt, und dann stiegen wir nacheinander durch die Luke in unsere Raumfähre Columbia.

Drinnen wartete der Astronauten-Kollege Woody Springs auf uns, um uns beim Anschnallen und beim Anschließen an die Sauerstoff-Versorgung behilflich zu sein. Woody achtete auch darauf, daß wir uns mit dem Kommunikationssystem verbanden, so daß wir untereinander problemlos sprechen konnten. Bis zum Start hatten wir noch zwei Stunden Zeit, und ich war froh, daß sich unsere Vorbereitungen mit Woody etwas länger hinzogen als normal.

Unterdessen lief der Countdown für die Raumfähre weiter, wurde jedes einzelne System auf seine volle Funktionsfähigkeit hin überprüft. Dutzende von Ingenieuren starrten jetzt im Start-Kontrollzentrum auf ihre Monitore, auf denen die Parameter der vielen verschiedenen Systeme angezeigt wurden: Temperaturen, Drehzahlen, Spannungen, Stromstärken, Drücke und so weiter. Überprüft wurde auch das für uns so lebenswichtige Computersystem an Bord.

Von der Besatzung nahmen nur

Feuertaufe für Europas »Meisterstück«

Am 28. November 1983, 17.00 Uhr MEZ, hebt das Space Shuttle Columbia zum STS-9-Flug ab, in der Ladebucht zum ersten Mal das europäische Spacelab, an Bord Ulf Merbold.

Erdbeobachtung

Die während der Spacelab 1-Mission eingesetzte Metrische Kamera setzt einen neuen Meilenstein in der Fernerkundung. Das Bild zeigt einen Ausschnitt Somalias am Horn von Afrika.

Wissenschaft rund um die Uhr rund um die Erde

Während der Spacelab 1-Mission werden 72 Experimente durchgeführt. Das Bild zeigt Ulf Merbold bei einem Experiment am Gradientenofen.

Kommandant John Young, Pilot Brewster Shaw und Missionsspezialist Bob Parker unmittelbar am Countdown teil, doch selbst sie hatten nicht allzuviel zu tun. Wir anderen waren zum Abwarten verurteilt.

Das Glück des schwarzen Himmels

Schließlich kam der Moment, an dem Woody mit seinen Arbeiten fertig war. Er sagte nur »Have a good one«, gab uns gerade noch die Zeit, mit hochgerecktem Daumen zu danken, und dann war er auch schon ausgestiegen. Ich ahnte, wie gerne er mitflöge. Auch mein holländischer Kollege Wubbo Okkels kam mir in den Sinn, der wie ich 1978 als Kandidat für die erste Spacelab-Mission ausgewählt worden war. Seither hatten wir hart gearbeitet, um uns auf den Flug vorzubereiten, und waren dabei zu einem erstklassigen Team geworden. Am liebsten hätte ich meinen holländischen Freund in dieser Stunde des Aufbruchs ins All neben mir gewußt, denn schließlich hatte er sich genauso engagiert wie ich für unser Ziel eingesetzt. Daß Wubbo nicht dabeisein durfte, war der einzige Wermutstropfen an diesem Tag.

Zusammen mit Owen Garriott saß ich angeschnallt auf einem Sitz im Mitteldeck des Shuttle und konnte verfolgen, wie die Einstiegsluke von außen verschlossen wurde. Owen kontrollierte das Schloß und bestätigte, daß es verriegelt war.

Durch das kleine Bullauge in der Einstiegsluke konnten wir sehen, wie der »white room« abgebaut wurde. Über in unsere Helme integrierte Kopfhörer wurden wir dann informiert, daß die Brücke nunmehr weggeschwenkt würde. Damit waren wir auf der großen Startplattform 39 A allein. Der Countdown lief ohne Probleme weiter, und alles deutete darauf hin, daß Hunderte von Technikern und Ingenieuren gute Arbeit geleistet hatten.

Als der Direktor des Startzentrums alle Systemverantwortlichen der Reihe nach abfragte, ob der Start erfolgen könne, begannen auch die letzten Zweifel zu schwinden. Von allen Stationen für die Systeme wie etwa die Hauptmotoren, die Feststoff-Raketen, das Computer-, Hydraulik- und Stromerzeugungssystem, von den Sicherheitsverantwortlichen des KSC und nicht zuletzt von unserem eigenen Kommandanten erhielt er ein kurzes »go« zur Antwort.

Daraufhin wurden die Hilfsstromaggregate an Bord gestartet und die Kontrolle des noch verbleibenden Countdowns vollständig einer Rechenanlage am Boden übertragen, dem »automatic launch sequencer«. An Bord erreichte die Spannung ihren Höhepunkt. Ganz deutlich konnte ich fühlen, wie die Hauptmotoren von der einen Seite auf die andere geschwenkt wurden: Mit ihrer Masse von mehreren Tonnen zwangen sie die Spitze des Shuttle, dort, wo wir im Cockpit und im Mitteldeck ausharrten, zu einer Bewegung in entgegengesetzter Richtung. Mit dem Beweglichkeitstest hatte der Countdown seine Endphase erreicht. An Bord herrschten Spannung und höchste Konzentration. Jeder verfolgte mit allen Sinnen den Fortgang der Dinge und beobachtete den Lauf des Sekundenzeigers auf seiner Armbanduhr. Als sechs Sekunden vor dem geplanten Startzeitpunkt die Hauptmotoren wie vorgesehen anliefen, begann die Spannung nochmals zu wachsen. Wir warteten auf die Zündung der Feststoffraketen. Auf Millisekunden genau sprangen sie an und gaben uns mit einem Schlag mehr als 2000 Tonnen zusätzlichen Schub. Columbia vibrierte, zitterte und schüttelte sich unter dieser Last, aber sie setzte sich grandios und schnell wie ein Sprinter in Bewegung. Alle Spannung fiel von uns ab – wir waren auf dem Weg in den Weltraum. Großes Glück erfüllte uns, als sich der blaue Himmel beim Verlassen der Atmosphäre schwarz zu färben begann.

Mit Bravour bestanden

Hier soll und kann nicht über den weiteren Verlauf des Fluges und seine Ergebnisse berichtet werden – dies wird an anderer Stelle geschehen. Ich verrate jedoch keine Geheimnisse, wenn ich rückblickend sage, daß das unter Federführung der europäischen Weltraumbehörde ESA gebaute Spacelab hervorragend funktionierte und alle Erwartungen nicht nur erfüllte, sondern weit übertraf. Überrascht hat mich die Reaktion zahlreicher an den Experimenten beteiligten Wissenschaftler, die noch während unseres Fluges über die wissenschaftlichen Ergebnisse aus dem Häuschen gerieten. Immerhin handelte es sich um Naturwissenschaftler, die sich von Berufs wegen einer nüchternen, sachlichen Betrachtung ihrer Messungen befleißigen und deswegen emotionalen Äußerungen oft höchst skeptisch gegenüberstehen: Wenn sie so aufgeregt reagierten, mußte die Qualität der empfangenen Meßdaten ihre Erwartungen weit übertroffen haben.

Fortsetzung folgt?

Doch in das Hochgefühl, zu neuen Horizonten unterwegs zu sein, mischte sich bei mir irgendwann später der leise Zweifel, ob Europa die Kraft und den Atem haben würde, den eingeschlagenen Weg weiterzugehen. Der ESA, die europäische Ingenieure beauftragt hatte, das Spacelab als fünfzigfach wiederverwendbares Gerät zu bauen, waren von den Politikern die Mittel verwehrt worden, ihre phantastische Plattform zu nutzen und mehrfach in die Erdumlaufbahn zu bringen. Es bestand Ungewißheit, ob und wie die europäische Beteiligung an der bemannten Weltraumfahrt weitergehen werde. Jeder, der wie ich mit großem Engagement von Anfang an dabei war, nahm deshalb mit größter Freude und Erleichterung die Nachricht von der Entscheidung für

Zeichen einer glücklichen Allianz

Die am STS-9-Flug beteiligten Astronauten tragen an ihren Raumanzügen ein Logo, das den Erstflug des Spacelab angemessen würdigt.

die D1-Mission zur Kenntnis. Sie gab uns die Befriedigung, daß unsere Arbeit nicht nur eine kurze Episode in der Geschichte von Wissenschaft und Raumfahrt bleiben und durch ein drittklassiges Begräbnis enden würde.

Es ist ein Verdienst der Deutschen Forschungs- und Versuchsanstalt für Luft- und Raumfahrt (DFVLR), daß der D1-Flug Wirklichkeit wird. Ursprünglich war er mit der Hilfe weitsichtiger Politiker als eine nationale Unternehmung geplant worden. Inzwischen ist die ESA mit maßgebenden Experimenten beteiligt, was die Bedeutung des Fluges zusätzlich erhöht. Am wichtigsten von allem ist, daß mit D1 die bemannte Raumfahrt in Europa weitergeht. Auf diese Weise werden die früheren Anstrengungen gerechtfertigt, das dazu nötige Wissen zu erwerben und in Europa die notwendige Infrastruktur zu schaffen.

Von größter Logik ist deshalb auch der Beschluß, den die europäischen Forschungsminister Ende Januar 1985 in Rom getroffen haben, Europa an einer dauernd bemannten Raumstation zu beteiligen. Damit wird der D1-Flug seinerseits als Teil eines weitreichenden Planes für die Zukunft aufgewertet.

Viele kritische Kommentare wegen der mit der bemannten Raumfahrt verbundenen Kosten, die in jüngerer Zeit zu lesen und zu hören waren, lassen nach meiner Einschätzung der Dinge eine kurzsichtige Betrachtungsweise erkennen. Zunächst stellt der erdnahe Weltraum ein experimentelles Labor mit einzigartigen Eigenschaften und Möglichkeiten dar. Erstens ist die Schwere, die auf der Erde höchstens für Sekunden eliminiert werden kann, im Weltraum auf Dauer überwunden. Zweitens gibt es keine Atmosphäre mehr, so daß die Signale von der Sonne oder auch aus den Tiefen des Universums ungehindert empfangen und analysiert werden können, sei es in Form von Röntgenlicht, als ultraviolette Strahlung oder auch als Elementarteilchen. Drittens eröffnet der, wenn auch geringe, Abstand von der Erdoberfläche den Weg zu einem globalen Überblick. Für viele plasmaphysikalische Untersuchungen ist es viertens ein unschätzbarer Vorteil, daß im Weltraum Experimente durchgeführt werden können, ohne daß dort die Wände einer Vakuumkammer stören können. So möchte ich abschließend die Behauptung wagen, daß Forschung im Weltraum zu Erkenntnissen führen wird, die auf keine andere Weise für weniger Geld gewonnen werden könnten. Zusätzlich zur Bedeutung des Weltraums als Labor mit einzigartigen Möglichkeiten kommt Programmen wie D1 und mehr noch Columbus, dem europäischen Anteil an der geplanten amerikanischen Raumstation, auch die Funktion zu, Motor zur Entwicklung neuer Technologien und Testverfahren zu sein. Hier werden aller Wahrscheinlichkeit nach neue Fertigungs- und neue Entwurfsmethoden entwickelt und neue Materialien eingesetzt. Es werden die Methoden des Managements verfeinert. All diese Erkenntnisse werden sich auch in anderen Bereichen nutzbringend einsetzen lassen. Man bedenke nur einmal, welchen Fortschritt das amerikanische Apollo-Programm im Computerbau ausgelöst hat.

Zuletzt halte ich die bemannte Weltraumfahrt aufgrund ihres spektakulären Charakters auch für einen effektiven Weg, europäische Technologie zu demonstrieren. Man kann damit glaubhaft vorführen, daß wir imstande sind, komplexe und anspruchsvolle Projekte zum Erfolg zu führen. Für ein exportabhängiges, rohstoffarmes Land wie die Bundesrepublik Deutschland kann darin nur ein Vorteil liegen.

Alles in allem erscheint es mir daher nicht nur gerechtfertigt zu sein, daß die D1-Mission durchgeführt wird, sondern im Hinblick auf die Zukunftssicherung ist es geradezu geboten, Chancen dieser Art nicht ungenutzt zu lassen.

WEGE UND UMWEGE

Kooperation im All
In der offenen Ladebucht des Space Shuttle Challenger wird der 1500 Kilogramm schwere, vom deutschen Unternehmen MBB-ERNO gebaute, wiederverwendbare Forschungssatellit SPAS-01 (Shuttle Pallet Satellite) auf seinen ersten Einsatz im All vorbereitet. SPAS erfüllt alle in ihn gesetzten Erwartungen.

Von Hermann Oberth bis Spacelab

GÜNTER SIEFARTH

»Wir haben Raketen nicht erdacht und gebaut, um unseren Planeten mit ihnen zu zerstören, sondern um andere Planeten mit ihnen zu erreichen.« Wernher von Braun

Man schreibt das Jahr 1969. Der Weltraum ist längst zur großen Bühne geworden, auf der sich die Akteure drängeln – vor allem Russen und Amerikaner. Zwölf Jahre, nachdem Sputnik als erster Star die Szene beherrscht hat, und wenige Monate, nachdem es den Amerikanern gelungen ist, hoch über dem irdischen Zuschauerraum auf dem Mond eine neue Bühne zu betreten, fällt es kaum auf, daß unter dem Namen Azur zum erstenmal ein deutscher Akteur ins Rampenlicht tritt. In der großen Kulisse wird er vom verwöhnten Publikum kaum beachtet, und seine bescheidene Solopartie macht keine Schlagzeilen.

In Apollos Schatten

Daß die Berichterstatter dem ersten Weltraumprojekt der Bundesrepublik Deutschland nur wenig Beachtung schenken, liegt vor allem am Zeitpunkt seines Starts, der am 8. November 1969 erfolgt.
Fachleute und Laien warten zur selben Zeit auf den Countdown für Apollo 12. Vier Monate, nachdem Neil Armstrong und Edward Aldrin mit der Fähre Eagle auf dem Mond gelandet sind und Menschen zum erstenmal das 384 000 km von der Erde entfernte Nachtgestirn betreten haben, wollen die Amerikaner mit einem zweiten Mondlandeunternehmen beweisen, daß die Trasse Erde–Mond endgültig erschlossen ist.
In unserem Fernsehstudio packen wir in diesen Tagen die Raketenmodelle und Mondrequisiten wieder aus, Bild- und Tonleitungen nach Cape Canaveral und Houston werden vorbereitet. Und als Kommentatoren sind wir so sehr mit dem Studium der Flugpläne und der vorgesehenen Experimente beschäftigt, daß jedes andere Ereignis im Hintergrund bleiben muß. Wie sollte man auch das Interesse des Publikums auf einen fast unscheinbaren Satelliten lenken, dessen Forschungsziele dem Laien kaum zu vermitteln sind. Was bedeuten schon solare Partikel oder der Strahlungsgürtel des irdischen Planeten im Vergleich zum Mond! Dort sinnlich nicht wahrnehmbare Erscheinungen, die allenfalls Astrophysiker faszinieren, und hier ein Himmelskörper, der greifbar nahe die Erde umrundet, den die Dichter besingen, um den sich Sagen und Märchen ranken und dessen Licht die Menschen in seinen Bann zieht, solange sie fühlen und denken können.
Seit Neil Armstrongs »kleinem Schritt für einen Menschen und dem großen Sprung für die Menschheit« im Juli 1969 wird jedes Mondbuch zum Bestseller, und das Foto der Erde, die über dem Mondhorizont aufgeht wie die Sonne über der Wüste, hängt als Symbol eines neuen Bewußtseins in Schulen und Wohnzimmern, in Büros und Jugendzentren.

Mit Geigerzähler über dem Nordpol

Azur erreicht die Erdumlaufbahn mit Hilfe einer amerikanischen Rakete vom Typ Scout. Am 8. November 1969 um 1.52 Uhr MEZ erfolgt der Start von der Western Test Range in Kalifornien. Der Termin wird bestimmt durch den Wunsch der Wissenschaftler, die mit Hilfe des Satelliten das Phänomen des Nordlichts untersuchen wollen. Am 21. Dezember soll Azur darum auf dem erdnächsten Punkt seiner Bahn den Nordpol überfliegen.
Wenn man den Himmelsroboter, der von einer Arbeitsgemeinschaft deutscher Firmen im Auftrag des Bundesministers für wissenschaftliche Forschung entwickelt und gebaut worden ist, allein nach den Abmessungen und nach dem Ge-

Sechsmal zum Mond

fliegen amerikanische Astronauten zwischen Juli 1969 und Dezember 1972. Während sie auf dem Erdtrabanten ausgedehnte Exkursionen unternehmen – zuletzt mit Mondautos –, versuchen die Europäer mit unbemannten Satelliten auf dem Feld der Raumfahrttechnik Anschluß zu finden.

Erfolgreicher Nachzügler

Azur, der erste deutsche Forschungssatellit, wird 1969 mit einer amerikanischen Scout-Rakete in den Weltraum gebracht. Zu seinen Aufgaben gehört die Erforschung des Strahlengürtels der Erde und des Polarlichts.

wicht beurteilt, ist er alles andere als eine technische Sensation in der noch immer jungen Geschichte der Astronautik. Ein Zylinder mit aufgesetztem Kegelstumpf, 113 cm lang und 75 cm im Durchmesser. Das Gesamtgewicht beträgt 82 kg, davon entfallen knapp 17 kg auf die Experimente.

Schon der erste künstliche Satellit, der sowjetische Sputnik, ist zwölf Jahre zuvor mit knapp 84 kg schwerer als Azur, und die Masse des amerikanischen Forschungsroboters Pegasus 1, der im Februar 1965 gestartet ist, beträgt bereits 23 t, das zweihundertachtzigfache seines deutschen Konkurrenten.

Aber entscheidender als Äußerlichkeiten ist in diesem Jahr der Versuch deutscher Wissenschaftler und Konstrukteure, auf einem neuen Feld der Forschung Fuß zu fassen. Nicht nur Amerikaner und Russen, sondern auch Briten, Kanadier, Italiener und Franzosen haben dieses Feld inzwischen betreten.

Vorbild für Azur ist unter anderen Amerikas erster Satellit, Explorer 1, der im Februar 1958 gestartet worden ist und vier Monate lang seine Meßergebnisse zur Erde gefunkt hat. Sein Ziel ist die Erforschung der kosmischen Strahlung gewesen. Seine Meßapparaturen haben der Kosmos-Wissenschaft zum ersten großen Erfolg verholfen. Man hat die Form des Strahlungsgürtels entdeckt, der unsere Erde umgibt und der seitdem den Namen des Mannes trägt, der das wissenschaftliche Programm dieses Unternehmens angeregt hat: Dr. James van Allen. Azur übernimmt es, den inneren Strahlungsgürtel zu untersuchen und damit ergänzende Ergebnisse zum amerikanischen Explorer-Programm zu liefern. Seine elliptische Flugbahn führt ihn mit einer Neigung von 103 Grad gegen die Äquatorebene bis auf 385 km in die Nähe des Nordpols, während seine Entfernung zum Südpol 3150 km beträgt. Zu seiner Ausrüstung gehören zwei Protonenteleskope, Detektoren, Photometer und mehrere Geiger-Müller-Zählrohre, deren Aufgabe es ist, den Fluß der einfallenden und gespiegelten Elektronen in der Polarlichtzone zu messen.

Die wissenschaftliche Arbeit dieser deutschen Weltraumpremiere teilen sich mehrere Max-Planck-Institute, die Universität Kiel, die Technische Hochschule Braunschweig und die Deutsche Forschungs- und Versuchsanstalt für Luft- und Raumfahrt (DFVLR). Professor Dr. Reimar Lüst, heute Generaldirektor der Europäischen Weltraumorganisation (ESA) und damals Leiter des Instituts für extraterrestrische Physik am Garchinger Max-Planck-Institut, verweist auf die allgemeine Bedeutung des Azur-Forschungsprogramms für die Zukunft der Raumfahrt: »Die Existenz der Strahlungsgürtel ist nicht nur als physikalisches Phänomen von besonderem Interesse, sondern auch wegen der zum Teil sehr hohen Strahlungsintensitäten, denen alle Raumfahrzeuge beim Durchfliegen dieser Zonen ausgesetzt sind und die sowohl für Menschen als auch für die elektronischen Instrumente gefährlich sein können.«

Daß sich die Bundesrepublik 1969 auf wenige Teilgebiete der Weltraumforschung beschränken muß, hat auch finanzielle Gründe. Die Geldmittel, die in diesem Jahr zur Verfügung stehen, sind mit 320 Millionen DM weit vom Aufwand der USA und der UdSSR entfernt. Aber immerhin steht den Deutschen fast doppelt soviel wie den Briten und sogar das Fünffache des italienischen Etats für Weltraumforschung zur Verfügung. In Europa wendet nur Frankreich mit fast 400 Millionen DM mehr auf als die Bundesrepublik.

Orakel der Astronautik

Wer den Azur-Start und das Jahr 1969 als den Beginn der deutschen Raumfahrt bezeichnet, vergißt, daß am Anfang technischer Entwicklungen und lange vor ihrer Verwirklichung noch immer die Träume ge-

Prophet und Wegweiser

Der 1894 in Siebenbürgen geborene Hermann Oberth gehört zu den geistigen Vätern der Raumfahrt. Wegweisend ist seine 1923 veröffentlichte Schrift »Die Rakete zu den Planetenräumen«.

nialer Wissenschaftler und Konstrukteure stehen, die man in der Rückschau gerne als Pioniere bezeichnet und mit allerlei Anekdoten umgibt, wobei die verständnislose Umwelt zuweilen auf die Hörner genommen wird.

So gesehen beginnt die Geschichte der deutschen Weltraumfahrt weit früher mit einer Doktorarbeit, für deren Annahme sich kein Professor zuständig fühlt. Und als ein Münchener Verleger 1922 das Manuskript durchblättert, glaubt er die Arbeit der Kategorie »utopische Romane« zuordnen zu müssen. Ein Jahr später wird diese Schrift eines jungen Lehrers namens Hermann Oberth dennoch veröffentlicht. Ihre erste Seite liest sich heute – mehr als 60 Jahre später – wie das Orakel der Astronautik, eine Vision in vier Sätzen:

»1. Beim heutigen Stande der Wissenschaft und der Technik ist der Bau von Maschinen möglich, die höher steigen können, als die Erdatmosphäre reicht.

2. Bei weiterer Vervollkommnung vermögen diese Maschinen derartige Geschwindigkeiten zu erreichen, daß sie – im Ätherraum sich selbst überlassen – nicht auf die Erdoberfläche zurückfallen müssen und sogar imstande sind, den Anziehungsbereich der Erde zu verlassen.

3. Derartige Maschinen können so gebaut werden, daß Menschen (wahrscheinlich ohne gesundheitlichen Nachteil) mit emporfahren können.

4. Unter gewissen wirtschaftlichen Bedingungen kann sich der Bau solcher Maschinen lohnen. Solche Bedingungen können in einigen Jahrzehnten eintreten.

In der vorliegenden Schrift möchte ich diese vier Sätze beweisen.«

1929 erscheint Oberths Buch erweitert und in populärer Fassung unter dem Titel »Wege zur Raumschiffahrt«. Als es 45 Jahre später – fünf Jahre nach der ersten Mondlandung – in Bukarest noch einmal in unveränderter Form mit seinen Tafeln und zahlreichen Abbildungen nachgedruckt wird, kann der Autor im neuen Vorwort stolz anmerken: »Was meine damaligen Konstruktionsvorschläge betrifft, so kann es lehrreich sein, zu sehen, was später aus ihnen geworden ist, und mancher mag daraus lernen, daß sich dort, wo ein Wille ist, schließlich auch ein Weg findet, und daß man nicht zu früh die Flinte ins Korn werfen soll.«

Noch bevor Oberths Buch 1929 die Druckmaschinen verläßt, soll er selbst Gelegenheit finden, die von ihm entwickelten Theorien in die Praxis umzusetzen.

Reklamerakete für die »Frau im Mond«

Es ist weder ein wissenschaftliches Institut noch ein experimentierfreudiges Industrieunternehmen, das dem 1894 in Siebenbürgen geborenen, als Lehrer für Mathematik und Physik tätigen Oberth den Weg zu praktischen Raketenversuchen ebnet, sondern ein Regisseur. Fritz Lang soll im Auftrag der UFA einen Film unter dem Titel »Frau im Mond« drehen, der das aufkommende Interesse für die noch utopisch erscheinende Raumfahrt aufgreift. Er bittet den in Fachkreisen inzwischen bekanntgewordenen Schulprofessor, die technische Beratung zu übernehmen.

Oberth entwirft nicht nur das Modell und die Attrappe eines Mondschiffs, sondern gewinnt seine Auftraggeber auch für eine naheliegende Werbeidee. Gleichzeitig mit der Premiere des Films soll eine Flüssigkeitsrakete starten und eine Höhe von 40 km erreichen. Da die Zweifel der UFA-Verwalter an der Verwirklichung dieser Idee größer sind als ihre Begeisterung, greift Fritz Lang in die eigene Tasche und übernimmt die Hälfte der Kosten.

Verdienstvoller Mitarbeiter in dieser Zeit wird der gleichaltrige Rudolf Nebel, ein Flieger und Flugzeugkonstrukteur, der sich seit mehreren Jahren mit der Technik des Rückstoßprinzips beschäftigt und praktischer begabt ist als Oberth. Man experimentiert und sucht geeignete Treibstoffe. Bei einem Versuch mit Benzin und flüssigem Sauerstoff ereignet sich eine Explosion, bei der Oberth an Augen und Ohren verletzt wird. Aber die Zeit drängt und die bevorstehende Filmpremiere duldet keine Pause. »Kegeldüse« nennt er das Gerät, an dem er und Nebel in einer unansehnlichen Werkstatt bis zu 16 Stunden täglich arbeiten. Aber die Zeit gewinnt den

Berliner Countdown

Startgestelle auf dem Raketenflugplatz Berlin, wo Anfang der dreißiger Jahre erfolgreiche Versuche unter schwierigen Bedingungen unternommen werden.

Wettlauf – und die »Frau im Mond« wird im Oktober 1929 ohne das begleitende Getöse einer Rakete uraufgeführt.

Die Arbeit ist trotzdem nicht vergebens. Bauteile, Werkzeuge, Geräte und ein Startgestell gehen in den Besitz des »Vereins für Raumschifffahrt« über, der 1927 in Breslau gegründet worden ist. Die Versuche werden fortgesetzt in der Chemisch-Technischen Versuchsanstalt in Plötzensee bei Berlin. Im Beisein von Pressefotografen erfolgt im Sommer 1930 ein Brennkammertest. Er beweist, daß Raketen mit flüssigen Treibstoffen gestartet werden können – auch wenn ihre Schubkraft weitaus geringer ist als die von Pulverraketen.

Zu den Mitarbeitern Oberths und Nebels gehören inzwischen auch der junge Ingenieur Klaus Riedel und die beiden Achtzehnjährigen Rolf Engel und Wernher Freiherr von Braun.

Zehn Mark für einen Raketenflugplatz

Es schmälert nicht die Verdienste der ersten deutschen Raketenbauer, daß vor ihnen schon ein Anderer Versuche mit Flüssigkeitsraketen unternommen hat – der Amerikaner Robert Hutchings Goddard. Allerdings: Die Idee der Weltraumfahrt, die für Oberth das treibende Motiv aller Mühen ist, tritt für ihn in den Hintergrund. Er hat lediglich ein technisches Vehikel für Höhen- und Fernflugkörper entwickeln wollen.

Und Konstantin Eduardowitsch Ziolkowski? Hat er nicht schon um die Jahrhundertwende grundlegende Schriften über Raumfahrt und Raketen verfaßt? Aber seine Gedanken verbreiten sich nicht bis in die siebenbürgische Heimat Hermann Oberths, für den es eher Anregungen in den Zukunftsromanen von Jules Verne gibt, die er als Zwölfjähriger liest.

Nach der geglückten Demonstration seiner »Kegeldüse« zieht sich Oberth wieder nach Siebenbürgen zurück. In Deutschland werden Raketenversuche auf sehr unterschiedlichen Gebieten fortgeführt – vor allem auf dem »Raketenflugplatz Berlin«. Was sich hinter diesem Titel verbirgt, ist nichts anderes als ein ehemaliger Schießplatz in Reinickendorf, den Rudolf Nebel und seine Mitarbeiter 1930 für die symbolische Jahresmiete von zehn Reichsmark benutzen dürfen. Der Platz ist so weit von jedem Wohngebiet entfernt, daß die Donnergeräusche der Brennkammerversuche niemanden stören.

Für stürmische technische Entwicklungen bieten sich Anfang der dreißiger Jahre keine günstigen Voraussetzungen. Das Geld für Geräte und Treibstoffe müssen sich die Raketenbauer oft genug von den Mahlzeiten absparen. Spenden und »Eintrittsgelder« interessierter Besucher helfen weiter. Es gelingen Flüge bis zu einer Höhe von 1500 m. Um die Geräte unbeschädigt bergen zu können, rüstet man sie mit Fallschirmen aus – eine Methode, die wie vieles andere Schule machen soll.

Den Experimenten mit Flüssigsauerstoff und Benzin folgen schließlich Versuche mit einem Alkohol-Wasser-Gemisch. Der unermüdliche und ideenreiche Klaus Riedel ahnt nicht, daß er damit einen Weg beschreitet, der zum Umweg wird. Aus der Rakete, die seine Konstrukteure geschaffen haben, um den Weltraum zu erschließen, wird zunächst ein Waffenträger.

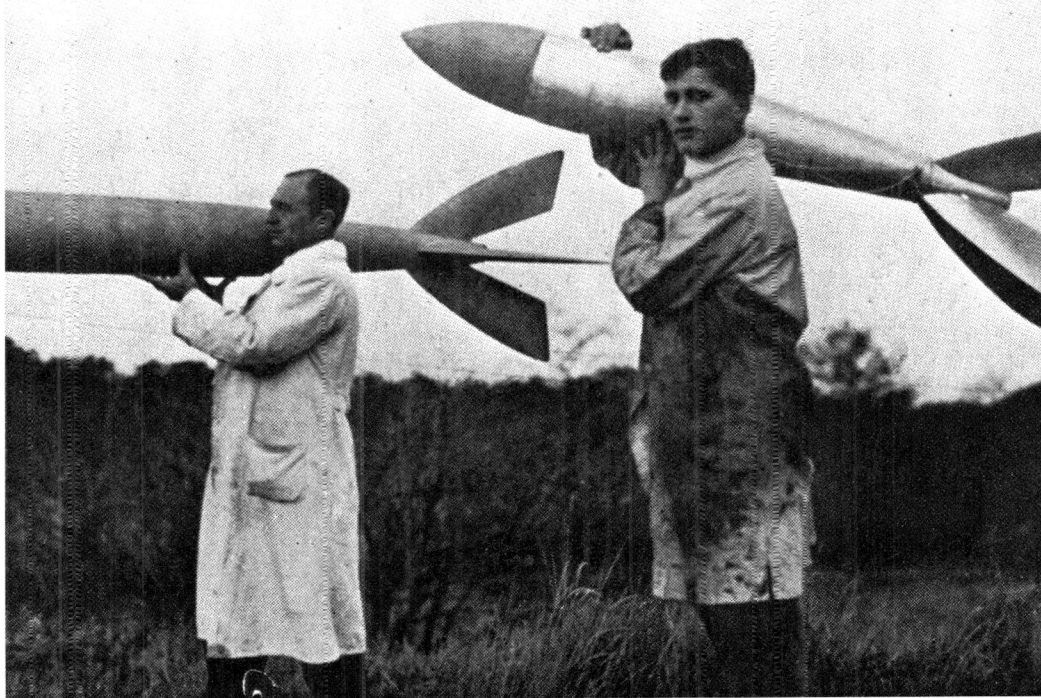

1930 – der Lehrer und sein Schüler

Rudolf Nebel, der unermüdliche Organisator des Raketenflugplatzes Berlin-Reinickendorf, mit seinem damals achtzehnjährigen Mitarbeiter Wernher von Braun.

Der Vater aller Dinge ...

»Wir haben Raketen nicht erdacht und gebaut, um unseren Planeten mit ihnen zu zerstören, sondern um andere Planeten mit ihnen zu erreichen.« Dieses Wort Wernher von Brauns kann nicht darüber hinwegtäuschen, daß der entscheidende Fortschritt zu Beginn des Weltraumzeitalters durch die Technik des Krieges erfolgt, der sich wieder einmal als der Vater aller Dinge erweisen soll.

1934 bereits wird die Raketenforschung durch »Führerbefehl« dem Heereswaffenamt unterstellt. Die Kontakte, die die deutschen Raketenbauer im »Verein für Raumschiffahrt« mit ausländischen Freunden unterhalten, sind unerwünscht. Der Raketenflugplatz Berlin wird geschlossen. Rudolf Nebel lehnt es ab, in einer untergeordneten Stelle des Heereswaffenamtes weiterzuarbeiten. 35 Jahre später, im Juli 1969, kann er ebenso wie Hermann Oberth auf Cape Canaveral miterleben, wie die riesige Saturn V-Rakete von der Startrampe abhebt, um zum erstenmal Menschen zum Mond zu bringen. Eingeladen hat ihn sein ehemaliger jüngerer Mitarbeiter Wernher von Braun, der Konstrukteur der amerikanischen Großrakete und unermüdliche Werber des Mondflugprogramms. Er ist, noch bevor die Arbeiten in Reinickendorf verboten worden sind, einem Weg gefolgt, den sein Lehrer nicht gehen will: Er wird Mitarbeiter des Heereswaffenamts.

Es dient nicht der historischen Wahrheit, wenn man zu entschuldigen oder anekdotenhaft zu verschleiern sucht, daß die Wegbereiter der Weltraumfahrt sich in diesen Jahren dem Pakt mit dem Teufel nicht entziehen können. Aber es ist zugleich die Frage erlaubt, ob die Waffentechnik nicht auch auf anderen Gebieten und in anderen Ländern noch immer der unheilbare Impulsgeber für die Entwicklung und Verbesserung von Flugzeugen, Schiffen und Landfahrzeugen, von elektronischen Bauteilen und feuerfesten Materialien ist!

Was auf der Versuchsstelle für Flüssigkeitsraketen in Kummersdorf bei Berlin Anfang der dreißiger Jahre beginnt, endet im Oktober 1942 mit dem ersten Höhenflug einer einstufigen Flüssigkeitsrakete bei Peenemünde. Aus dem Aggregat A 4 wird schließlich die sogenannte Vergeltungswaffe V 2, die Bomben nach London und Antwerpen trägt.

Europas hinkende Raketen

Daß die A 4 der entscheidende Schritt auf dem Weg in den Weltraum ist, beweist nicht zuletzt die Tatsache, daß Amerikaner und Russen sie nach Ende des Zweiten Weltkriegs als Höhenrakete für Versuchs- und Studienzwecke benutzen. Dabei erreicht eine auf den ehemaligen Waffenträger aufgesetzte zusätzliche Stufe bei einem Test in den USA eine Höhe von etwa 400 km.

Es sind nicht nur die in Deutschland erbeuteten Geräte, es sind auch ihre Konstrukteure, die 1945 den Weg nach Osten und Westen antreten, um dort zunächst noch immer im Auftrag der Militärs die nächsten Schritte auf dem Weg in den Weltraum zu unternehmen.

Im kriegszerstörten Deutschland, aber auch in den anderen ebenfalls heimgesuchten europäischen Ländern liegt in diesen Jahren nichts so fern wie der Wunsch, die alten Träume wieder aufzunehmen und fortzusetzen, was man 15 Jahre zuvor erfolgreich begonnen hat. Zugleich setzt sich die Erkenntnis durch, daß im Vergleich zu den inzwischen herangewachsenen politischen Großmächten USA und UdSSR die Europäer nicht mehr einzeln sondern nur noch mit gemeinsamen Anstrengungen ernsthaft konkurrieren können. So entspricht es nur der Logik, daß den Einigungsbemühungen auf der politischen Ebene schließlich der Versuch folgt, in dem mit dem sowjetischen Sputnik begonnenen Zeitalter der Weltraumfahrt vereint eine selbständige Rolle zu übernehmen. Als im März 1962 ein Abkommen unterzeichnet wird, das sich zum Ziel setzt »Europa mit einer eigenen, friedlichen Zwecken dienenden Satelliten-Startkapazität (sprich Raketen) auszustatten«, hat in Ost und West längst das Wettrennen mit bemannten Raumschiffen begonnen. Nach den Russen Juri Gagarin und Herman Titow umrundet mit John Glenn zum erstenmal auch ein Amerikaner die Erde an Bord eines künstlichen Satelliten. Es dauert noch zwei Jahre, bis das Abkommen der Europäer endlich in Kraft tritt und die »Europäische Organisation für die Entwicklung von Trägerraketen« (ELDO) mit der Arbeit beginnen kann. Neben Belgien, der Bundesrepublik Deutschland, Frankreich, Großbritannien, Italien und den Niederlanden gehört auch Australien der Organisation

»Europa« in der australischen Wüste

Am Rand der zentralaustralischen Beckenwüste liegt das Raketenversuchsgelände Woomera, wo von 1964 bis 1970 die im Auftrag der ELDO (Europäische Organisation für die Entwicklung von Trägerraketen) gebaute Europa-Rakete getestet wird. Die Starts mißlingen.

an. Der Grund ist offenkundig, wenn man erfährt, daß sich ein geeigneter Startplatz für die geplante europäische Rakete im australischen Woomera anbietet. Grundelement dieser Rakete, die den Namen Europa erhält, ist die von Großbritannien ursprünglich für militärische Zwecke gebaute Blue Streak. In Kombination mit der französischen Coralie und einer deutschen Drittstufe ergibt sich ein Trägersystem von 30 m Länge mit einer Anfangsmasse von 109 t.

Die Zusammenarbeit mehrerer Staaten an dem technisch komplizierten Gerät erweist sich jedoch als so schwierig, daß von der Europa-Rakete nichts bleibt als die Erinnerung an eine Serie tösender und qualmauftreibender Fehlstarts – zunächst in Woomera und später in Französisch-Guayana. Ende 1972 – die Amerikaner sind inzwischen sechsmal auf dem Mond gelandet – wird das Programm endgültig eingestellt. Es ist das erfolglose Ende einer Entwicklung, die nicht weniger als 2,5 Milliarden Mark verschlungen hat, davon ein Drittel aus deutschen Kassen.

Trotz ihrer Mißerfolge bei der Entwicklung eines eigenen Trägersystems wollen die Europäer nicht darauf verzichten, den Zug zu besteigen, der immer schneller Fahrt gewinnt. So müssen sie weiter die Hilfe der Amerikaner in Anspruch nehmen, deren erprobte Träger mit den Namen Delta, Thor-Agena und Scout die in Europa gebauten Satelliten auf ihre Umlaufbahnen bringen. Dazu gehört auch Heos 1, mit dem die Schwesterorganisation der ELDO, die »Europäische Organisation für Weltraumforschung« (ESRO) erstmals erfolgreich ist.

Countdown für Forschung und Industrie

Der Forschungssatellit Heos ist zugleich das geglückte Entrée der bundesdeutschen Raumfahrtindustrie, denn die Junkers Flugzeug- und Motorenwerke, die später mit der Messerschmitt-Bölkow-Blohm GmbH (MBB) verschmolzen werden, sind Hauptauftragnehmer. Der Start von Heos 1 erfolgt im Dezember 1968, fast ein Jahr vor Azur, dem ersten »nationalen« Satelliten der Bundesrepublik.

Es liegt auf der Hand, daß die Schrittmacherdienste der neuen Raumfahrttechnik von der verwandten Flugzeugtechnik geleistet werden. Neben den bereits genannten stehen vor allem die Namen Dornier und Vereinigte Flugtechnische Werke Bremen. VFW und MBB, die später vereinigt werden, übernehmen die wichtigste Rolle beim Bau

Roboter zwischen Erde und Mond

Die 1968 und 1972 gestarteten Heos-Satelliten gehören zu den erfolgreichsten Unternehmungen der Europäischen Organisation für Weltraumforschung (ESRO). Auf ihren elliptischen Umlaufbahnen zwischen 400 und 236.000 km Höhe sammeln sie Daten über die Eigenschaften der Magnetosphäre, des Sonnenwindes und des Erdmagnetismus.

deutscher Satelliten und als Partner internationaler Projekte. Hinzu kommen Firmen der Elektronik-Industrie.

Gleichen Rang wie die industrielle Fertigung nimmt die Grundlagenforschung ein. Neben mehreren Hochschulen und Instituten der Max-Planck-Gesellschaft ist vor allem die Deutsche Forschungs- und Versuchsanstalt für Luft- und Raumfahrt zu nennen, die 1969 gegründet wird und drei bisher getrennt arbeitende Organisationen zusammenfaßt. Ihr Hauptsitz ist Köln-Porz-Wahn. Weitere Forschungszentren, deren Arbeitsgebiete sich von der Werkstofforschung bis zur Raumsimulation erstrecken, befinden sich in Braunschweig, Göttingen, Stuttgart und Oberpfaffenhofen bei München. Die Arbeiten dieser öffentlich geförderten Organisation führen oft weit über die speziellen Aufgaben der Luft- und Raumfahrt hinaus und reichen bis zu Fragen der Bionik und Meerestechnik sowie der Analyse und Bekämpfung der Gefahren, die aus dem Fortschritt der Technik entstehen.

Entscheidend für eine erfolgreiche Entwicklung der neuen Technik ist aber nicht zuletzt die Bereitschaft des Staates und damit jedes einzelnen Steuerzahlers, die Mittel für ihre Unterstützung bereitzustellen, was in der öffentlichen Diskussion oft zu leidenschaftlichen Auseinandersetzungen führt – zumal es der Weltraumfahrt in ihren Anfangsjahren schwerfällt, ihren allgemeinen Nutzen nachzuweisen.

Immerhin sieht die Bundesregierung von 1962 bis 1972 – also in den ersten zehn Jahren, in denen Weltraumforschung und -technik gefördert werden – 2,3 Milliarden Mark für den neuen Etatposten vor. Davon entfallen im Durchschnitt mehr als 40% auf Beiträge an die internationalen Organisationen. Fast 20% werden für bilaterale Projekte und nur 38% für das nationale Basisprogramm aufgewendet.

Dieses nationale Programm wird wenige Monate nach der Premiere mit Azur durch einen Satelliten fortgesetzt, der auch darum Beachtung verdient, weil er die deutsch-französische Zusammenarbeit im Weltraum begründet, eine Zusammenarbeit, die später dem europäischen Programm entscheidende Impulse verleiht. Am 10. März 1970 bringt eine französische Rakete vom Typ Diamant B den zweiten deutschen Forschungssatelliten Dial auf seine Umlaufbahn. Zu den Aufgaben seines auf nur wenige Wochen bemessenen Programms gehören Untersuchungen der irdischen Wasserstoffhülle sowie Messungen von hochenergetischen Teilchen und von Elektronenwinden über dem Äquator.

Nach mehr als zweieinhalbjähriger Pause startet mit Aeros 1 ein weiterer deutscher Forschungsroboter. Er ist der erste von zwei Aeronomie-Satelliten, die Daten über die physikalisch-chemischen Vorgänge in der hohen Erdatmosphäre liefern.

Doppelflug um die Sonne

Ebenfalls ein Zwillingsprojekt ist das deutsch-amerikanische Programm Helios. Es soll zu einem der erfolgreichsten Unternehmungen der unbemannten Raumfahrt werden. Helios A wird am 10. Dezember 1974 von Cape Kennedy aus zum Flug in das Innere unseres Sonnensystems gestartet; die Schwestersonde Helios B folgt dreizehn Monate später, am 15. Juni 1976. Bereits 1966 ist das Projekt zwischen dem deutschen Bundeskanzler Ludwig Erhard und dem amerikanischen Präsidenten Lyndon B. Johnson vereinbart worden.

In einem damals »nur für den Dienstgebrauch« bestimmten Projektplan der Gesellschaft für Weltraumforschung, die im Auftrag des Bundesministeriums für wissenschaftliche Forschung die Leitung des Unternehmens übernommen hat, heißt es über das Missionsziel: »Noch vor Beginn der Raumfahrt wurde von Biermann (Deutschland) angenommen, daß ein Strom

»Garnrollen« für die Sonnenforschung

Das deutsch-amerikanische Gemeinschaftsprojekt Helios führt zwei Forschungssonden in die Nähe der Sonne. Eines der Geräte sendet noch zehn Jahre nach dem Start Daten zur Erde. Die Aufnahme zeigt die letzten Vorbereitungen bei Messerschmitt-Bölkow-Blohm (MBB).

ionisierter Teilchen von der Sonne ausgeht und in den interplanetaren Raum eindringt. Das Vorhandensein dieses »Sonnenwindes« wurde in der Folgezeit von mehreren Erdsatelliten und Raumsonden nachgewiesen und untersucht. Die Messungen wurden in Erdnähe und im interplanetaren Raum nur zwischen der Venus- und Marsbahn durchgeführt. Um die betreffenden Vorgänge besser verstehen und deuten zu können, müssen die Messungen jedoch in größerer Sonnennähe erfolgen. Helios erfüllt diese Forderung.«

Die beiden Sonden haben die Form riesiger Garnrollen mit einem Durchmesser von 2,70 m an den Enden und mit einer Höhe von 4,20 m einschließlich Antenne. Das Gesamtgewicht des einzelnen Geräts beträgt 373 kg, davon entfallen 74 kg auf die Experimente. Mehr als 14 000 Solarzellen liefern die Energie für Meßgeräte und Datenübertragung.

Die ursprünglich angesetzte Missionsdauer von 18 Monaten für jede der Sonden wird weit überschritten. Helios B beendet ihr Programm fast fünf Jahre nach dem Start, während Helios A noch Daten übermittelt, als sich am 10. Dezember 1984 deutsche und amerikanische Wissenschaftler, Industriemanager und Politiker im Deutschen Museum in München zum 10-Jahres-Jubiläum treffen. Pressemeldungen stellen an diesem Tag fest, »daß die Experimente alle Erwartungen weit übertroffen und ein neues detailliertes Bild des Sonnensystems vermittelt haben«.

Jährlich 35 000 Kommandos

Die Bundesrepublik trägt bei diesem deutsch-amerikanischen Gemeinschaftsunternehmen nicht nur die Verantwortung für den Bau der Geräte, den als Hauptauftragnehmer wieder Messerschmitt-Bölkow-Blohm übernimmt, sondern ist auch für den Missionsbetrieb zuständig. Nach dem Start wird der Flug zunächst vom amerikanischen Pasadena, dann vom Raumfahrtkontrollzentrum der Deutschen Forschungs- und Versuchsanstalt für Luft- und Raumfahrt in Oberpfaffenhofen überwacht.

Die Flugbahn führt die Geräte in einer großen Ellipse näher an die Sonne heran als irgendeine andere Raumsonde bisher. Dabei kreuzen sie die Bahnen der Planeten Venus und Merkur, um sich schließlich mit einer Geschwindigkeit von fast 240 000 km pro Stunde bis auf 46 Millionen km unserem Zentralgestirn zu nähern – das ist ein Drittel der mittleren Entfernung zwischen Erde und Sonne. Angaben über Distanzen und Geschwindigkeiten, die bei diesem Unternehmen erreicht werden, sprengen die Vorstellungskraft vieler Laien. Etwa ein halbes Jahr dauert es, bis Helios einmal seine Bahn vollendet hat. Die größte Entfernung zwischen Erde und Sonde beträgt 300 Millionen km. Ein Signal, das sie aus dieser Position zum Heimatplaneten sendet, ist 17 Minuten unterwegs. Bei der unerwartet langen Lebenszeit der beiden Forschungsroboter können Pannen und Störungen nicht ausbleiben. Aber immer gelingt es der Kontrollstation, die Ursachen zu finden und Fehler zu beseitigen. Bis zum 10-Jahres-Jubiläum werden mehr als 350 000 Kommandos an Helios übermittelt.

Für jede der beiden Sonden sind drei Sonnenumläufe vorgesehen. Aber das Unternehmen wird zu einem Dauerflug, der es ermöglicht, Daten über einen ganzen Sonnenzyklus, der im Durchschnitt etwa elf Jahre dauert, zu gewinnen. In diesem Rhythmus vollziehen sich auf unserem Stern Veränderungen, die die Astronomen seit langem mit Interesse beobachten. Der gelbe Sonnenball ist nämlich alles andere als eine gleichmäßig brennende Kugel. Auf seiner Oberfläche ereignen sich gewaltige Explosionen und Ausbrüche, die wie Flecken erscheinen. Diese Sonnenaktivitäten, die auch unsere Erde beeinflussen, erfahren in ihrem Elf-Jahres-Zyklus erhebliche Schwankungen, die einer fast regelmäßigen Kurve gleichen.

Auch wenn die Wissenschaftler unter dem immer größer werdenden Anfall von Meßergebnissen, die Sonden zur Erde funken, stöhnen – letztlich freuen sie sich über diese reiche Ausbeute. Immerhin hat man für die sieben deutschen und drei amerikanischen Experimente 780 Millionen DM aufgewendet. Den Hauptanteil trägt die Bundesrepublik. Die USA bringen neben den beiden Startraketen 240 Millionen DM in das Gemeinschaftsunternehmen ein.

Und das Ergebnis? Heute, mehr als zehn Jahre nach dem Beginn des Helios-Programms, kennen wir viele der Eigenschaften des sogenannten »Sonnenwindes«, der sich mit Geschwindigkeiten von 300 bis 1000 km pro Sekunde durch den interplanetaren Raum bewegt. Wir wissen mehr über das Wesen von Teilchen mit sehr hoher Energie, die von der Sonne stammen oder von anderen Orten in der Tiefe des Weltraums.

Es wird aber auch festgestellt, daß die Erde selbst zu den stärksten Radiostrahlern im Sonnensystem gehört. Und schließlich gibt es neue Erkenntnisse für die Meteoritenforschung. Im interplanetaren Raum nimmt die Zahl der Mikrometeoriten in Richtung auf die Sonne zu. In das Mosaikbild, das wir von unserer Sonne, ihren Eigenschaften und ihrer Wirkung auf unsere Erde haben, sind wichtige neue Steine eingefügt worden.

Himmlische Fernsehbrücken

Mit Azur und Dial, Aeros und Helios gelingt der Nachweis, daß auch kleinere Nationen ihren Beitrag bei der Erforschung des Kosmos leisten können. Aber so erfolgreich die Flüge dieser Satelliten und Sonden auch sind, sie befriedigen vorerst allenfalls das Interesse von Astronomen und Astrophysikern, von Planeten- und Sonnenforschern, denen die Raumfahrttechnik mit diesen Instrumenten neue Schlüssel für die Tore ins Weltall an die Hand gibt.

Die Fragen nach dem materiellen und finanziellen Nutzen der vorerst mit Steuergeldern unterstützten Weltraumfahrt werden indes immer lauter. Steht der Erkenntnisgewinn der Wissenschaftler überhaupt noch in einem vertretbaren Verhältnis zu den aufgewendeten Mitteln? Wird der Kosmos vielleicht für alle Zeiten nichts anderes als der Tummelplatz ehrgeiziger Forscher bleiben, denen sich mit der Lösung eines Problems tausend neue Fragen stellen?

Hermann Oberth hat schon 1929 »Verwendungsmöglichkeiten« genannt, »die der Rakete noch erschlossen werden können«. Durch Fernerkundung, Aufklärung und durch die »Beförderung von Eilpost«, so meint er, könne sie ihren Nutzen für die Allgemeinheit beweisen. Der Gedanke, künstliche Himmelskörper in der Erdumlaufbahn als Kommunikationsbrücken zu verwenden, ist ihm allerdings noch fremd. Die auf Zweckmäßigkeit bedachten Amerikaner haben jedoch bereits wenige Monate nach ihrem ersten Satellitenstart auch schon den ersten Versuch unternommen, eine »Poststation am Himmel« zu errichten. Dem Test mit den Satelliten Score folgen Geräte mit so beziehungsreichen Namen wie Echo und Courier, bis schließlich im Juli 1962 Telstar als aktiver Kommunikationssatellit ins All gebracht wird. Als er wenige Tage später die ersten Fernsehbilder von Amerika nach Europa und aus den europäischen Ländern in die Vereinigten Staaten über den Atlantik schickt, beginnt das Zeitalter der weltweiten Telekommunikation.

Bei der Eröffnung dieser transatlantischen Brücke stehen wir mit einem Fernsehübertragungswagen des Westdeutschen Rundfunks in einem Stahlwerk am Niederrhein. Die Programmplaner der Eurovision ha-

Wirtschaftlichen

Nutzen *erzielt die Raumfahrt besonders mit Satelliten, die auf Umlaufbahnen 36.000 km über dem Äquator weltweite Kommunikation ermöglichen. Dazu gehört der 1983 zum erstenmal in den Weltraum gebrachte ECS mit seinen Parabolantennen und den 14 Meter langen Solarzellenflächen.*

ben uns beauftragt, als deutschen Beitrag einen Hochofenabstich in die Wohnzimmer zwischen Boston und San Francisco zu übertragen. In einer Zeit, in der sich andere mit immer größeren Schritten durch das Weltall bewegen, gilt für die Bundesrepublik offenkundig noch immer das Klischeebild eines Landes aus »Kohle und Stahl«.

Während Telstar noch auf einer niedrigen Bahn die Erde umrundet und sich darum immer nur für wenige Minuten so über dem Horizont bewegt, daß er als »himmlische Relaisstation« Signale empfangen und weitergeben kann, gelingt es den Amerikanern ein Jahr später, mit Syncom einen Himmelskörper etwa 36 000 km über dem Äquator zu »stationieren«, das heißt, seine Umlaufgeschwindigkeit entspricht der Geschwindigkeit, mit der sich die Erde um die eigene Achse dreht. Dadurch wird es möglich, den am Himmel anscheinend feststehenden Satelliten jederzeit als Vermittlerstation zu nutzen. Drei solcher Geräte genügen bereits, um ein weltweites Kommunikationsnetz für Fernsprech- und Fernschreibverkehr, für Hörfunk- und Fernsehübertragungen zu errichten.

In wenigen Jahren wird so ein Feld erschlossen, auf dem die investierten Dollars steigende Zinsen bringen. Die Zahl der transozeanischen und transkontinentalen Telefongespräche wächst von 3 Millionen im Jahr 1965 auf 50 Millionen 1974 und bis 1980 sogar auf 200 Millionen. Dabei purzeln Kosten und Gebühren.

Symphonie: deutsch-französischer Gleichklang

Es liegt nahe, daß sich die Europäer von diesem nahrhaften Kuchen ein Stück abschneiden möchten. So entwickeln deutsche und französische Ingenieure unter dem Namen Symphonie zwei Satelliten, die, im Dezember 1974 und im August 1975 gestartet, den Vergleich mit amerikanischen Vorbildern nicht zu scheuen brauchen, auch wenn ihre Übertragungskapazität mit 1200 Telefon- oder zwei Fernsehkanälen vergleichsweise bescheiden ist.

Das Projekt Symphonie offenbart aber auch einen entscheidenden Nachteil der europäischen Raumfahrttechnik. Da es ihr noch immer nicht gelungen ist, ein Trägersystem zu schaffen, das den Transport der eigenen Nutzlasten in den Weltraum ermöglicht, sind die Europäer weiterhin auf amerikanische Starthilfen angewiesen. Darum müssen sie sich damit begnügen, die deutsch-französischen Kommunikationssatelliten nur für Versuche aber nicht kommerziell zu verwenden. Inzwischen hat man nämlich jenseits des Ozeans die gewinnbringenden Nutzungsmöglichkeiten der neuen Technik erkannt. Warum soll man diesen Gewinn teilen? Das Recht auf Monopole, bisher auf die irdischen Wirtschaftssysteme begrenzt, wird auf den Weltraum ausgedehnt.

Der Erfolg des Symphonie-Programms steht dennoch außer Zweifel. 20 Länder mit 50 Erdefunkstellen beteiligen sich an einem umfassenden Testprogramm. An den Versuchen nehmen unter anderen China, Indien, Iran, Länder der arabischen Welt und Afrikas ebenso teil wie Kanada und Südamerika. Zu den Experimenten gehören neben Telefon- und Fernsehübertragungen auch Tests mit Rechnerverbundnetzen zwischen Anlagen in Europa und in den USA sowie die Synchronisation von Atomuhren in Deutschland, Frankreich und Kanada. Im Dienst der UNESCO werden bei der 19. Generalkonferenz dieser internationalen Organisation das Hauptquartier in der französischen Hauptstadt und das Sitzungszentrum im ostafrikanischen Nairobi durch Symphonie miteinander verbunden. Es ist der erste erfolgreiche Großversuch einer »Telekonferenz«. Schließlich wird das Zwillingspaar der Telekommunikation in eine höhere Umlaufbahn befördert, um auf den alten Positionen Platz für Nachfolger zu schaffen. Sie ernten die Früchte der jahrelangen Tests, die mit Symphonie unternommen worden sind. Mit dem europäischen Kommunikationssatelliten ECS und mit TV-SAT, der den Heimempfang von Fernsehsignalen ermöglichen soll, haben die Europäer endgültig Anschluß auf diesem interessanten Feld gefunden.

ARIANE – Konkurrenz für Amerika

Das Symphonie-Programm hat Fachleute und Laien überdeutlich auf ein Problem hingewiesen, das jeder lösen muß, der von den finanziellen Mitteln, die er in die Weltraumfahrt steckt, auch Zinsen erwartet. Es genügt nicht, technisch ausgereifte und im internationalen Vergleich konkurrenzfähige Satelliten zu bauen, wenn man für ihren Start auf fremde Hilfe angewiesen bleibt. Man benötigt auch die Raketen, die die selbstgebauten Nutzlasten in den Weltraum befördern.

Die europäischen Länder haben dies früh erkannt. Darum ist die Europäische Organisation für die Entwicklung von Trägerraketen (ELDO) gegründet worden. Und darum haben Engländer, Franzosen und Deutsche versucht, zunächst in Australien und später in Französisch-Guayana mit der Europa-Rakete Anschluß an die Entwicklungen in den USA und in der Sowjetunion zu finden.

Im November 1971 sind wir mit einer kleinen Besuchergruppe Gäste auf dem französischen Startplatz Kourou, der etwa 500 km nördlich des Äquators an der südamerikani-

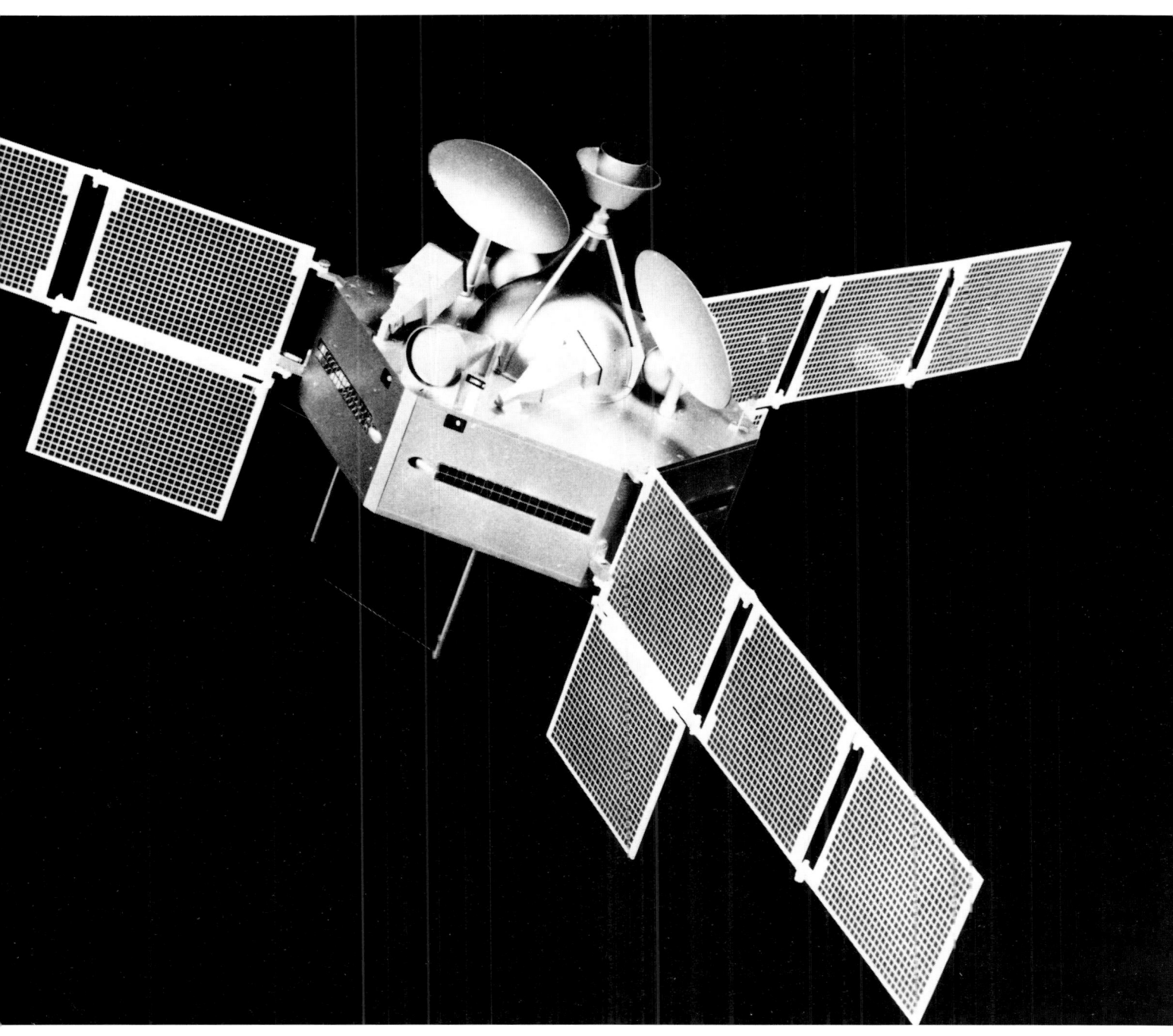

Geglücktes Testprogramm Die beiden von Deutschen und Franzosen gebauten Kommunikationssatelliten vom Typ Symphonie verfügen über zwei Fernsehkanäle oder wahlweise 300 Telefonlinien. Sie werden jedoch nicht kommerziell genutzt, sondern dienen in den siebziger Jahren ausschließlich Experimenten.

Startplatz am Äquator

Für den Start von Raumflugkörpern liegt Kourou in Französisch-Guayana wenige hundert Kilometer nördlich des Äquators günstiger als alle anderen »Weltraumbahnhöfe« in Ost und West. Weihnachten 1979 beginnt hier der erste erfolgreiche Flug der europäischen Rakete Ariane.

schen Atlantikküste besonders günstig für Raketenstarts liegt. Mit großen Erwartungen hat man den ersten Flug einer Europa II vorbereitet. Wir stehen auf dem Turm, in dem sich auch das Kontrollzentrum befindet – einige Kilometer von der Rampe entfernt. Die Rakete hebt ab – aber schon wenige Minuten später mißlingt die erste Stufentrennung. Europa II stürzt in den Atlantik.

Bei der großen Party im Garten des Hotels des Roches wollen an diesem Abend die meisten Gäste noch nicht wahrhaben, daß der erste Start der Europa II zugleich ihr letzter ist. Ein Jahr später beschließen die Wissenschaftsminister der europäischen Länder, ELDO und ESRO zu einer neuen Organisation zusammenzuschließen – sie erhält später den Namen ESA – und die Arbeiten am gemeinsamen Projekt der Europa-Rakete einzustellen.

Es dauert acht weitere Jahre, bis es den Europäern am Weihnachtsabend 1979 gelingt, ein eigenes Trägersystem erfolgreich zu starten. Ariane 1 heißt die dreistufige Rakete, für die Frankreich die Entwicklung und mit 60% den Hauptanteil der Kosten übernommen hat. An zweiter Stelle steht die Bundesrepublik, die 20% der Gesamtkosten beisteuert und die Brennkammer für das Triebwerk der dritten Stufe sowie andere Bauteile liefert.

Nach vier Testflügen, von denen einer mißlingt, erfolgt im September 1982 der erste kommerzielle Start. Ein Seefunk- und ein Wettersatellit bilden die Nutzlast. Und wieder ein Rückschlag! Rakete und Satellitenfracht stürzen in den Atlantik. Soll den Europäern der Schlüssel zum Weltall doch vorenthalten bleiben? Wiederholt sich mit Ariane, was bei der Europa-Rakete zum Abbruch der Entwicklung geführt hat? In den USA ist inzwischen der neue Raumtransporter viermal erfolgreich geflogen. Als neues Transportsystem will er die Zeit der Wegwerfraketen endgültig beenden.

Konkurrenz im Raketengeschäft

Die inzwischen weiterentwickelte Ariane-Rakete wird zu einem auch von Amerikanern genutzten erfolgreichen Trägersystem, das dem Space Shuttle Konkurrenz macht.

Aber es folgen weitere Ariane-Starts. Im März 1984 wird der zwei Tonnen schwere amerikanische Kommunikationssatellit INTELSAT V auf seine Bahn 36 000 km über dem Äquator gebracht. Die Nutzlastkapazität ist von 1700 kg auf fast 2200 kg vergrößert worden, und mit der Version Ariane 3 kann man bereits wenige Monate später sogar 2580 kg ins All befördern. Zwei seitlich neben dem Rumpf der ersten Stufe angebrachte Feststoffraketen machen es möglich.

Der elfte Flug schließlich wird zum Jubiläumssalut. Fünf Jahre nach dem ersten Ariane-Start hat Europas Raumfahrttechnik endlich die Hindernisse überwunden. Mit Stolz verweist man darauf, daß die lange und kostspielige Entwicklung eines eigenen Raketensystems Gewinn verspricht. Drei kommerzielle Flüge sind zu diesem Zeitpunkt bereits erfolgt, 30 Bestellungen stehen in den Büchern, und 14 Optionen sind angemeldet. Selbst die NASA bezeugt Respekt und fürchtet die Konkurrenz. »Die Ariane-Leute unterbieten unsere Preise«, meint der Verkaufschef der amerikanischen Weltraumbehörde, »wir sehen die Ariane als eine ernste Konkurrentin an.«

Darmstadt und das Wetter von morgen

Fernsehzuschauer haben sich daran gewöhnt, täglich große und kleine Ereignisse in aller Welt unmittelbar auf ihrem Bildschirm miterleben zu können: Olympische Spiele in Kalifornien und Eiskunstlauf-Weltmeisterschaften in Japan ebenso wie Korrespondentenberichte aus Rio, Kapstadt oder Bombay. Kaum jemand denkt mehr daran, daß erst die Raumfahrt diese weltweite Information und Kommunikation möglich gemacht hat.

Ebenso wird vergessen, daß die Fernsehwetterkarte, die uns die Hoch- und Tiefdruckgebiete für morgen ankündigt, von einem 3,20 m langen und 2,10 m breiten zylindrischen Satelliten stammt, der sich über dem Äquator befindet: METEOSAT. Das am 19. Juni 1981 gestartete meteorologische Minilabor ist ein europäisches Gemeinschaftswerk, mit dem es gelungen ist, auf dem Gebiet der Wetterforschung und -vorhersage den Anschluß an amerikanische Vorbilder zu gewinnen. Letztes Ziel ist es, in einem internationalen Programm bessere langfristige Wetterprognosen zu ermöglichen.

Mit Hilfe seines Radiometers nimmt METEOSAT in Halbstundenabständen Bildelemente im sichtbaren und im infraroten Bereich auf, die Informationen über die Erdoberfläche und über die Wolkendecke vermitteln. Aus der Bewegung der Wolken in aufeinanderfolgenden Bildern können Rückschlüsse auf Windrichtung und Windgeschwindigkeiten gezogen werden. Infrarotaufnahmen vermitteln Temperaturangaben der Meeres- und Wolkenoberflächen, und die Feuchteverteilung in Höhen zwischen 5 und 10 km über dem Erdboden kann ebenso festgestellt werden wie Strahlungsbilanz und Energiehaushalt der Erde.

Alle dreißig Minuten funkt METEOSAT seine Informationen zur Erde, wo sie von einem Parabolspiegel bei Michelstadt im Odenwald empfangen und nach Darmstadt zum 40 km entfernten Operationszentrum (ESOC) der Europäischen Weltraumbehörde weitergeleitet werden. Großrechneranlagen sorgen für die Weiterverarbeitung der Daten bis zum Fernsehbild. Der Satellit betätigt sich zugleich als Verteilstation, denn die in Darmstadt erarbeiteten Ergebnisse – Bilder und Daten – gelangen auf dem Weg über den Weltraum auch zu den Kunden. Dazu gehören neben meteorologischen Forschungsstationen in vielen Ländern auch zahlreiche Schiffe, für die aktuelle Wetterbilder längst unentbehrlich geworden sind.

Das Operationszentrum in Darmstadt ist eine von drei Einrichtungen der ESA, die es den Europäern er-

Der himmlische Wetterfrosch
Alle dreißig Minuten sendet der europäische Wettersatellit METEOSAT ein fotografisches Erdportrait und ermöglicht damit zuverlässigere Prognosen. Seine Bilder erscheinen täglich in den Nachrichtensendungen des Fernsehens.

Sonne über dem Mittelmeer – Wirbel am Kap
Informationen über die Wetterentwicklung in Europa und Afrika vermitteln die Fotos, die von den hochempfindlichen Kameras an Bord von METEOSAT 36.000 km über dem Äquator aufgenommen werden.

Schneefelder und Wolkenschleier (S. 40)
Nicht nur für den Fachmann, sondern auch für den Laien sind die Wetterfotos aus dem Weltraum gut »lesbar«. Auf diesem Ausschnitt wird der Kontrast zwischen dem wolkenfreien Mitteleuropa und der Schlechtwetterzonen im Norden und über dem Mittelmeer besonders deutlich.

möglichen, in der Weltraumfahrt neben den USA und der UdSSR eigenständige Entwicklungen voranzutreiben.

Im italienischen Frascati unweit von Rom sorgt ESRIN für die Verteilung der durch die europäischen Raumfahrtprojekte gewonnenen Informationen.

Das wichtigste ESA-Zentrum ist ESTEC in Noordwijk, Niederlande. Es ist zuständig für den Entwurf und die Entwicklung von Satelliten und für die angewandte Forschung der Raumfahrttechnik.

Inzwischen zählt die Europäische Weltraumorganisation, deren Hauptverwaltung in Paris angesiedelt ist und die über einen Jahresetat von über 400 Millionen Mark verfügt, elf Mitgliedsländer: Belgien, Bundesrepublik Deutschland, Dänemark, Frankreich, Großbritannien, Irland, Italien, Niederlande, Schweden, Schweiz und Spanien. Drei weitere Staaten haben einen Sonderstatus: Norwegen, Österreich und Kanada. Nach Überwindung politischer, wirtschaftlicher und technischer Hindernisse in den Gründerjahren ist es der Organisation, die im Mai 1985 zehn Jahre alt geworden ist, gelungen, mit erfolgreichen Forschungs- und Anwendungssatelliten ein Weltraumprogramm voranzutreiben, dessen Leistungen zunehmend Anerkennung finden. Jüngstes Beispiel ist der erste wiederverwendbare Satellit, der unter der Bezeichnung SPA S-01 (Shuttle Pallet Satellite) im Juni 1983 an Bord des Raumtransporters Challenger seinen Jungfernflug erfolgreich absolviert. Dabei entfernt er sich bis zu 300 m vom Mutterschiff und macht die ersten Außenaufnahmen und Fernsehbilder eines Raumtransporters im Weltraum.

Es ist nur allzu verständlich, daß die Europäer schon lange vor diesen Erfolgen auch auf einem anderen Feld der neuen Technik Anschluß suchen: Sie planen ein bemanntes Weltraumunternehmen.

DAS RAUMLABOR

EUROPAS »MEISTERSTÜCK«

Das Ziel erreicht

Paßgenau ruht das Spacelab »made in Europe« in der Nutzlastbucht des amerikanischen Raumtransporters Space Shuttle – mit ihm schafft Europa den Einstieg in die wissenschaftliche und technische Nutzung all jener Möglichkeiten, die der Arbeitsplatz Weltraum bietet.

Die Entwicklungsgeschichte des Spacelab

»Wir hoffen, daß dieses Werkzeug – denn Spacelab ist ein Werkzeug – in den nächsten zehn Jahren von den Europäern, Amerikanern und Drittländern möglichst vielfach genutzt wird.«
Hans Hoffmann (Geschäftsführer MBB-ERNO) anläßlich der Auslieferung der Flugeinheit Ende 1981.

Ein Traum wurde wahr *Rund ein Jahrzehnt dauerte die Spacelab-Entwicklung von der Unterzeichnung des Vertrages bis zum Jungfernflug und damit nur unwesentlich länger als die Verwirklichung des Apollo-Projektes in den sechziger Jahren.*

HERMANN-MICHAEL HAHN

Der stete Drang nach »draußen«

Der Vorstoß des Menschen in den Weltraum besaß eine ganz andere Dimension als seinerzeit die Erkundung neuer Lebensräume auf der Erde, und das nicht nur im wörtlichen Sinne. Anders als etwa die Seefahrer des ausgehenden Mittelalters, anders als die amerikanischen Siedler des vergangenen Jahrhunderts, anders auch als die Abenteurer des 20. Jahrhunderts (und in ihrem Gefolge die Forscher), die in so unwirtliche Gegenden wie die Antarktis vorstießen, wußten die Wissenschaftler diesmal von Anfang an, daß sie vor einer lebensfeindlichen Umgebung standen, die den Menschen selbst zunächst verschlossen bleiben mußte. Entsprechend gab es zunächst gar keine andere Wahl, als diese neue, dritte Dimension oberhalb der schützenden Erdatmosphäre ohne direkte Beteiligung von »Menschen vor Ort« zu erkunden. Völlig neu war diese Methode allerdings nicht: Schon von Noah wird berichtet, daß er am Ende der Sintflut Tauben aus der Arche aufsteigen ließ, »lebende Sonden« gewissermaßen, aus deren Verhalten er auf die Bewohnbarkeit seiner Umwelt schließen konnte. Solange die Tauben zurückkehrten, hatten sie kein Festland gefunden, auf dem sie sich hätten niederlassen können, und so bereitete sich Noah erst auf den Ausstieg aus der Arche vor, als seine Kundschafter nicht mehr wiederkamen.

Es wäre jedoch fast schon unmenschlich gewesen, von Menschen zu erwarten, für immer auf eine eigene Erkundung dieser neuen Dimension »Weltraum« zu verzichten. Das biblische »Macht Euch die Erde untertan« ist offenbar so tief in uns verwurzelt, daß alle Anstrengungen in Kauf genommen werden, um eine solche Herausforderung anzunehmen und zu bestehen. Interessant in diesem Zusammenhang ist unter anderem, daß ein derartiger Drang offenbar nicht auf eine einzelne Religionsgemeinschaft oder die von ihr geprägten Gesellschaftssysteme beschränkt ist, sondern hüben wie drüben gleiche Triebkraft besitzt. Entsprechend dauerte es nicht einmal vier Jahre, ehe nach dem Start von Sputnik 1 der erste Mensch in den Weltraum hinauskatapultiert wurde, und nicht einmal ein Dutzend Jahre nach dem Startschuß zum Zeitalter der Weltraumfahrt setzten Menschen ihren Fuß auf den Mond. An Europa, das sich so gerne als Wiege der Kultur versteht, in dem aber auch die modernen Naturwissenschaften und – davon abgeleitet – die technische Revolution ihren Ursprung hatten, ging diese Entwicklung zunächst vorbei, wie wir im vorstehenden Kapitel gesehen haben. Erst ganz allmählich wuchs auch in der »alten Welt« das Bewußtsein, daß die Weltraumfahrt mehr Möglichkeiten bot als ein Ausloten der dortigen Umweltbedingungen, so sehr solche Forschung auch für die Menschen auf der Erde einerseits und ihren Vorstoß in den Weltraum andererseits von Bedeutung sein mochte.

Raumfahrt als Entwicklungsmotor

Schon die Beteiligung an der unbemannten Erkundung des Weltraums hatte deutlich gemacht, welche technologischen Entwicklungsschübe von Unternehmungen dieser Art an der Grenze des – im wahrsten Sinne des Wortes – Menschenmöglichen ausgehen. Angefangen mit der Notwendigkeit, neue Planungs- und Arbeitsmethoden zu entwickeln, die auch bei anderen Projekten erfolgreich eingesetzt werden können, bis hin zur Beherrschung einer hochkomplizierten Technik, die ganz auf sicheres Funktionieren auch unter extremen Bedingungen ausgelegt ist, bietet die Raumfahrt ein aufregendes und anregendes Arbeitsfeld für Techniker, Ingenieure und Projektmanager. Doch mehr noch: Die beteiligten Firmen müssen zuvor unerreichte Qualitätsanforderungen erfüllen, zu deren Kontrolle neue Testmethoden und Analyseverfahren notwendig sind; sie sollten später die Grundlage einer erfolgreichen Antwort auf die amerikanische Herausforderung im Bereich der Flugzeugindustrie bilden. Apparaturen wie Meßgeräte, aber auch Sender und Energiequellen, mußten aus Gründen der Gewichtsersparnis ständig weiter verkleinert und dennoch leistungsfähiger werden, neue Wege für Probleme gefunden werden, die nur scheinbar »nicht von dieser Welt« sind. Wer sich hier freiwillig zurückhielt, war bereits nach wenigen Jahren gegenüber den Raumfahrtnationen weit abgeschlagen.

Das hatten nicht zuletzt auch die Politiker erkannt, die durch die Vergabe von Entwicklungsgeldern einen starken Einfluß auf den Gang der Dinge nehmen. Immerhin heißt es in einer Broschüre, die 1969 in Zusammenarbeit mit dem Bundesministerium für wissenschaftliche Forschung (dem Vorgänger des heutigen Bundesministeriums für Forschung und Technologie) zum Start des ersten deutschen Forschungssatelliten Azur herausgegeben wurde:

»Das Denken in Systemen, die Anwendung neuer Planungs- und Arbeitsmethoden, das Heranbilden eines zur Führung geeigneten Nachwuchses für die steigenden Anforderungen dieser modernen Technik dienen der Sicherung einer zukünftigen deutschen Betätigung auf verschiedensten technischen Gebieten. Zu Beginn des Projektes Azur lagen weder auf der Auftraggeber- noch auf der Auftragnehmerseite in der Bundesrepublik einschlägige Erfahrungen auf dem Satellitengebiet vor. Heute, nach diesem trotz anfänglicher Schwierigkeiten erfolgreich verlaufenen Programm ist zu erkennen, daß die technologische Lücke zu anderen hochindustrialisierten Nationen spürbar verkleinert werden konnte. Jetzt gilt es, Schritt zu halten und mitzuarbeiten an der fortschreitenden Entwicklung in der Weltraumtechnik, die eine fortgeschrittene Technologie repräsentiert und in Zukunft noch höhere Anforderungen stellen wird.«

Verzicht bedeutet Rückschritt

Was aber schon für die unbemannte Raumfahrt galt, gilt für den Einsatz von Menschen im All in weit stärkerem Maße – weniger aufgrund der erhöhten technischen Anforderungen an die Systeme als vielmehr angesichts der Möglichkeiten, die der Einsatz von Menschen im Weltraum bietet. Dabei ist es keineswegs notwendig bis zum Mond zu fliegen, um dort eines Tages vielleicht Bodenschätze abbauen zu können, die auf unserer guten alten Erde knapp werden. Eine wahre »Fundgrube« für Forschung und Technik gleichermaßen ist bereits eine erdnahe Umlaufbahn: Schon in einigen hundert Kilometern Höhe ist die irdische Atmosphäre so dünn, daß ein Satellit oder ein bemannter Orbiter weitgehend ohne äußere Abbremsung die Erde umrunden und gewissermaßen kräftefrei um den blauen Planeten herumfallen kann. Das aber ist die einzige Voraussetzung für den Zustand, der oft irreführend als »Schwerelosigkeit« bezeichnet wird, hinter dem sich in Wirklichkeit jedoch ein annäherndes Kräftegleichgewicht verbirgt: Die Anziehungskraft der Erde wird durch die Fliehkraft »aufgehoben«, die sich aus der großen Geschwindigkeit des Raumschiffes ergibt. Ganz vollständig ist dieser Ausgleich allerdings nicht, da Störkräfte wie Unregelmäßigkeiten im Schwerefeld der Erde, aber auch geringfügige Beschleunigungen an Bord des Raumschiffes (zum Beispiel hervorgerufen durch Bewegungen der Astronauten) auftreten. Entsprechend reden die Wissenschaftler von einer weitgehenden Verringerung der irdischen Schwerkraft, von der sogenannten Mikrogravitation. Wir werden noch sehen, welche Möglichkeiten diese Mikrogravi-

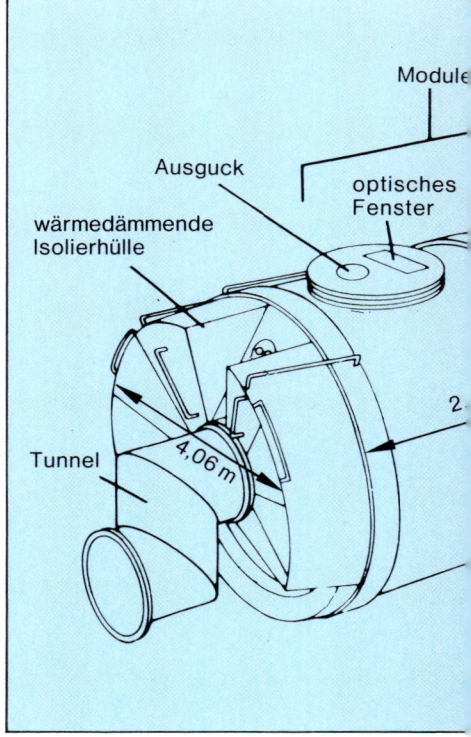

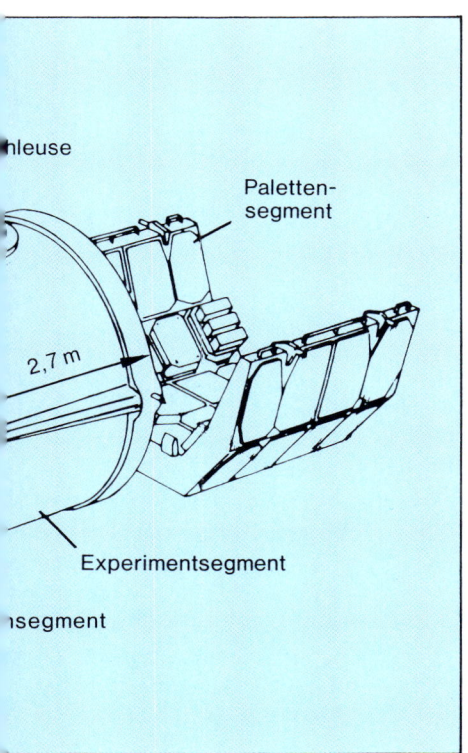

Standardmodell

Das europäische Raumlabor Spacelab läßt sich durch die Modulbauweise zu vielen unterschiedlichen Flugkonfigurationen zusammensetzen. Die Standardversion wie beim Flug im Spätherbst 1983 eingesetzt, umfaßt eine Druckkabine aus zwei zylindrischen Segmenten sowie eine offene Palette. Der Transfertunnel ermöglicht den Zugang vom Space Shuttle zum Labor. Bei der D1-Mission wird die Palette durch eine kleinere und damit leichtere Trägerstruktur ersetzt.

tation für die wissenschaftliche Grundlagenforschung, aber auch die technische Anwendung der Umweltbedingungen an Bord eines Raumschiffes bietet: Sie scheinen so revolutionierend zu sein, daß ein Verzicht auf ihre Nutzung über kurz oder lang zum Verlust jedweder Führungsrolle führen dürfte.

In gewisser Weise ist die Situation vergleichbar mit jener im ausgehenden Mittelalter und der beginnenden Neuzeit, als die Beherrschung der Weltmeere Voraussetzung für Wohlstand und – daraus resultierend – technischen Fortschritt war. Die Chinesen, die sich zu Beginn des 15. Jahrhunderts als erste mit einem Kompaß ausgerüstet auf die »offene See« hinauswagten und unter Admiral Cheng-ho bis ins Rote Meer und nach Ägypten vorstießen, verloren alsbald das Interesse an jedweder Kolonisierung der Erde und zogen sich von der »Weltpolitik« zurück – erst heute können sie mit großen Anstrengungen Anschluß an die technologische Entwicklung in Ost und West finden ...

Ein neuer Anfang

Der Gedanke einer europäischen Beteiligung auch an der bemannten Raumfahrt keimte bereits kurz nach den ersten Astronautenflügen. Versuche, sich den Amerikanern als mögliche Partner bei der Entwicklung eines gemeinsamen Raumtransporters zu empfehlen, stießen jedoch jenseits des Atlantiks auf wenig Gegenliebe, steckte das europäische Raumfahrtprogramm doch noch zu tief in den Kinderschuhen. Den Amerikanern erschien der technische und vor allem sicherheitstechnische Standard europäischer Industrieproduktionen auf diesem äußerst komplexen Sektor der Raumfahrt zu gering. Hinzu kam, daß in den USA die Vorbereitungen für das Apollo-Programm auf Hochtouren liefen und kaum jemand ernsthaft Gedanken an ein Apollo-Nachfolge-Projekt verschwendete. So wurden erste Vorversuche zur Aerodynamik von geflügelten Wiedereintauchkörpern, die damals von bundesdeutscher Seite unternommen wurden, wieder eingestellt.

Nachdem dann im Dezember 1968 zum erstenmal drei amerikanische Astronauten an Bord einer Apollo-Kapsel den Sprung zum Mond gewagt hatten und nach zehn Mondumkreisungen wieder sicher zur Erde zurückgekehrt waren, änderte sich die amerikanische Haltung im Hinblick auf zukünftige Raumfahrtprojekte. Angeregt vielleicht durch das erstmals bei diesem Apollo-8-Unternehmen offensichtlich gewordene Mißverhältnis zwischen Startrakete und zurückkehrender Nutzlast interessierten sich nun auch höchste Regierungsstellen für die Entwicklung wiederverwendbarer und damit (so hoffte man) billigerer Trägersysteme: Bereits wenige Wochen nach dem spektakulären Weihnachtsflug zum Mond wurde unter Vorsitz des ehemaligen US-Vizepräsidenten Richard Nixon ein Ausschuß geschaffen, der Vorschläge für ein Apollo-Nachfolge-Programm (Post-Apollo-Programm) ausarbeiten sollte. Dieser Ausschuß empfahl einige Monate später die Entwicklung von drei ineinandergreifenden Projekten:

● den Bau eines wiederverwendbaren Raumtransporters (Space-Transportation System, STS) für niedrige Umlaufbahnen,

● den Bau eines Raumschleppers (Spacetug), der Nutzlasten aus den vom Raumtransporter bedienten, niedrigen Umlaufbahnen in größere Höhen (bis hin zur geostationären Bahn für Fernmeldesatelliten) befördern konnte, und

● den Bau einer großen ständig besetzten Raumstation (Space Station), die nach dem Baukastenprinzip montiert werden sollte.

Dabei war wohl von vornherein klar, daß eine gleichzeitige Aufnahme aller drei Entwicklungen selbst das Budget der amerikanischen

Weltraumbehörde NASA übersteigen würde. Man entschloß sich daher, die Raumstation für zunächst unbestimmte Zeit »auf Eis« zu legen (inzwischen ist sie ja wieder aus der Versenkung aufgetaucht) und auch den Raumschlepper bis auf weiteres zurückzustellen, um erst einmal den Raumtransporter in Angriff nehmen zu können.

Was anfangs lediglich ein wiederverwendbares Trägersystem sein sollte – ein bloßer Ersatz für die Wegwerfraketen also –, wurde dann als Ausgleich für die Beschränkung auf den Raumtransporter zu einem leistungsfähigen Mehrzweckgerät ausgebaut, das zumindest einer kurzzeitig besetzten Raumstation ähneln sollte: Anstelle der ursprünglich nur kurzen Missionen wurden Einsatzdauern von zunächst sieben Tagen gefordert, die später auf einen Monat ausdehnbar sein sollten.

Europas Chance

Wesentliche Nutzlast für solche »Langzeit«-Einsätze sollte das Weltraumlabor werden, eine Art »wiederverwendbare Raumstation«, die, im Bauch des Raumtransporters integriert, wieder zur Erde zurückkehren konnte, um für neue Missionen auf- und vorbereitet zu werden. Eine solche enge Beziehung zwischen Raumtransporter und Raumlabor jedenfalls spiegelt sich in den »Startverzeichnissen« früher Broschüren wieder, mit denen sich die Raumfahrt-Industrie, Raumfahrtbehörden und die zuständigen politischen Entscheidungsträger eine Beteiligung an diesem Programm gegenseitig schmackhaft zu machen versuchten.

In der Folgezeit kristallisierte sich der Bau des Weltraumlabors als mögliche europäische Beteiligung am Post-Apollo-Programm heraus. Entsprechende Vorstudien diesseits des Atlantiks hatten gezeigt, daß eine solche Mitarbeit der europäischen Raumfahrt-Industrie und ihren Zulieferern die Möglichkeit bieten würde, Anschluß an den bereits weit fortgeschrittenen technischen Standard der USA auf diesem Sektor zu gewinnen. So konnten die zuständigen Minister im Dezember 1972 auf einer europäischen »Weltraumkonferenz« eine Grundsatzentscheidung zugunsten der Beteiligung am amerikanischen Post-Apollo-Programm fällen, die Entwicklung, Bau und Finanzierung eines Weltraumlabors vorsah.

Zunächst stimmten neun Länder dem Beschluß zu und kündeten ihre Teilnahme an diesem Programm an: Belgien, Dänemark, die Bundesrepublik Deutschland, Frankreich, Großbritannien, Italien, die Niederlande, Schweiz und Spanien; später stieß Österreich noch hinzu.

Ein entsprechender Vertrag zwischen der NASA und ihrem damaligen europäischen Gegenstück, der ESRO (für European Space Research Organisation), das »Memorandum of Understanding«, wur-

Flaggenparade zum Abschied *Nur zwei der elf ESA-Mitgliedsländer beteiligten sich nicht an den Kosten der Spacelab-Entwicklung (Irland und Schweden); dafür steuerte Österreich als assoziiertes Mitgliedsland knapp 0,8 Prozent der Entwicklungskosten bei.*

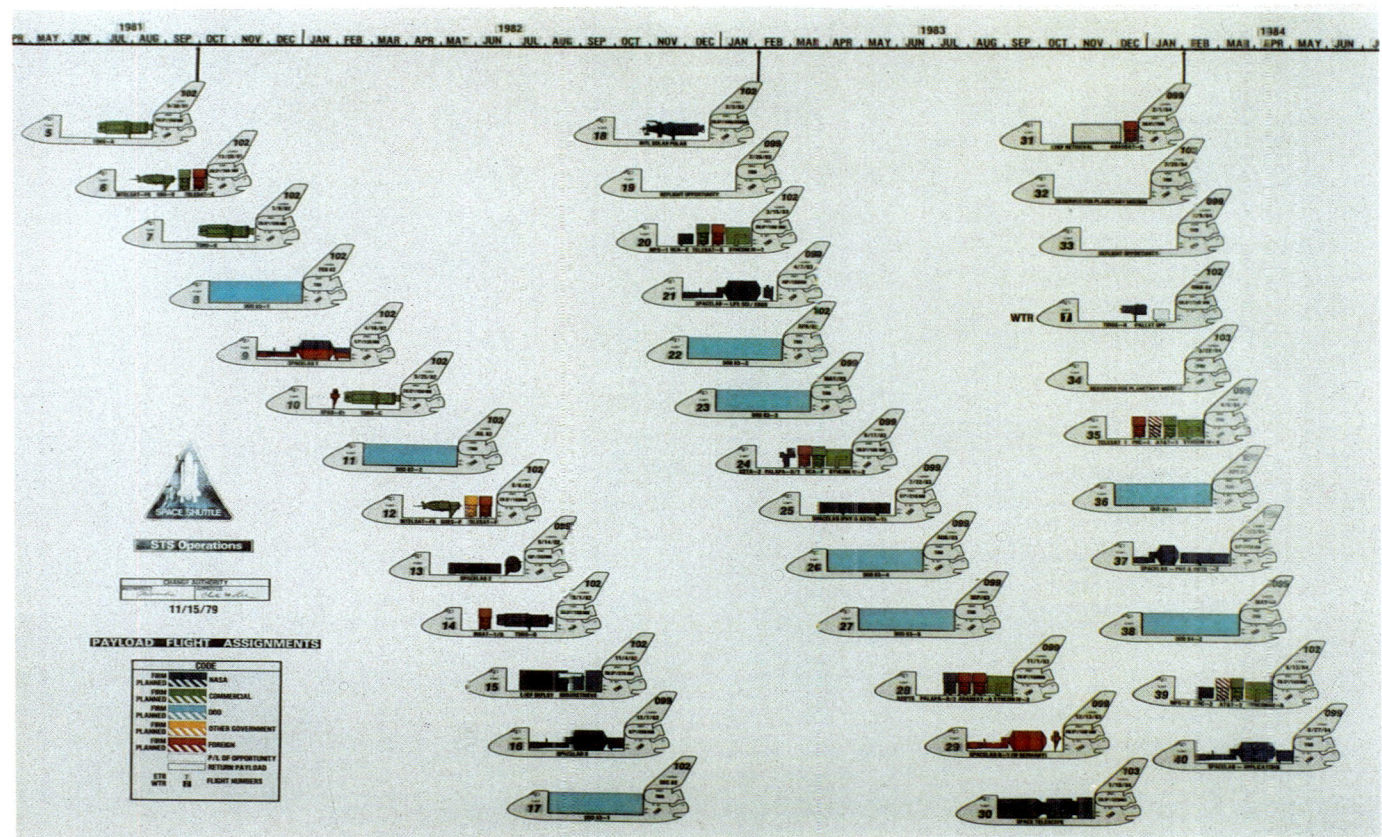

Überzogene Erwartungen

Noch im November 1979 rechnete die NASA mit sechs bemannten Spacelab-Missionen bis Ende 1983 – nur eine davon wurde fast buchstäblich in letzter Minute verwirklicht: STS-9/ Spacelab 1 vom 28. November bis 8. Dezember 1983.

de am 14. August 1973 unterzeichnet.

Zu jenem Zeitpunkt ging die NASA von einer aus heutiger Sicht völlig überzogenen Erwartung hinsichtlich des Bedarfs für ihren Raumtransporter und das Weltraumlabor aus: Noch im Herbst 1974 wurden für einen Zeitraum von 12 Jahren mehr als 550 Shuttle-Missionen angenommen, von denen ungefähr 40 Prozent (oder rund 225 Einsätze) mit dem Raumlabor geflogen werden sollten. Legte man die amerikanische Forderung zugrunde, nach der eine Spacelab-Flugeinheit 50 Starts und Landungen überdauern sollte, so konnte man sich einen Bedarf von mindestens fünf Exemplaren für das Raumlabor ausrechnen. Wie überzogen die amerikanischen Vorstellungen waren, mag daran deutlich werden, daß diese Prognosen bis 1983 bereits 92 erfolgreiche Shuttleflüge vorsahen und für die folgenden Jahre jeweils 60 Starts veranschlagten – daraus wurden bis Ende 1983

ganze neun, gefolgt von fünf Missionen im Jahre 1984; und die D1-Mission ist keineswegs der 63. Flug eines Weltraumlabors, sondern erst der vierte Einsatz, von denen einer unbemannt als reine Palettenversion geflogen wurde.

Wer A sagt, hofft auch auf den Auftrag

Technische Vorstudien waren auf europäischer Seite bereits 1972 angelaufen. Drei Industriekonsortien mit den klangvollen Namen STAR, COSMOS und MESH (unter Federführung der Firmen British Aircraft Corporation BAC, Messerschmitt-Bölkow-Blohm MBB und Entwicklungsring Nord ERNO) beteiligten sich an diesen von der ESRO ausgeschriebenen Arbeiten in der Hoffnung, sich damit eine gute Ausgangsposition für den Wettbewerb um den späteren Zuschlag zum Bau des Labors zu verschaffen. Aufgabe dieser Phase-A genannten Entwicklungsstudie war es, technische

Anforderungen für ein solches Raumlabor zu definieren, ihre Durchführbarkeit zu belegen und ein erstes Konzept für das Labor zu entwickeln.

Die anschließenden Definitionsstudien der Phase B wurden von der ESRO nur noch an die beiden unter deutscher Leitung stehenden Konsortien vergeben. Inzwischen hatte sich die Bundesregierung nämlich verpflichtet, mit einem Anteil von mehr als 50 Prozent den Löwenanteil der Entwicklungs- und Baukosten für das Raumlabor zu übernehmen.

Diese Definitionsstudien hatten das Ziel, Vorschläge für eine Realisierung des Projektes zu entwickeln; dazu mußten die einzelnen Bauelemente und -komponenten festgelegt und aufeinander abgestimmt sowie Kostenanschläge erstellt werden. Natürlich waren gewisse Rahmenbedingungen vorgegeben wie etwa der angestrebte modulare Aufbau von Druckkabine und der dem freien Weltraum ausgesetzten offenen Plattform, aber auch die flexible Gestaltung des Innenraumes, die eine rasche Anpassung an die individuellen »Einrichtungswünsche« der jeweiligen Nutzer ermöglichen sollte.

Nachdem die beiden Firmengruppen im Februar 1974 ihre Angebote für den Bau des Spacelab der ESRO unterbreitet hatten, begann in Bremen und Ottobrunn das große Zittern um den Zuschlag. Unterdessen bemühte sich ein Expertengremium bei ESTEC (European Space Research and Technology Center, europäisches Zentrum für Weltraumforschung und -technik) im holländischen Noordwijk um eine Bewertung der beiden Vorschläge. Zuletzt mußten die »Punktrichter« jedoch feststellen, daß die Kandidaten sich ein Kopf-an-Kopf-Rennen geliefert hatten, dessen Ausgang sie nicht entscheiden mochten. So mußte ein übergeordnetes Gremium unter Leitung des Genraldirektors von ESRO, Dr. Alexander Hocker, in dieser schwierigen Situa-

Halle 41 – Werkstatt für den Weltraum *Hochbetrieb herrscht während der letzten Bau- und Testphasen vor der Ablieferung der Spacelab-Flugeinheiten bei MBB-ERNO in Bremen.*

Damit die Druckkabine (rechts) und die offenen Paletten (links) »staubfrei« montiert werden konnten, war die gesamte Halle als »clean room« ausgelegt – an der Stirnwand (im Hintergrund) tritt beständig gefilterte Luft ein, deren Strömung »eingeschleppte« Staubteilchen aus der Halle treibt.

tion die Auswahl treffen.

Als der – zunächst auf rund 650 Millionen DM begrenzte – Auftrag am 5. Juni 1974 vergeben wurde, knallten in Bremen die Sektkorken. Dann aber hieß es, mit allen verfügbaren Kräften und Energien an die Arbeit zu gehen, denn schon sechs Jahre später, so der erklärte Wunsch, sollte das Spacelab zu seinem Jungfernflug an Bord eines Raumtransporters starten. Damals ahnte niemand, daß man stattdessen fast neuneinhalb Jahre warten mußte, ehe das fertige Endprodukt seinen ersten Einsatz absolvieren sollte.

Baukastenteile für den Weltraum

Das geforderte Spacelab-Konzept sah einen modularen Aufbau des Raumlabors vor, um durch einfaches Auswechseln von Bauteilen eine problemlose Anpassung an die jeweiligen Wünsche der Spacelab-Nutzer zu ermöglichen.

Bei den Vorstudien hatte sich nämlich gezeigt, daß die verschiedenen Anwendungsmöglichkeiten für das Spacelab zum Teil ganz unterschiedliche »Labor-Konfigurationen« erfordern würden. Entscheidend dafür war jeweils, welchen besonderen Vorteil des »Arbeitsplatzes Erdumlaufbahn« man für die einzelnen Einsätze nutzen wollte:

● Experimente auf dem Gebiet der Materialwissenschaften etwa, bei denen die Beinahe-Schwerelosigkeit an Bord sowie Eingriffsmöglichkeiten durch Astronauten im Vordergrund standen, würden eine möglichst große Druckkabine beanspruchen,

● biologische Experimente, die Auswirkungen der Strahlenbelastung im Weltraum testen sollten, erforderten zumindest die Möglichkeit, die Proben auch dem freien Weltraum auszusetzen, und

● Programme zur Erdbeobachtung oder zur Erforschung kosmischer Objekte, die entweder die »Übersicht« aus der Erdumlaufbahn oder aber den Beobachtungsplatz oberhalb der am Erdboden störenden irdischen Lufthülle benötigten, kämen mit einer reinen »Paletten-Version« aus.

Neben dieser »kundenorientierten Konzeption« gab es noch eine zweite Rahmenbedingung, und die im wörtlichen Sinne: Das Spacelab mußte in die Nutzlastbucht des amerikanischen Space Shuttle hineinpassen und mit dem vom Raumtransporter bereitgestellten Energie-Angebot auskommen.

So sah der ERNO-Vorschlag als »Standardsystem« eine zweiteilige Druckkabine mit zwei offenen Paletten vor. Ein Segment der Kabine sollte die Betriebsausrüstung des Labors aufnehmen, also jene Geräte, die für den Aufenthalt von Menschen im Spacelab und die Datenaufnahme und -weitergabe von Experimenten notwendig sind: Das Lebenserhaltungssystem (die »Klima-Anlage«) samt Anzeige- und Steuerungsgeräten sowie die Bordrechner einschließlich der Kommunikationssysteme. Daneben blieb dort auch noch Platz für einige Experimentierschränke.

Ergänzt wurde dieses »Kernsegment« durch ein »Experimentmodul«, das dann je nach Missionszielen mit den besonderen Geräten der einzelnen »Kunden« ausgestattet werden konnte.

Beobachtungs- und Meßgeräte, die dem freien Weltraum ausgesetzt werden sollten oder automatisch, das heißt, ohne Eingriff von Astronauten, arbeiten konnten, wurden auf den offenen Paletten stationiert, eine Art Balkon oder Terrasse zum Raumlabor.

Der Weg zu den Sternen ist beschwerlich

Das Raumlabor Spacelab sollte nicht nur den Astronauten – und mit ihnen der Wissenschaft – den

Im »Souterrain« die Versorgung

Die Innenausrüstung des Spacelab erfolgt von Unten nach Oben: Im Unterflur werden die Betriebssysteme, hier das Lebenserhaltungs- und Umweltkontrollsystem, montiert. Zu Wartungszwecken am Erdboden kann das System ebenso aus der Röhre gerollt werden wie die übrige Einrichtung des Weltraumlabors.

Zugang zu einer völlig neuen Dimension ihrer Arbeit eröffnen, sondern auch den beteiligten Industriefirmen mit ihren Planern, Ingenieuren und Managern: Der Bau eines Raumlabors, in dem einmal Wissenschaftsastronauten Experimente aller Art in der Erdumlaufbahn durchführen sollten, stellte bislang ungekannte Herausforderungen an die Ingenieurwissenschaften, aber auch an die Kooperationsfähigkeit innerhalb Europas. Wer hätte noch nie in unseren europäischen Nachbarländern händeringend darüber geschimpft, daß man ständig mit falschen Steckdosen für den Rasierapparat oder den Haarfön kämpfen muß – nicht einmal der sogenannte Europastecker führt überall zum gewünschten Erfolg. »Die Einigung Europas«, mag mancher bei solcherlei Eurofrust verzweifelt gedacht haben, »wird noch einmal an den nationalen Normen scheitern«. Und wenn schon nicht an den Gerätesteckern, so spätestens dort, wo Inches auf Zentimeter prallen oder Kilogramm auf Pounds.

Erfreulicherweise hat das metrische System in der gesamten westlichen Raumfahrttechnik Gültigkeit. Man brauchte also weder amerikanische »Zoll-Vorgaben« in europäische Maßeinheiten umzusetzen noch Millimeterarbeit von den Amerikanern »verzollen« zu lassen. Erschwerend wirkten die amerikanischen Anfforderungen hinsichtlich der sogenannten Dokumentation: Die »Lebensgeschichte« eines jeden Einzelteils mußte von der Qualitätsprüfung über den Einbau bis hin zum abschließenden Qualifikationstest schriftlich festgehalten werden. Und zu allem Überdruß saß den Mitarbeitern ständig der Zeitteufel im Nacken.

Modelle für Spacelab

Die Entwicklung eines so komplexen Systems, wie es das europäische Weltraumlabor darstellt, kann natürlich nicht in einem Zug erreicht werden. Eine schrittweise Annäherung an den Bau neuer Modelle kennt man ja beim Automobil, wo zunächst die äußere Form im Windkanal erprobt wird, ehe Detailpläne die Ausführung einzelner Komponenten vorbereiten.

Ähnliche Zwischenstufen waren in der Raumfahrtindustrie bereits vom Satellitenbau her bekannt – Modellausführungen, an denen jeweils die Erfüllung bestimmter Voraussetzungen getestet wurde. Wenn es beispielsweise darum geht, den Wärmehaushalt eines Satelliten zu überprüfen, um sicher zu sein, daß die empfindliche Bordelektronik weder im Sonnenlicht geröstet noch in der Weltraumkälte »einfrieren« wird, muß man nicht sämtliche Wärmequellen (sprich: elektronische Bauteile) im Original vorliegen haben, sondern kann diese durch »künstliche« Wärmequellen wie einfache elektrische Widerstände simulieren. Wenn hingegen nachgewiesen werden sollte, daß die Satellitenstruktur samt Meß- und Übertragungsgeräten die Erschütterungen beim Start übersteht, stellte man in Europa Mitte der siebziger Jahre noch die komplette Flugeinheit auf den Schütteltisch.

In den USA hatte man dagegen die Entwicklungsphilosophie längst in Richtung auf Überprüfung kleiner Bauteile weitergetrieben, um durch frühzeitige Qualifikationsnachweise die hohen Kosten nachträglicher Änderungen so gering wie möglich zu halten.

Trotzdem mußten die Spacelab-Planer ständig mit Änderungsforderungen kämpfen, die von der NASA beziehungsweise den späteren Spacelab-Nutzern an sie herangetragen wurden. Als besonders hinderlich erwies sich, daß die Entwicklungen am Raumtransporter mit einem Zeitvorsprung von lediglich zwei Jahren begonnen worden waren und daher die »Sollwerte« an den späteren Naht- und »Schnittstellen« zwischen Spacelab und Space Shuttle erst im Zuge der Shuttle-Ent-

Ein Iglu zum Wärmen
Auch bei der reinen Paletten-Mission müssen für das Datenverarbeitungssystem irdische Umweltbedingungen bereitgestellt werden: Ein temperierter Druckbehälter (Iglu) nimmt die entsprechenden Anlagen auf.

Premiere im Fernsehen

Knapp sechs Jahre vor dem Jungfernflug des Spacelab berichtete das Westdeutsche Fernsehen zusammen mit anderen europäischen Stationen aus Bremen über Entwicklung und Aufgaben des Raumlabors. Schon damals dabei: Günter Siefarth und Hermann-Michael Hahn (Bild).

wicklung festgelegt werden konnten. So blieben spätere, zum Teil mehrfache Änderungen durchaus keine Seltenheit.

Ein wichtiger Zwischenschritt war die Entwicklung des sogenannten Hard-Mockup, an dem das Zusammenpassen der mechanischen Bauteile sowie deren Handhabung untersucht werden konnte. Dieses Hard-Mockup war äußerlich nicht von der späteren Flugeinheit zu unterscheiden. Darüber hinaus war ein Integrationsmodell für das elektrische System geplant, an dem die einzelnen »Stromverbraucher« wie das Lebenserhaltungssystem oder die Energieversorgung und Kühlung der Experimenteinrichtungen erprobt und auf ihre »Verträglichkeit« hin untersucht werden sollten. Hinzu kam das sogenannte Entwicklungsmodell (Development Fixture), ein von außen zugängliches Gerüst, das Ingenieuren und Technikern die Möglichkeit bot, ihre zweidimensionalen Bauzeichnungen in die dritte Dimension umzusetzen. So konnte man zum Beispiel herausfinden, ob die vorgesehenen Einbaumethoden etwa für die komplexe Verkabelung der einzelnen Untersysteme ohne gegenseitige Beeinträchtigung möglich waren und auch vielleicht erforderliche Reparaturarbeiten der Astronauten in der Umlaufbahn behinderten.

Countdown in Bremen

Ich erinnere mich noch recht gut an meine erste Begegnung mit dem Spacelab Anfang 1977 bei ERNO in Bremen. Der Westdeutsche Rundfunk hatte zusammen mit anderen europäischen Fernsehanstalten die eigens für die Montage des Spacelab erbaute Halle 41 als »Außenstudio« hergerichtet, um eine Woche lang Beiträge für mehrere Wissenschaftsmagazine aufzeichnen zu können. Zu jenem Zeitpunkt wurde das Entwicklungsmodell bereits eifrig genutzt, waren erste Teile des Hard-Mockups fertiggestellt. Im Mittelpunkt aber stand das »Soft-Mockup«, ebenfalls ein Modell im Maßstab 1:1 zwar, das jedoch im wesentlichen aus Holz und Kunststoff zusammengeschraubt war und schon mehrere Flüge hinter sich hatte – keine Raumflüge natürlich, aber Tourneen in die USA und zu verschiedenen Luftfahrtausstellungen. Es vermittelte immerhin einen optischen Eindruck vom Innenraum des Spacelab, auch, wenn die fotografierten Fassaden der Experimentierschränke eher an Potemkinsche Dörfer oder den Kulissenschummel bei amerikanischen Westernfilmen erinnerte.

Die Aufzeichnungen sollten montags beginnen, und so trafen wir am Sonntagnachmittag zu einer letzten Vorbesichtigung in Bremen ein. Das ganze Wochenende über hatten die Mitarbeiter von Bühne und Beleuchtung die Integrationshalle notdürftig in eine Art Fernsehstudio umgewandelt, hatte die Besatzung der Übertragungswagen Bild- und Tonleitungen für Kameras und Mikrofone nach draußen verlegt. Jetzt aber waren alle vorbereitenden Arbeiten abgeschlossen, war die riesige Halle nur schwach erleuchtet, als wir sie durch die Schmutz-Schleuse betraten.

Stolz zeigte uns Achim Nordmann, der damalige Leiter der ERNO-Pressestelle, die einzelnen Arbeitsbereiche – das Soft-Mockup, das Development Fixture und die Paletten des Hard-Mockups. Mit den Raumschiffen aus der Serie Enterprise, die damals auch über die bundesdeutschen Bildschirme flimmerte, hatte dies wenig gemein, und daß solcherlei Gerät ein paar Jahre später die Erde umrunden sollte, erschien mir geradezu unvorstellbar, wenn nicht phantastisch. Vielleicht lag das aber auch nur an der beeindruckenden Komplexität des Gegenstandes, die in meiner Vorstellung ein Art »überirdische Technik« erforderte, denn als ich drei Jahre später Gelegenheit hatte, die Fertigungshallen von Boeing in Seattle zu besichtigen, erging es mir bei einem Blick durch das Gerippe eines halbfertigen Jumbo-Jets nicht anders.

Damals sah der Zeitplan den Jungfernflug noch für Juli 1980 vor, und so begann ich meine Sendung »Countdown in Bremen«, die am 21. Januar 1977 im Westdeutschen Fernsehen ausgestrahlt wurde, im Soft-Mockup stehend mit den Sätzen »Heute in dreieinhalb Jahren werden sich europäische und amerikanische Astronauten an Bord dieses Raumlabors Spacelab nach ihrem ersten Flug auf die Rückkehr zur Erde vorbereiten. Dann werden genau elf Jahre vergangen sein, seit am 21. Juli 1969 Neil Armstrong als erster Mensch den Mond betrat, elf Jahre, in denen sich ein entscheidender Wandel in der Raumfahrttechnik vollzogen hat: Das Unternehmen Apollo wurde mit einer aufwendigen Rakete gestartet, die nur einmal verwendet werden konnte; das Raumlabor Spacelab aber ist eine der wesentlichsten Nutzlasten für den wiederverwendbaren Raumtransporter Space Shuttle...«

Und dann kam ein Stolperer, den die Fernsehzuschauer später bei der Sendung natürlich nicht mehr sehen konnten, weil er zwischenzeitlich »herausgeschnitten« worden war: Um die lange Röhre des Spacelab-Modells ins rechte Licht rücken zu können, hatte der Beleuchter eine Bodenplatte entfernt und im sogenannten Unterflurbereich einen Spot-Scheinwerfer installiert. Ich war zwar auf diese potentielle Gefahrenstelle hingewiesen worden, muß sie dann aber im entscheidenden Moment doch übersehen haben und verschwand plötzlich zum Entsetzen des Regisseurs und des Bildmischers aus dem Blickfeld der Kamera. Eine Schrecksekunde lang herrschte absolute Stille in der großen Halle, doch dann meinte der Bildmischer über den Kommandolautsprecher lakonisch »An Bord von Spacelab wäre das nicht passiert«.

Verzögerungen

Wenig später geriet die Spacelab-Entwicklung ins Stocken. Zwar hatte man damals einen wichtigen »Meilenstein«, den Preliminary Design Review PDR-B, gerade erfolgreich abgeschlossen und bis zu jenem Zeitpunkt in Bremen und bei den europäischen Zulieferern den korsettartigen Terminplan weitgehend einhalten können, doch dann gab es Schwierigkeiten bei der Anlieferung der operationellen Software, der Computerprogramme also, die einen Betrieb des Spacelab simulieren und damit einen »Trockentest« für die Hardware ermöglichen sollten. »Zum Glück« für die europäischen Vertragspartner hatte die NASA zur gleichen Zeit mit erheblichen Schwierigkeiten bei der Entwicklung des Raumtransporters zu kämpfen, so daß man diesseits des Atlantiks trotz der Verzögerung gegenüber dem effektiven Zeitplan in den USA nicht in Verzug geriet.

Gegen Ende 1977 wurde klar, daß der amerikanische Raumtransporter nicht pünktlich in Dienst gestellt werden konnte und der Jungfernflug des europäischen Raumlabors verschoben werden mußte: Von Juli 1980 auf Dezember 1980. Als Grund dafür nannte man jedoch noch nicht den Rückstand bei der Entwicklung des Space Shuttle, sondern ein Problem bei der Installierung von zwei speziellen Nachrichtensatelliten, die während des Spacelabfluges die immense Datenflut der verschiedenen Experimente zur Erde bewältigen müssen; diese Tracking Data and Relay Satellite (TDRS) genannten Satelliten sollten eine weitgehend lückenlose Verbindung zwischen Raumtransportern und Kontrollzentrum herstellen, wie sie beim Einsatz der »herkömmlichen« Bodenstationen nicht gegeben ist.

Unterdessen liefen in Bremen die Vorbereitungen für einen weiteren »Meilenstein« der Spacelab-Entwicklung auf Hochtouren: Bis zum 16. Januar 1978, 12 Uhr, mußten alle

Unterlagen für das »Critical Design Review« (CDR) bei der Europäischen Weltraumagentur ESA abgeliefert sein. Diese kritische Entwurfsüberprüfung, die dann sechs Wochen später in Bremen stattfand, bot eine letzte Chance, den Programmablauf und damit die Fertigung der Flugeinheit noch zu beeinflussen. Rund 17 500 Seiten umfaßte die eigens für den CDR erstellte Dokumentation, anhand derer Experten der ESA als Auftraggeber und der NASA als Empfänger kontrollieren konnten, ob alle gestellten Leistungsanforderungen auch wirklich erfüllt wurden. Am Ende des einwöchigen Tests hieß es dann: »Freigabe der Flugeinheit.«

Ein Jahr später – in Bremen bereitete man sich mittlerweile auf die Montage der Flugeinheit vor – mußte die NASA eine neuerliche Startverschiebung bekanntgeben: Inzwischen war man beim 30. Juni 1981 angekommen, beim 12. Flug des Raumtransporters (sechs Testflüge mit einbezogen). Noch immer aber war jenseits des Atlantiks der Glaube an die hohe Nachfrage bei Spacelabflügen ungebrochen. Der NASA-Flugplan sah auch 1979 noch einen zweiten Spacelabflug für 1981 vor, dem 1982 fünf weitere folgen sollten. Und für Januar 1983 stand die erste Spacelab-Mission unter deutscher Federführung, genannt D1, auf dem Programm...

Mitte März 1979 rollte die erste Flughardware über Europas Straßen: Ein 18 Meter langer Schwertransporter bringt eines der beiden Module der Druckkabine von Aeritalia in Turin zur Integration nach Bremen. 470 Kilogramm wiegt die Konstruktion, die in einem acht Tonnen schweren Container stoßsicher verpackt ist. Nach sechs Tagen erreicht die kostbare Fracht ihr Ziel – trotz der Überbreite von 4,85 Metern weisen die »Stoßstangen« der gigantischen Transportkiste nur ein paar kleine Schrammen auf.

Wenn die Endmontage der Bauelemente und die anschließenden Tests in Bremen ebenso reibungslos ablaufen wie beim Hard-Mockup, das innerhalb von elf Monaten vollständig integriert worden war, könnte man noch im Sommer 1980 die Spacelab-Kabine und wenig später die Paletten für den Jungfernflug des Raumlabors an die NASA ausliefern – mit einer Verzögerung von etwa 16 Monaten gegenüber dem ursprünglichen Zeitplan, hoffte man damals in Bremen. Doch Grund zur Eile bestand eigentlich nicht mehr. Immer neue Verzögerungen wurden aus den USA gemeldet, wo man verzweifelt versuchte, die Probleme bei der Entwicklung der Shuttle-Triebwerke zu lösen. Im Juli 1979 zeichnete sich schließlich deutlich ab, daß der erste Shuttle-Start kaum noch für März 1980 zu erwarten war, sondern eher erst zur Jahresmitte stattfinden würde. Aber selbst dieser Termin konnte nicht eingehalten werden – schließlich dauerte es bis zum 12. April 1981, ehe sich der Raumtransporter – ausgerechnet am 20. Jahrestag der ersten bemannten Erdumkreisung durch Juri Gagarin – von der Startrampe 39 A am Cape Canaveral erhob – zu einem Zeitpunkt, an dem nach der ursprünglichen Planung bereits drei Spacelab-Einsätze hätten absolviert sein sollen.

Ein erster Abschied

Was dann schließlich im November 1980 an die NASA ausgeliefert werden konnte, war jedoch nur das Ingenieurmodell, der Prototyp gewissermaßen, der nun im Kennedy Space Center am Cape Canaveral den amerikanischen Technikern als Muster diente. Am Morgen des 23. November wurden zunächst die Abnahmezertifikate unterzeichnet, und dann rollte ein Schwertransporter mit dem Experiment-Segment des Prototypen aus der Integrationshalle. In Hannover wurde der Container in ein Transportflugzeug vom Typ »Galaxy« verladen, um von da aus nonstop nach Florida gebracht zu werden.

Der Meisterbrief

Ein großer Tag für die europäische Weltraumindustrie: Am 30. November 1981 wird das Raumlabor nach eingehender Prüfung von der amerikanischen Raumfahrtbehörde NASA »abgenommen«.

SPACELAB FLIGHT UNIT SYSTEM
CERTIFICATE OF ACCEPTANCE

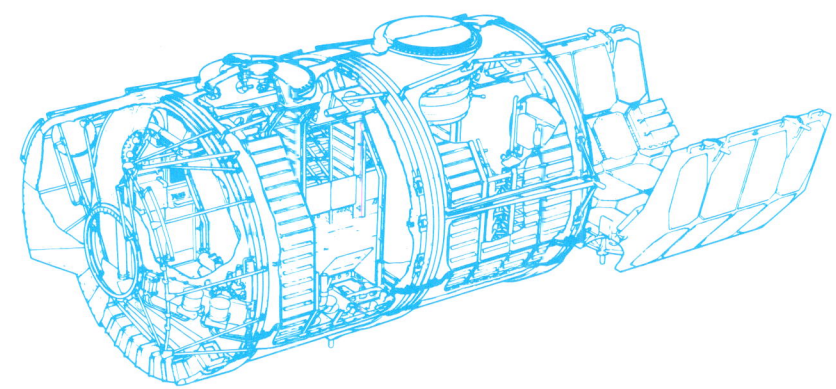

THIS DOCUMENT IS IN COMMEMORATION OF THE SPACELAB ACCEPTANCE WHICH HAS BEEN COMPLETED THIS DAY (30. NOV. 1981) AND IS IN ACCORDANCE WITH THE CERTIFICATE OF ACCEPTANCE COA–ER–8049 "SPACELAB FLIGHT UNIT SYSTEM" AND RELATED LOWER LEVEL CERTIFICATES.

ERNO	esa	NASA
PROJECT DIRECTOR	PROJECT DIRECTOR	PROJECT DIRECTOR
PROJECT MANAGER	PROJECT MANAGER	PROJECT MANAGER
ACCEPT. MANAGER	ACCEPT. MANAGER	ACCEPT. MANAGER

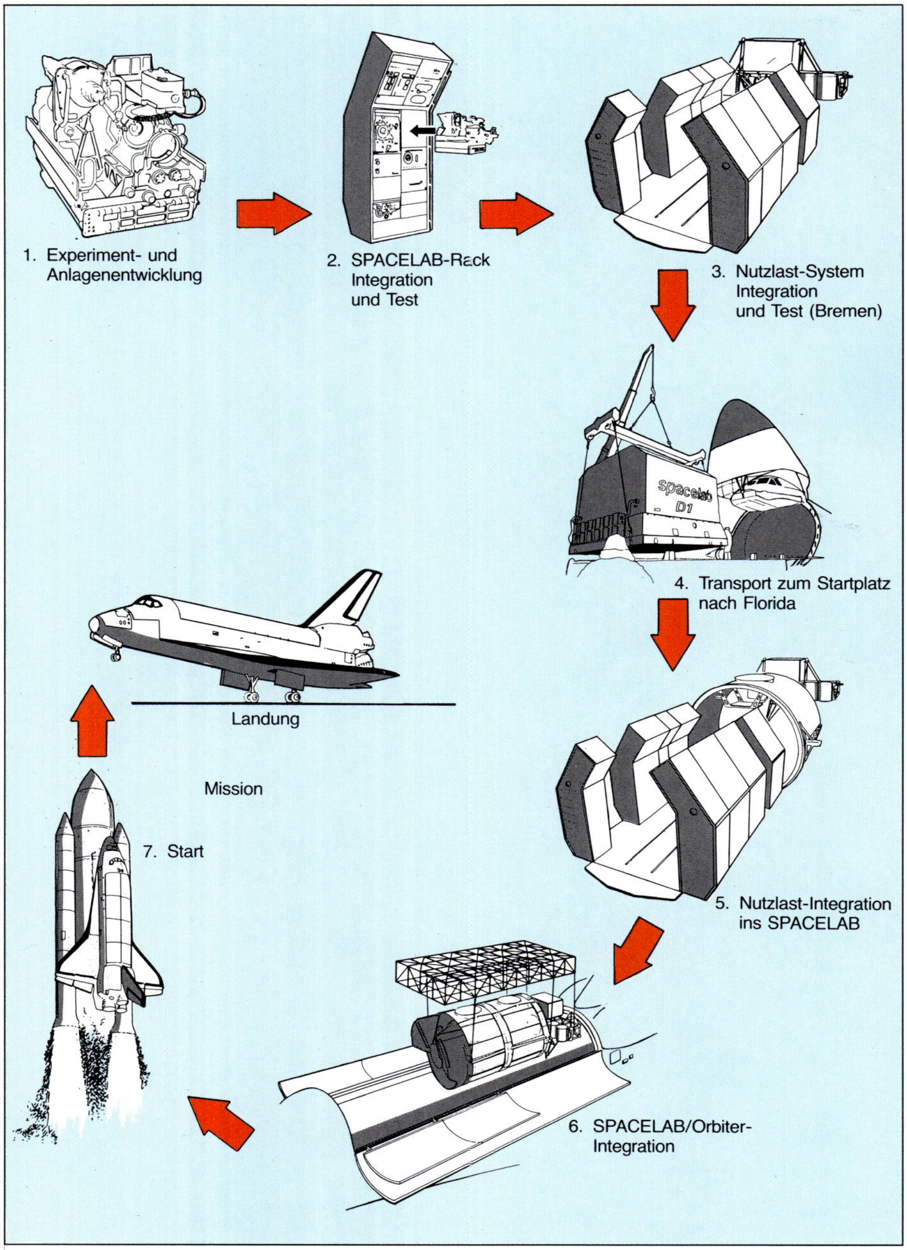

1. Experiment- und Anlagenentwicklung
2. SPACELAB-Rack Integration und Test
3. Nutzlast-System Integration und Test (Bremen)
4. Transport zum Startplatz nach Florida
5. Nutzlast-Integration ins SPACELAB
6. SPACELAB/Orbiter-Integration
7. Start
Mission
Landung

Integrationsschritte

Die Experimentiergeräte für die D1-Mission wurden von der Raumfahrtindustrie entwickelt und gebaut, bei MBB-ERNO in Bremen zur Gesamt-Nutzlast integriert und ausgetestet, anschließend zum Weltraumbahnhof Cape Canaveral in Florida transportiert und in die Spacelab-Röhre geschoben, ehe das komplette Raumlabor in die Ladebucht des amerikanischen Space Shuttle gehoben werden konnte.

Natürlich wurde das Ereignis als wichtiger Meilenstein der Spacelab-Entwicklung gebührend gefeiert. Hans Hoffmann, Geschäftsführer von ERNO, betonte vor allem den Lerneffekt, den der Bau des Spacelab bis zu diesem Zeitpunkt bereits gebracht hatte. Er meinte unter anderem:

»Anfangs fehlten jegliche Erfahrungen. Heute dagegen hat Europa ein Team in zehn Ländern, das alle Untersysteme und Systeme der bemannten Raumfahrt ohne Probleme entwickeln kann. Dieses Team hat gelernt, schwierige Programme innerhalb Europas mit seinen amerikanischen Partnern zu realisieren. Es hat ferner gelernt, sehr umfangreiche Dokumentationen zu erstellen und damit eine wichtige Voraussetzung von Technologietransfer zu erfüllen. Denn Spacelab wird von Ingenieuren operiert, die nicht unmittelbar an der Entwicklung teilhatten. Wir haben weiter gelernt, unsere Kosten und Zeitpläne zu kontrollieren. Das war ein harter Weg. Diese Erfahrung hat sich bei unseren Teams festgeschrieben und

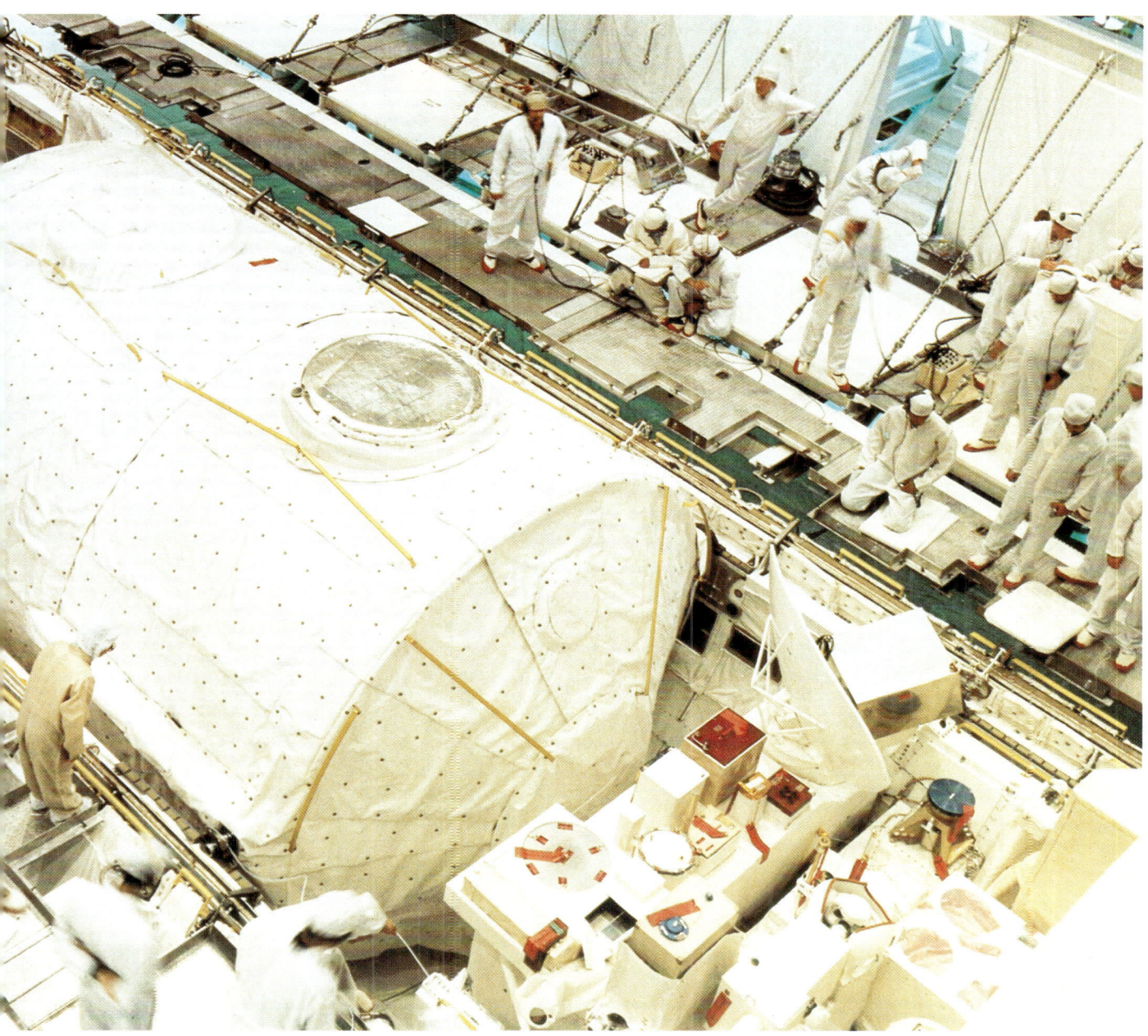

wird alle künftigen komplexen Aufgaben in der Luft- und Raumfahrt wie in anderen Bereichen begleiten.«

Ernüchterung

Unterdessen hatten die Forschungsminister der zehn beteiligten europäischen Länder einer Budgetsteigerung um 20 Prozent zustimmen müssen, war der Termin für die Abgabe der Flugeinheit auf Sommer 1981 verschoben und der Jungfernflug von Spacelab für Juni 1983 vorgesehen. Inzwischen war aber auch die zweite Spacelab-Flugeinheit von der NASA für 300 Millionen DM in Auftrag gegeben worden, hatte man wohl aber auch erkannt, daß der Bedarf an Spacelabflügen und damit Spacelab-Hardware in der Anfangszeit arg überschätzt worden war: Von der Fertigung weiterer Systeme sprach jedenfalls niemand mehr.

Gut ein Jahr nach der Auslieferung des Ingenieurmodells konnten die Europäer endlich am 4. Dezember 1981 auch die Flugeinheit ihres

Offene Verbindung

Die Integration des Raumlabors in die Nutzlastbucht des Space Shuttle steht kurz vor dem Abschluß. Nur der Transfertunnel, durch den die Astronauten zwischen Spacelab und Orbiter hin und her gleiten können, ist noch nicht vollständig montiert.

»Meisterstücks« an die NASA ausliefern. Noch einmal gaben sich führende Vertreter von ERNO und seinen Konsortialpartnern, von ESA und NASA in Bremen ein Stelldichein, um gemeinsam diesen großen Tag in der Geschichte der europäischen Raumfahrtindustrie und der transatlantischen Partnerschaft auf dem Sektor der bemannten Raumfahrt zu feiern.

Michel Bignier, Direktor für Weltraum-Transport-Systeme bei der ESA, betonte in seiner Ansprache, daß trotz der ohne Beanstandungen verlaufenen gründlichen Abnahmeprüfung durch die NASA erst die Bewährung im Flug über Erfolg oder Mißerfolg der vergangenen acht Jahre intensiver europäischer Entwicklungsarbeiten entscheide, und ERNO-Geschäftsführer Hans Hoffmann gab der Hoffnung Ausdruck, daß dieses »Werkzeug« – und Spacelab sei ein Werkzeug – in den nächsten zehn Jahren von den Europäern, Amerikanern und Drittländern möglichst vielfach genutzt werde.

Lediglich der Spacelab-Direktor der NASA, James C. Harrington, schüttete ein paar Wermutstropfen in die Sektkelche der Festgäste, als er unmißverständlich die Zahl der bis 1991 erwarteten Spacelabflüge auf nicht mehr als 80 herunterschraubte, von denen noch längst nicht alle Missionen bereits ausgebucht seien. Welch seltsame Arithmetik die NASA bei solchen Prognosen wohl auch schon in der Vergangenheit angewandt hatte, wurde deutlich, als Harrington die »etwa 80 Flüge« zeitlich einordnete: Langfristig rechne man mit vier bis sechs Einsätzen für den Zeitraum zwischen 1987 und 1992, meinte er weiter (was ja günstigstenfalls 36 Missionen für die Zeit nach den nicht auszuschließenden Anlaufschwierigkeiten bedeuten würde). Harrington lieferte allerdings auch gleich einen Grund für diese stark reduzierten Bedarfsprognosen mit, als er die zu erwartenden Kosten für einen Spacelabflug nannte: 18 Millionen Dollar Startkosten für das Space Shuttle, vier Millionen Dollar für die Benutzung des Spacelab (das ja nach der Auslieferung in den Besitz der NASA überging und den europäischen Baumeistern lediglich für einen halben Demonstrationsflug gratis überlassen wurde) sowie zusätzliche Kosten von 200 000 Dollar pro Tag für die Bodenbetriebssysteme. Ein Sieben-Tage-Flug würde dann 23 Millionen Dollar verschlingen – allerdings zum Preisstand 1975. Für Mitte der achtziger Jahre müsse man die (amerikanische) Inflation wohl mit einem Faktor 3 berücksichtigen und entsprechend 69 Millionen Dollar oder rund 163 Millionen Mark (mit Kursstand 1975) veranschlagen (dies entspricht einer jährlichen Preissteigerung von mehr als 11,6 Prozent).

Zumindest diese Prognose hat sich als einigermaßen zuverlässig erwiesen, mußten doch für die Abwicklung der D 1-Mission insgesamt gut 60 Millionen Dollar an die Amerikaner gezahlt werden. Da diese Summe in sechs Raten fällig war, die zum jeweiligen Kurswert berechnet wurden, entspricht dies rund 165 Millionen Mark.

Blauer Planet aus der Vogelperspektive

Unter dem in das Space Shuttle Columbia integrierten Spacelab erscheint, mit scharfer Kontur, ein Ausschnitt der Erdoberfläche.

ASTRONAUTEN-TRAINING AUF EUROPÄISCH

Die Wissenschaftsastronauten Ockels, Furrer, Merbold und Messerschmid haben gut lachen: Merbold und Ockels wurden bereits 1978 für Spacelab 1 nominiert und, aufgrund ihrer reichen Erfahrung, für D1 übernommen; zusätzlich wurden Messerschmid und Furrer 1983 für D1 ausgewählt.

WISSENSCHAFTLER IM WELTRAUMLABOR

Das europäische Weltraumlaboratorium SPACELAB wird ab 1980 mit dem amerikanischen Raumtransporter zu wissenschaftlichen Aufgaben in den Weltraum starten. Auch deutsche Wissenschaftler sollen dort an Bord unter Schwerelosigkeit arbeiten.

Die Deutsche Forschungs- und Versuchsanstalt für Luft- und Raumfahrt (DFVLR) wählt im Auftrag des Bundesministers für Forschung und Technologie die deutschen Kandidaten aus. Diese Wissenschaftler, Nutzlastexperten genannt, werden keine Astronauten im herkömmlichen Sinne sein! Sie werden während des Weltraumfluges wissenschaftliche Experimente an Bord von SPACELAB betreiben, wogegen der Raumtransporter von Berufsastronauten der NASA gesteuert wird.

Gesucht werden Bewerber mit wissenschaftlicher Qualifikation auf folgenden Gebieten:

Werkstoffkunde
Atmosphärenforschung
Lebenswissenschaften
Erdbeobachtung, Erderkundung
Astronomie
Sonnenphysik
Technologie

Hier Ihre persönliche Eignungs-Checkliste:

Nein		Ja
O	Nicht älter als 47 Jahre	⊗
O	Körpergröße zwischen 153 cm und 190 cm	⊗
O	Perfekte Englisch-Kenntnisse	⊗
O	Guter Gesundheitszustand	⊗
O	Wiss.-techn. Hochschulausbildung oder vergleichbarer Berufsweg	⊗

Wenn Sie eine der Anforderungen mit Nein beantworten mußten, bitten wir von einer Bewerbung abzusehen und danken für Ihr Interesse.

Wenn Sie alle Fragen mit Ja beantworten können, senden Sie bitte die üblichen Bewerbungsunterlagen mit tabellarischem Lebenslauf an uns.

Termin: Bis 5. Mai 1977 (Datum des Poststempels)

DFVLR
Deutsche Forschungs- und Versuchsanstalt für Luft- und Raumfahrt

Deutsche Forschungs- und Versuchsanstalt für Luft- und Raumfahrt.
— BPT/PD 5 —
Postfach 906058
5000 Köln 90.
Stichwort „Bewerbung Nutzlastexperten".

Die Mannschaft von D1

HERMANN-MICHAEL HAHN

»Die Zentrifuge ist eine harte Maschine und man muß gegen sie ohne Unterlaß kämpfen. Wenn man nachgibt, zieht das Blut vom Gehirn ab, alles beginnt vor den Augen zu schwimmen und man erlebt die ersten Anzeichen von Bewußtlosigkeit. Ich glaube nicht, daß ein Mensch wirklich eine körperliche Toleranz gegen Beschleunigungskräfte entwickeln kann, aber man wird mehr oder weniger unempfindlich gegen die Belastungen, die sie für den Menschen bedeutet.«
John Glenn, der als erster amerikanischer Astronaut 1962 dreimal die Erde umrundete.

Stellenmarkt für Astronauten

Auf diese Anzeige der Deutschen Forschungs- und Versuchsanstalt für Luft- und Raumfahrt meldeten sich rund 700 Interessenten, darunter auch Ulf Merbold, Reinhard Furrer und Ernst Messerschmid. Hier die von Ernst Messerschmid ausgefüllte Eignungs-Checkliste.

Mit dem Einsatz des europäischen Weltraumlabors Spacelab sollte die Nutzung der besonderen Umweltbedingungen in der Erdumlaufbahn in eine neue Phase treten. Zuvor hatte man im wesentlichen Automaten für die verschiedensten Aufgaben in den Orbit entsandt, die vor allem den besonderen Standort benötigten – sei es zur besseren Übersicht über irdische Phänomene, zum Aufbau einer erdumspannenden Kommunikation oder zur ungestörten Beobachtung weit hinaus in die Tiefen des Alls. Menschen im Weltraum hatten – zumindest auf amerikanischer Seite – bis zum Ende des Apollo-Programms dagegen hauptsächlich die Aufgabe, den Flug zum Mond vorzubereiten, zu proben und zu verwirklichen.

Nun schickte man sich an, die Auswirkungen der Schwerelosigkeit zu studieren, um schwerkraftabhängige Naturphänomene besser verstehen zu können, die sehr viele Prozesse auf der Erde stark beeinflussen, ja beeinträchtigen. Dies war weder eine Aufgabe für Automaten noch für Testpiloten oder Militärflieger. Letztere hatten den größten Teil der amerikanischen Astronauten bis in die frühen siebziger Jahre gestellt! Jetzt waren Wissenschaftler gefragt, die an Bord des Raumlabors Experimente durchführen und auswerten konnten, die in der Lage waren, vor Ort zu probieren, zu verbessern oder zu verwerfen.

Damit wurde es unabdingbar notwendig, einen völlig neuen Astronautentyp auszubilden, bei dem es nicht mehr so sehr auf überdurchschnittliche körperliche Konstitution ankam, sondern auf überragende geistige Fähigkeiten, gepaart mit einer naturwissenschaftlichen Ausbildung und ausreichender Praxiserfahrung.

Wissenschaftsastronaut gesucht

So erschien dann im Spätwinter 1977 in mehreren überregionalen bundesdeutschen Zeitungen unter der Rubrik »Stellenangebote« eine ungewöhnliche Anzeige der DFVLR; ähnliche Annoncen wurden zur selben Zeit von den entsprechenden nationalen Organisationen in den übrigen ESA-Mitgliedsländern veröffentlicht. Allein in unserem Land reagierten über 700 Wissenschaftler auf dieses Stellenangebot für den ersten Spacelab-Flug, in den anderen Mitgliedsstaaten zusammen etwa doppelt so viele. Gefragt wurde nach dem Alter, der Körpergröße, den Englischkenntnissen, der wissenschaftlichen Ausbildung, dem Gesundheitszustand und der Belastbarkeit. Was unter diesen beiden letzten Kriterien zu verstehen war, sollten die Kandidaten bald sehr konkret erfahren. So wurden sie beispielsweise auf einem motorgetriebenen Laufband bis zur Grenze ihrer Atemkapazität gehetzt, wobei die Geschwindigkeit des Laufbandes alle drei Minuten erhöht wurde; unterdessen zeichneten die Flugmediziner die Körpertemperatur und den Blutdruck auf, schrieben ein kontinuierliches Elektrokardiogramm und kontrollierten die Sauerstoffaufnahme sowie die Kohlendioxidabgabe der Lungen.

Anschließend mußten die Bewerber in eine Unterdruckkammer steigen, den »Schneewittchensarg«, in dem die unteren Körperpartien schrittweise einem immer niedrigeren Luftdruck ausgesetzt werden konnten. Gemessen wurde dann die jeweilige Pulsrate und der Blutdruck, der Wadenumfang und der Blutfluß in die Beine sowie der mittlere Arteriendruck.

In der Zentrifuge wurden die Kandidaten später herumgeschleudert, um die Wirkung von Start- und Landebeschleunigungen zu simulieren und die Körperreaktionen zu kontrollieren: Während der acht Minuten dauernden Startphase müssen im Liegen bis zu 3 G (das Dreifache der normalen Schwerebeschleunigung am Erdboden) ausgehalten werden, beim Wiedereintritt in die Erdatmosphäre über 20 Minuten hinweg 1,5 G im Sitzen.

Aber auch die Schwerelosigkeit wurde simuliert – mit Parabelflügen in einem kleinen, einmotorigen Flugzeug. Der schwerelose Zustand dauerte zwar jeweils nur rund zehn bis zwölf Sekunden, doch standen zehn unmittelbar aufeinanderfolgende Parabeln auf dem Programm, so daß die Bewerber am Ende doch recht deutlich ihre subjektiven Empfindungen beschreiben konnten. Auch hier wurden natürlich objektive Daten in Form eines EKG's aufgezeichnet.

Die ungewöhnlichsten Tests aber waren wohl jene, mit denen die Empfindlichkeit des Gleichgewichtsorgans ermittelt werden sollte: Nicht nur, daß die Bewerber auf einen Drehstuhl geschnallt und herumgewirbelt wurden, man spülte ihnen auch das eine Ohr mit warmem, das andere mit kaltem Wasser und täuschte durch bewegte optische Muster eine Eigenbewegung vor, die dem wirklichen Bewegungszustand auf einem rollenden Stuhl widersprach. Diese Tortur war zum einen nötig, um sicherzustellen, daß die Auswirkungen der Raumkrankheit die Einsatzfähigkeit in den ersten Tagen nach dem Start nicht zu sehr beeinträchtigen, zum anderen aber auch, weil – vor allem bei den ersten Spacelab-Missionen – entsprechende Untersuchungen in der Erdumlaufbahn durchgeführt werden sollten und man daher die Belastbarkeit des Schweresinnesorgans abschätzen können mußte.

Ansonsten waren die Anforderungen an den Gesundheitszustand der Astronauten-Kandidaten eher dem alltäglichen Durchschnitt angepaßt als bei den Weltraumfahrern der ersten Jahre: Selbst Brillenträger hatten eine gute Chance. Natürlich ist der Start aufgrund der dreifachen Erdbeschleunigung auch für die Wissenschaftsastronauten kein »Spaziergang ins All«, doch bleibt die Belastung weit hinter dem zurück, was etwa die Heimkehrer vom Mond beim Wiedereintritt in die Erdatmosphäre aushalten mußten, nämlich sieben- bis achtfache Erdbeschleunigung.

Kaum Chancen ausgerechnet

Anscheinend hielten die meisten »Interessenten« ihre Reaktion auf diese Anzeige schon für ein wenig spinnert – zumindest unter Kollegen und Freunden verloren die beiden deutschen Kandidaten, auf die die Wahl für D1 fiel, anfangs kaum ein Wort darüber.

Reinhard Furrer (Jahrgang 1940) arbeitete damals gerade an seiner Habilitation an der Freien Universität in Berlin. Er erinnerte sich: »Die Abfassung der Bewerbung hat bei mir bloß drei, vielleicht auch vier Tage gedauert. Zuerst erschien mir die Anzeige komisch, das Stellenangebot unvorstellbar – dann habe ich mich doch beworben, und die Sache rasch wieder vergessen. Warum? Ich konnte mir nicht vorstellen, daß es irgendjemanden unter den vielen Physikern gibt, der nicht von der Vorstellung fasziniert gewesen wäre, im Weltraum unter Schwerelosigkeit experimentieren zu können. Dementsprechend gering erschien mir meine Chance. Und davon auszugehen, daß man derjenige sein könnte, auf den die Wahl fällt, das wäre sehr unrealistisch gewesen. Erstens einmal weiß ich als Bewerber nicht, worauf es ankommt. Ferner werden Qualitäten von mir erwartet, für deren »Besitz« ich nichts kann, da ich mich nicht als »Wissenschaftsastronaut« ausgebildet habe, sondern als Physiker – und ob ich gesund bin oder nicht, psychisch stabil oder nicht, dafür kann ich nichts. Die Chancen, genommen zu werden, hingen also nicht von mir ab in dem Sinne, daß

In allen Elementen zuhause

Reinhard Furrer hat offensichtlich eine Vorliebe für Bewegungen in der dritten Dimension: Sein Pilotenschein ermöglichte ihm schon lange vor der D1-Mission ein Abheben vom Erdboden, und als Hobbytaucher »erobert« er sich zusätzlich die Unterwasserwelt.

ich etwas dafür getan habe oder hätte tun können. Deswegen hätte es mich nicht getroffen, wenn ich nicht genommen worden wäre (jedenfalls nicht so stark wie in dem Falle, wenn ich meine ganze Ausbildung darauf hin abgestellt hätte) – und so habe ich die Sache zunächst einmal wieder vergessen. Es war faszinierend, es war ungewöhnlich. Es war so ungewöhnlich, daß ich niemandem Bescheid gesagt habe. Keiner in meiner Umgebung hat es gewußt.
Problematisch wäre es allerdings geworden, wenn ich gleich im ersten Anlauf »die Stelle gekriegt« hätte, wenn man gesagt hätte »Bitte, kommen Sie morgen – Sie sind einer der Kandidaten für Spacelab 1«. Es hätte mich extrem getroffen, und ich weiß bis heute nicht, wie meine Entscheidung ausgefallen wäre; denn immerhin hätte ich dann meine Habilitation abbrechen müssen.
Man erhielt von der DFVLR meistens ein Telegramm, daß man morgen da und da zu sein hätte. Das zog sich so etwa über ein halbes Jahr hin: Sprachprüfung, medizinische Untersuchung, flugmedizinische Tests, psychologische Interviews, und so weiter. Da mußte ich dann immer ganz heimlich von der Uni in Berlin verschwinden, weil ja niemand Bescheid wußte und wissen sollte. Als man schließlich alle Bewerber bis auf ein Dutzend aussortiert hatte, gab es ein Gespräch im BMFT, an dem auf der anderen Seite des Tisches »Prüfer« aller bisherigen Tests saßen.

Mit Krawatte vor die Presse

Ein paar Tage später erhielt ich wieder eine Einladung nach Bonn, und ich erinnere mich noch recht gut, wie mir damals bei meiner Ankunft am Flughafen Köln/Bonn zum ersten Mal richtig klar wurde, daß nun wohl nur noch fünf oder sechs Kandidaten übriggeblieben sein durften – und die Leute suchten fünf Bewerber! Vorsichtshalber kaufte ich mir jedenfalls noch am Flughafen eine Krawatte, denn an einer Universität wird kaum eine Krawatte getragen.

Als wir im Ministerium versammelt waren, wurde dann auch tatsächlich die Liste mit den Namen derer verlesen, die unmittelbar im Anschluß daran von dem damaligen Forschungsminister Hans Matthöfer der Presse als Astronautenkandidaten präsentiert werden sollten. Zum Glück konnte ich noch ein Telefon erreichen und den Vorsitzenden

des Fachbereichs an der Uni anrufen und vorwarnen. So blieb dem Fachbereichsvorsitzenden noch eine halbe Stunde Vorbereitungszeit, um ein paar Informationen über mich zusammenzutragen, denn dann schon standen die Presseleute bei ihm auf der Matte und löcherten ihn nach Einzelheiten über meine Arbeiten an der Universität.«

»Im Autoradio gehört«

Ernst Messerschmid (Jahrgang 1945) wäre beinahe zu spät zu dieser ersten Präsentation vor der Presse erschienen. Er hatte sich mit seinem Bruder verabredet, gemeinsam an diesem Tag über Bonn

nach Hamburg zu fahren. Weil jedoch der eine der Brüder in Reutlingen, der andere in Göppingen wohnte, wollte man sich an einer bestimmten Autobahnauffahrt treffen, um dann mit einem Auto weiterzufahren. Aufgrund eines Mißverständnisses verloren die beiden Messerschmids wertvolle Zeit, bis sie sich gefunden hatten, so daß ihnen am Ende nur noch dreieinhalb Stunden blieben – und die mit dem 170er Diesel des Bruders... Dank einer gehörigen Portion Glücks und der Fähre zwischen Königswinter und Mehlem, die ihnen den »Umweg« durch die Bonner Innenstadt ersparte, schafften sie es aber doch noch rechtzeitig. Ernst Messerschmid, der 1976 nach einer fünfjährigen Forschertätigkeit am europäischen Kernforschungszentrum CERN bei Genf an die Universität Freiburg gegangen war, hatte per

des Instituts für Flugmedizin der DFVLR, Dr. Heinz Oser, zu den Auswahlkriterien für die zukünftigen Wissenschaftsastronauten interviewt. Die Antworten stießen bei Ernst Messerschmid offenbar auf großes Interesse, denn vor lauter Zuhören vergaß er völlig, daß er unterwegs in Villingen noch den passenden Skiwachs hatte kaufen wollen. Vielleicht lag es wirklich am fehlenden Wachs, vielleicht träumte er aber auch während des Torlaufs schon von Experimenten in der Schwerelosigkeit – jedenfalls schied er bereits nach dem zweiten Tor aus.

Trotz Grippe weiter

Mehr Glück hatte er dann beim »Rennen der 700«, das er als einer der letzten fünf Konkurrenten durchstand. Dabei hätte er fast zwischendurch »das Handtuch geworfen«, als ihn ein grippaler Infekt just an dem Tag lähmte, an dem er in Hamburg zu den psychologischen Tests erscheinen sollte:

»Ich arbeitete damals bei DESY in Hamburg, hatte also eigentlich keinen weiten Weg zum Flughafen Fuhlsbüttel, wo diese Tests stattfinden sollten. Ich war jedoch am Wochenende vor dem Termin in Süddeutschland zum Segeln gewesen und dann am Sonntagabend zurück nach Hamburg gefahren, als mich die Schüttelfröste mattzusetzen begannen. Die warme Dusche konnte meine Lebensgeister jedoch wieder soweit wecken, daß ich mich entschloß, den Termin wahrzunehmen – allerdings mehr von der Neugierde getrieben, diese Tests mitzuerleben. Ich bin dann mit dem Omnibus zum Flughafen Fuhlsbüttel gefahren, muß aber wohl doch etwas angeschlagen gewesen sein, denn ich hatte einen falschen Fahrschein gelöst, der für diese Strecke nicht ausreichte – und es kam natürlich auch prompt eine Kontrolle, die mich des gewollten »Schwarzfahrens« verdächtigte.«

Wer weiß, wozu es gut ist... *Ernst Messerschmid findet auch als D1-Astronaut noch Zeit, sein Können als gelernter Installateur und Kupferschmied zu beweisen.*

Autoradio von der Astronautensuche gehört, als er von Reutlingen durch den Schwarzwald nach Freiburg fuhr, um dort an der Skimeisterschaft der Universität teilzunehmen. Damals wurde ein Mitarbeiter

Wenn auch Ernst Messerschmid den Test, allen grippalen Infekten zum Trotz, meisterte, so blieb er jedoch im Rahmen der sich anschließenden europäischen Auswahl durch die ESA zusammen mit Reinhard Furrer »im Viertelfinale« auf der Strecke, die einen ersten Schritt ins All bedeutete.

In den Weltraum statt ins Meer

Mehr Glück auf der europäischen Ebene hatte **Wubbo Ockels,** einer der fünf von den Niederlanden nominierten Astronautenkandidaten. Als er von der besagten Ausschreibung erfuhr, stand er kurz vor dem Abschluß seiner Dissertation und damit vor einem notwendigen Neubeginn – in Holland kann der Arbeitsvertrag für einen Doktoranden nach Abschluß des Promotions-

Mit ESA-Segel hart vorm Wind Wubbo Ockels wäre durch seine Liebe zum Meer fast der Astronautenmannschaft verlorengegangen – beworben hatte er sich jedenfalls schon für eine Stelle am meereskundlichen Forschungsinstitut auf Texel; in der Freizeit fühlt er sich auch heute noch dem Meer verbunden.

verfahrens generell nicht verlängert werden.

Wubbo Ockels hatte sich damals bereits bei einem meereskundlichen Forschungsinstitut auf Texel beworben, mochte diese Stelle dann aber doch nicht antreten, weil er dort sofort hätte beginnen sollen – seine Promotion war jedoch noch nicht abgeschlossen. Während noch eine andere Bewerbung als Kernphysiker in Berkeley lief, stieß Ockels auf die Anzeige »Wissenschaftsastronaut für Spacelab gesucht«, die am Schwarzen Brett des Instituts hing.

Zunächst hielt er wie die meisten seiner Kollegen diese Annonce für einen Witz, zumal sie Anfang April 1977 erschienen war; sie reichte jedoch aus, um seine Neugierde zu wecken. Wubbo Ockels erbat weitere Informationen und erhielt einige Berichte über das Spacelab-Vorbereitungsprogramm ASSESS, das gerade zu Ende gegangen war. Sie genügten ihm, um vom »Weltraumfieber« erfaßt zu werden, und so versuchte er, den »Schiedsrichtern« des Nationalen Instituts für Weltraumforschung (NIVR) in einem Brief anhand vieler Fakten klar zu machen, daß er der »richtige Mann für diesen Job« sei. Ein paar Monate später wurde Wubbo Ockels tatsächlich zu ersten medizinischen und psychologischen Tests eingeladen, als einer von 200, die sich darum bemüht hatten.

Die Nachbarn zitterten mit

In einer Trainingspause erzählte Wubbo Ockels, wie es dann weiterging:

»Die Ausscheidungen wurden fortgesetzt, wobei jedes Mal die Zahl der »Auserwählten« halbiert wurde. Weil ich immer dabeiblieb, gab es Grund genug zum Feiern. Die Nachbarn in Groningen haben damals richtig mitgezittert – und mitgefeiert. Vor allem in der letzten Phase des Auswahlverfahrens war mein Erfolg oder Mißerfolg für sie leicht daran zu erkennen, ob am Abend nach meiner Rückkehr vom jeweiligen Test der Telegrammbote kam oder nicht. Kaum, daß der Postkurier wieder abgefahren war, dann kamen sie schon zu mir herüber mit der schon obligatorischen Frage: »Na, und?« – und immer freuten sie sich mit mir. Es war einfach herrlich! Ein bißchen komisch wurde mir schon, als am Ende der nationalen Ausscheidung nur noch fünf Bewerber übrigblieben, zu denen ich gehörte: Jetzt bekam die Angelegenheit zum ersten Mal eine gewisse Publizität, wurden wir der Presse vorgestellt, hieß es auf einmal, aufzupassen was man sagte. Kurz nach dieser großen »Show« waren wir aber schon wieder vergessen, nur noch fünf von 50 in Europa – so schnell wechselt das öffentliche Interesse.

Auf dieser europäischen Ebene wurde dann in vier Schritten erneut ausgewählt, und jedes Mal blieb wieder nur die Hälfte der Bewerber übrig. Die erste »Hürde« war ein Fachgespräch über technische Fragen bei der ESA in Paris. Hier konnte ich recht gut mithalten, da ich vorher meine Doktorarbeit in einem neuen Labor hatte anfangen müssen und man sich dann zunächst einmal mit vielen technischen Dingen vertraut machen muß.

Wie verkauft man seine Unkenntnis

Der zweite Schritt war schon schwieriger, denn diesmal ging es um wissenschaftliche Fragen. Mir gegenüber saßen 15 Leute aus den verschiedensten Wissenschaftsdisziplinen, und ich war doch nur Kernphysiker, besaß also zum Beispiel auf dem astronomischen oder biologischen Sektor nur wenig profunde Kenntnisse. Wie aber vermittelt man so etwas einem Gremium von Fragestellern, denen man eigentlich sein Wissen unter Beweis stellen möchte? Wie sich später herausstellte, ging es einerseits um das verinnerlichte, akkumulierte Wissen, andererseits aber im starken Maße um die Bereitschaft zur Kooperation mit anderen Wissenschaftlern, denn schließlich sollte es ja irgendwann einmal unsere Aufgabe sein, Experimente von anderen Forschern im All durchzuführen, interaktive Wissenschaft zu betreiben. Dieses Mal hatte ich auf dem Heimflug kein gutes Gefühl – und natürlich, an diesem Abend kam kein Telegramm! Zum ersten Mal dachte ich, daß ich ausgeschieden sei, obwohl ich eigentlich nicht so recht daran glauben wollte. Aber man beginnt dann doch ziemlich rasch, die ganze Angelegenheit zu verdrängen, so nach dem Motto »Raumfahrt? Kenne ich nicht! Was ist denn das?«

Um der Wahrheit die Ehre zu geben: Ein Tag später kam dann doch noch ein Telegramm, aber es stand nicht etwa darin »Es tut uns leid, Sie sind ausgeschieden«, sondern »Wir haben aus den 25 Bewerbern zwölf ausgewählt, und Sie gehören mit dazu.«

Es folgten psychologische Interviews in Hamburg, drei Tage lang, mit vielen »Spielchen« und intellektuellen »Kostproben«. Es nützte wenig, dort irgendetwas vorzutäuschen, denn niemand wußte so recht, worauf es am Ende wirklich ankam.

Erst zum Schluß waren noch einmal die speziellen flugmedizinischen Untersuchungen an der Reihe, die wir auf nationaler Ebene größtenteils schon überstanden hatten. Dabei erlebte ich dann auch den ersten Parabelflug in einem kleinen Flugzeug – ich war fast zu Tode erschrocken, als die Maschine buchstäblich vom Himmel zu fallen schien. Die abgenommenen medizinischen Daten habe ich noch zu Hause, und da kann man schön sehen, wie mein Puls sofort auf 180 hochging.«

Der Umweg nach D1

Am Ende blieben schließlich drei europäische Kandidaten übrig: Der Schweizer Claude Nicollier, Wubbo Ockels und Ulf Merbold. Da man

Mitte 1978 noch von zwei »Demonstrationsflügen« vor der Spacelab 1-Mission ausging, konnte sich zunächst einmal jeder der drei eine gute Chance für einen Einsatz ausrechnen.

Doch dann kam die große Ernüchterung, wurde der Start von Spacelab 1 immer weiter hinausgezögert, wurde schließlich klar, daß die beiden Demonstrationsflüge gestrichen werden mußten und somit nur einer der drei Wissenschaftsastronauten wirklich an Bord des Raumlabors eingesetzt werden konnte.

Wubbo Ockels und Claude Nicollier bewarben sich daraufhin bei der NASA um eine zusätzliche Ausbildung als Missionsspezialisten, um so ihre Chancen für einen Einsatz in der Erdumlaufbahn zu verbessern. Ulf Merbold dagegen scheiterte an den für diese Gruppe verschärften medizinischen Auswahlkriterien der NASA. Er konnte sich während dieser Zeit intensiv den Vorbereitungen für den Spacelab 1-Flug widmen und so den anderen gegenüber einen kaum wieder wettzumachenden Trainingsvorsprung aufbauen, einen Vorsprung, der am Ende sicher die Auswahl für den Jungfernflug des Raumlabors mitentscheiden sollte.

Diese Auswahl fiel dann im September 1982, doch wurde dem »Unterlegenen« Wubbo Ockels im Gegenzug eine Flugkarte als ESA-Astronaut für die D1-Mission zugesagt; immerhin stellt die ESA rund 40 Prozent der D1-Nutzlast bereit.

Comeback der Kandidaten

Unterdessen hatte die DFVLR noch einmal die alte Liste der Astronautenbewerber aus der Schublade geholt und bei den letzten 18 der ersten Selektionsphase nachgefragt, ob sie noch Interesse hätten, gegebenenfalls auf dieser D1-Mission als Wissenschaftsastronaut zu fliegen. So kamen auch Reinhard Furrer und Ernst Messerschmid wieder ins Rennen – und gingen schließlich Kopf an Kopf durchs Ziel.

Ursprünglich hatte es geheißen, daß die D1-Mission (wie schon Spacelab 1) mit sechs Astronauten starten solle, einem Kommandanten und einem Piloten sowie je zwei Missionsspezialisten und Wissenschaftsastronauten, doch zeigten die Erfahrungen beim Jungfernflug des europäischen Raumlabors dann, daß ein dritter Mann für die Experimente im Spacelab wünschenswert wäre.

Parallel dazu machte die NASA die Erfahrung, daß das Shuttle durchaus auch mehr als nur sechs Astronauten für einen Zeitraum von sieben Tagen Platz bietet. So einigte man sich schließlich auf eine achtköpfige Mannschaft: Neben den Wissenschaftsastronauten Reinhard Furrer, Ernst Messerschmid und Wubbo Ockels fliegen noch die amerikanischen Missionsspezialisten Bonnie Dunbar, Guion Bluford und Jim Buchli. »Hank« Hartsfield ist als Kommandant, Steven Nagel ist als Pilot der D1-Mission nominiert.

»Nur Fliegen ist schöner«

Das »offizielle« Training der Wissenschaftsastronauten und Missionsspezialisten begann im Februar 1984 bei der DFVLR in Köln-Porz. Dort war in enger Anbindung an die Institute für Raumsimulation und Flugmedizin ein Ausbildungszentrum entstanden, dessen Kernstück ein Spacelab-Simulator im Maßstab 1:1 ist.

Auf dem dichtgedrängten Lehrplan standen zunächst Besuche bei den Wissenschaftlern, deren Experimente für die D1-Mission ausgewählt worden waren, um dort die jeweiligen Zielsetzung der Versuche sowie die Experimentabläufe kennenzulernen.

Schon vorher konnten Reinhard Furrer und Ernst Messerschmid beim Jagdgeschwader Richthofen der Bundesluftwaffe ein Flugtraining auf Phantom-Düsenjägern absolvieren. Dabei sollten sie einen Eindruck davon bekommen, was es heißt, unter hohen Beschleunigungsbelastungen einfache navigatorische Aufgaben zu erfüllen. Ein solches Training ist bei den amerikanischen Shuttle-Astronauten üblich, und natürlich sollten die beiden deutschen Raumfahrer gegenüber ihren amerikanischen Kollegen keinen Nachteil haben.

Zum Flugprogramm gehörten Belastungen, die man bei der DFVLR weder mit Simulatoren (am Boden) noch mit kleinen Zivilflugzeugen demonstrieren konnte: Schnelles Reaktionsvermögen bei ständig wechselnden Beschleunigungen. Ein solcher Trainingsflug zum Beispiel begann für die Astronauten, die als »Schüler« in einem Schulungsflugzeug saßen, mit großer Beschleunigung, mit Nachbrenner. Dabei wurde über der nahen Nordsee vorübergehend die Schallgeschwindigkeit überschritten, ehe im transsonischen Bereich einige Manöver geflogen wurden, bei denen die Astronauten das Flugzeug in bestimmten Lagen koordinieren mußten. Dazu sollten sie aus dem Cockpit schauen und sich visuelle Referenzpunkte suchen – wie ist das, wenn der Horizont verschwindet? Dies entspricht etwa den Bewegungen des Shuttle im Orbit, wenn Lageänderungen für bestimmte Experimente notwendig werden.

Dieser ganze Trainingsteil hatte auch ein starkes psychologisches Moment: Die Astronauten waren gezwungen, selbst zu erkennen, ob sie Grenzbelastungen aushalten und wie sie in einer fremden, beengten Umgebung damit fertig werden.

Unmittelbar nach dem Flugtraining schilderte Reinhard Furrer seine Eindrücke auf einer kleinen Pressekonferenz: »Ich habe bisher immer geglaubt, ich bin ein ausgefuchster Privatpilot mit einer relativ hohen Anzahl von Flugstunden, mich würde das Umsteigen in einen Jet nicht sonderlich beeindrucken, aber ich muß zugeben – das war ziemlich anders. In so ein System einzusteigen, in einem engen Cockpit zu sitzen, die mahnenden Finger, die zeigten, wo die »handles« sind. Da gibt es Griffe, die gelb und schwarz angemalt sind und die man auch nicht »touchen« sollte, von denen man aber froh ist, daß sie da sind. Dann ist da die ungewohnte Umgebung, die hohe Beschleunigung, eine hohe Steigrate. Alles das setzt Sie in einen psychologischen Streßzustand, unter dem man sicherstellen muß, daß man auch leistungsfähig bleibt – und Streß ist sicherlich beim Raumflug erheblich höher! Es geht hier nicht mehr darum zu sagen, ich halte das aus, oder mir macht das nichts aus. Man sollte schon wirklich wissen, wie man sich selber kontrollieren kann. Ich glaube, diese richtige Selbsteinschätzung, die man dabei auch lernt, das ist einer der ganz wichtigen Punkte, den man nur »by the real thing«, lernen kann und nicht im Simulator.«

Auf einen weiteren Aspekt dieses realistischen Flugtrainings wies Ernst Messerschmid hin: »Was diese Tage hier auch gezeigt haben, ist, daß es doch einen großen Unterschied gibt zwischen Simulation und echtem Fliegen, und das ist eben genau auch unser Problem. Wenn wir uns auf unsere Mission vorbereiten, so erleben wir natürlich verschiedene Arten von Simulationen. Das eine ist, daß wir die Experimente direkt durchführen und praktisch »High-Fidelity-Equipment« haben, das heißt, identisches Gerät. Dann haben wir noch einen Simulator, ein 1:1-Modell des Spacelab, und da machen wir mehr oder weniger das Training des Zeitablaufs. Und trotzdem wird man da nicht nahe an die Wirklichkeit kommen. Da bleibt immer noch ein gewisser Rest an Neuheit, wenn man da oben in das Raumlabor einsteigt. Ich meine, das jetzt hier auf eine andere Weise zu erfahren: Am Simulator der F-4, da konnte man natürlich alle Dinge üben, die mit den Rädchen, den »handles« und mit den Navigationsgeräten zu tun haben, auch mit den Kommunikationsgeräten. Aber der Unterschied ist halt: Wenn man dann in dem engen Cockpit sitzt, beengt auch durch Maske und Sauerstoffatmung, und dann kommen noch zwei oder drei G dazu, dann ist es eben doch ganz anders. Ich glaube, daß, wenn man es prophylaktisch auf diese Weise einmal erfährt, dann sieht man halt doch, daß man einen gewissen »Überhang« an Training braucht, damit man auch unter erschwerten Bedingungen seine Prozeduren abarbeiten kann. Also es wird sicherlich nicht genügen, wenn man im Simulator so gerade hinkommt, alle Aufgaben zu erledigen, sondern man muß wirklich in der Lage sein, es im übertragenen Sinne »mit links« zu erledigen, damit man unter den erschwerten Bedingungen da oben noch zurecht kommt.«

Übung macht den Meister

Die erste gemeinsame Trainingsphase der Wissenschaftsastronauten und Missionsspezialisten dauerte knapp sechs Wochen. Danach flogen Bonnie Dunbar und Guion Bluford erst einmal wieder in die USA zurück, um dort ihr allgemeines Training bei der NASA fortzusetzen. Unterdessen konnten Reinhard Furrer und Ernst Messerschmid sich mit der Bedienung der einzelnen Experimente sowie dem Gesamtsystem des Spacelab vertraut machen. Wubbo Ockels, der dritte Mann im Raumlabor, hatte diese Lektionen zum größten Teil schon während seiner Vorbereitung auf die Spacelab 1-Mission gelernt, war er doch damals als »Ersatzmann« für Ulf Merbold ebenso intensiv auf den Jungfernflug trainiert worden.

So gingen also die Reisen der Astronauten »in Höhe Null« zunächst einmal weiter. Auf dem dichtgedrängten Terminkalender standen Besuche bei ESTEC in Noordwijk, wo Teile der Experimenthardware montiert wurden, Besuche bei MBB-ERNO in Bremen, wo die gesamte D1-Nutzlast integriert wurde, Abstecher nach Oberpfaffenhofen bei München zum Deutschen Satellitenkontrollzentrum GSOC, von wo

Trainingszentrum für D1

Die beiden Institute für Raumsimulation (Bildmitte links) und Flugmedizin (Bildmitte rechts) der Deutschen Forschungs- und Versuchsanstalt für Luft- und Raumfahrt in Köln-Porz bilden das Trainigszentrum: Hier stehen der Spacelab-Simulator sowie das Werkstofflabor, an dem zahlreiche Versuchsabläufe durchgeprobt werden.

Parabelsturzflug auf der Phantom Mit kritischem Blick verfolgen Reinhard Furrer und Ernst Messerschmid, der damals noch keinen Pilotenschein besaß, die Einweisung in das Flugprogramm für ihre Phantomflüge im Januar 1984.

aus der Experimentierbetrieb während der D1-Mission verfolgt und gesteuert wird, und Unterweisungen bei den Experimentatoren.

Das Training der drei Wissenschaftsastronauten, an dem Ulf Merbold als »Ersatzmann« teilnahm, war so angelegt, daß jeder während der Mission jedes Experiment betreuen kann. Insgesamt erforderte dieses Konzept rund ein Jahr an intensiver Vorbereitung auf den Nutzlastbetrieb an Bord des Raumlabors.

Mehr als die Hälfte dieser Zeit entfiel auf die Experimente aus dem Bereich der Life Science, weil hier auch die Ermittlung der »irdischen« Vergleichsdaten für die Erforschung des Gleichgewichtsorgans hinzugerechnet werden. Etwa ein Drittel der Trainingszeit galt den materialwissenschaftlichen Versuchen, während der Rest für andere Dinge genutzt wurde wie etwa das Training im Shuttle-Simulator, den Mission Sequence Test oder die Bedienung der Bordcomputer und der Datenübermittlung.

Das Training der Missionsspezialisten hingegen beschränkte sich auf die Experimente, die ihnen vom PCAP, dem Payload Crew Activity Plan, zugedacht wurden. Entsprechend kamen sie mit weniger Trainingstagen aus.

Im Herbst 1984 liefen dann auch die ersten Trainingsphasen im Porzer Simulator an. Was die Wissenschaftsastronauten bislang nur als isolierte Apparaturen und Arbeitsanleitungen, sogenannte Prozeduren, kennengelernt hatten, mußte nun in der räumlichen Enge des Spacelab »integriert« werden.

Aber nicht nur die Astronauten und Experimentatoren lernten in dieser Zeit ihr Programm für D1, sondern auch die Programmplaner: Aufmerksam verglichen sie die von den Wissenschaftlern für die einzelnen Experimente genannten Zeitpläne mit den wirklich benötigten Zeiten, um so eine möglichst realistische »timeline«, einen möglichst realistischen »Stundenplan« für die Mission erstellen zu können. Dabei ging es zum Beispiel auch um die Frage, ob wohl ein dritter Astronaut im Spacelab arbeiten könnte, wenn bereits zwei andere ihre Experimente mit dem Vestibularschlitten anstellen.

Stundenplaner für D1

Die Erstellung der timeline war keine einfache Aufgabe für die Projektleitung. Es genügte nämlich nicht, nur die einzelnen Arbeitszeiten auf die Astronauten zu verteilen. Als ganz entscheidende Bestimmungsgröße für den Stundenplan erwies sich der doch sehr begrenzte Energievorrat, der zu einem gegebenen Zeitpunkt im Spacelab abgerufen werden kann: Mehr als sieben Kilowattstunden sollten die Verbraucher insgesamt nicht auf Dauer benötigen – allenfalls kurzzeitig, nämlich für jeweils 15 Minuten innerhalb von zwölf Stunden, können auch zwölf Kilowattstunden abgefordert werden.

Obwohl die einzelnen Nutzlastelemente schon sehr sparsam mit diesem Energieangebot umgehen, lassen sich nicht alle Öfen, Kühlanlagen und der Vestibularschlitten gleichzeitig betreiben. Die Situation ist vergleichbar mit jener in einem Altbau, wo man sich aufgrund der zu schwach dimensionierten Leitungen jeden Abend aufs Neue überlegen muß, ob man nun die Spülmaschine, die Waschmaschine oder den Fernseher einschalten möchte.

Darüber hinaus mußte bei der Erstellung des Arbeitsplanes berücksichtigt werden, inwieweit sich unterschiedliche Experimente gegenseitig stören könnten. Solange der Schlitten hin und her fährt, gibt es durch die Massenverlagerung geringe Störkräfte, die zum Beispiel ein einwandfreies Kristallwachstum beeinträchtigen würden. Zum Glück wollen die Raumfahrtmediziner aber nur am Anfang und am Ende der Mission mit den Astronauten »Schlittenfahren«, um einmal die unmittelbare Reaktion der Men-

 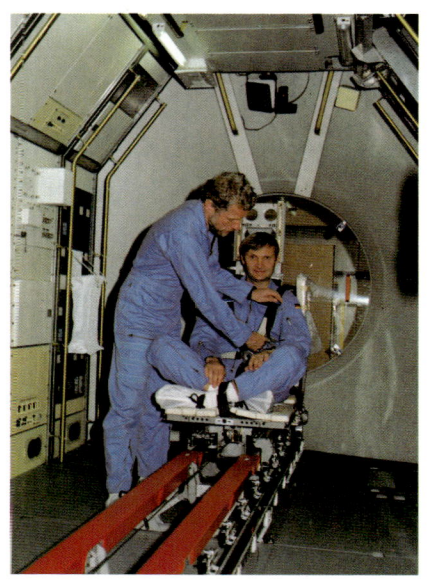

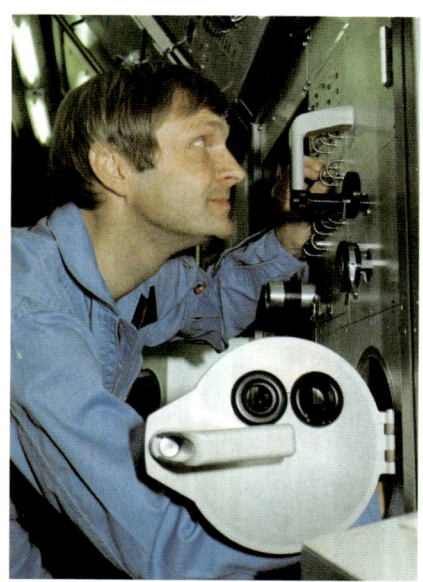 

Szenen einer Ausbildung
Über ein Jahr erstreckten sich die Trainingsphasen im Simulator der DFVLR in Köln-Porz, bei ESTEC in Nordwijk und an der Flughardware bei MBB-ERNO in Bremen.

schen an Bord auf die Schwerelosigkeit zu untersuchen und um später den Grad der Anpassung an diesen neuen, ungewohnten Zustand zu ermitteln.

All diese und andere Anforderungen haben es der Projektleitung nicht leicht gemacht, einen für alle Beteiligten gleichermaßen akzeptablen Zeitplan aufzustellen – intern »munkelte« man schon, die Verantwortlichen hätten wohl lieber ein Spacelab »ohne Experimente« vorbereitet, was natürlich wenig ergiebig gewesen wäre.

Damit wäre die wissenschaftliche Projektführung allerdings auch kaum einverstanden gewesen, die die Interessen der Experimentatoren zu vertreten hatte und hier mitunter auch eine Vermittlerrolle einnehmen mußte. Sie hatte die Aufgabe, zum einen die Interessen der einzelnen Experimentatoren untereinander in Einklang zu bringen, aber auch gegenüber dem Projektmanagement zu vertreten. Umgekehrt mußte sie den Wissenschaftlern gelegentlich die Notwendigkeit einer frühzeitigen Planung nahebringen, wenn diese am liebsten erst ganz kurz vor der Mission mit ihrem Experiment eingestiegen wären, also bis zum letzten Moment wissenschaftliche Vorarbeit leisten wollten. Dies ist natürlich nicht möglich, so daß hier stets ein guter Ausgleich dieser beiden Abteilungen gewährleistet sein mußte. Nicht selten haben hier auch die Wissenschaftsastronauten selbst hilfreich eingegriffen. So führten sie mehr als einmal letzte Vorversuche zur Verbesserung eines Experimentes noch während der Parabelflüge durch oder bestärkten die Wissenschaftler in ihrem Bestreben, überzogene Sicherheitsvorschriften der NASA infrage zu stellen, um Versuche auch mit angeblich gefährlichen Substanzen vornehmen zu können.

Gerade in dieser Hinsicht unterscheiden sich die europäischen Wissenschaftsastronauten ganz erheblich von ihren amerikanischen

Kollegen: Sie sind bei allem Astronautentraining eben in erster Linie Wissenschaftler geblieben und als solche gewohnt, alles zu hinterfragen.

Dazu gehört zum Beispiel die angebliche Gefährdung durch Substanzen, deren Freisetzung in größeren Mengen den sofortigen Abbruch der Mission bedeuten würde, dazu gehören aber auch lückenhafte Vorschriften in Sachen »Temperaturberührung«: Materialproben dürften nach dem Willen der NASA erst dann aus den Spezialöfen genommen werden, wenn sie auf unter 45 Grad Celsius abgekühlt sind (obwohl die Astronauten die gefahrlose Handhabung auch heißerer Proben immer wieder trainiert haben), während der Heißwasserspender in der Küche durchaus 75 Grad Celsius erreichen und man sich dort die Finger in einem achtlosen Moment sehr wohl verbrennen kann.

Umgekehrt waren die D1-Wissenschaftsastronauten weniger als ihre amerikanischen Kollegen bereit, die vorgebebenen Prozeduren unverändert anzuwenden; im Astronautenjargon heißt es zwar »execute«, wenn es um die Ausführung einer Programmanweisung geht, doch wäre den D1-Astronauten ein solcher Vollzug eben manches Mal wirklich wie ein Exekutieren der Wissenschaft erschienen. So konnte man während des Trainings nicht selten miterleben, wie sie vorgegebene Abläufe kurzerhand umänderten, um Fehler in den Prozedu-

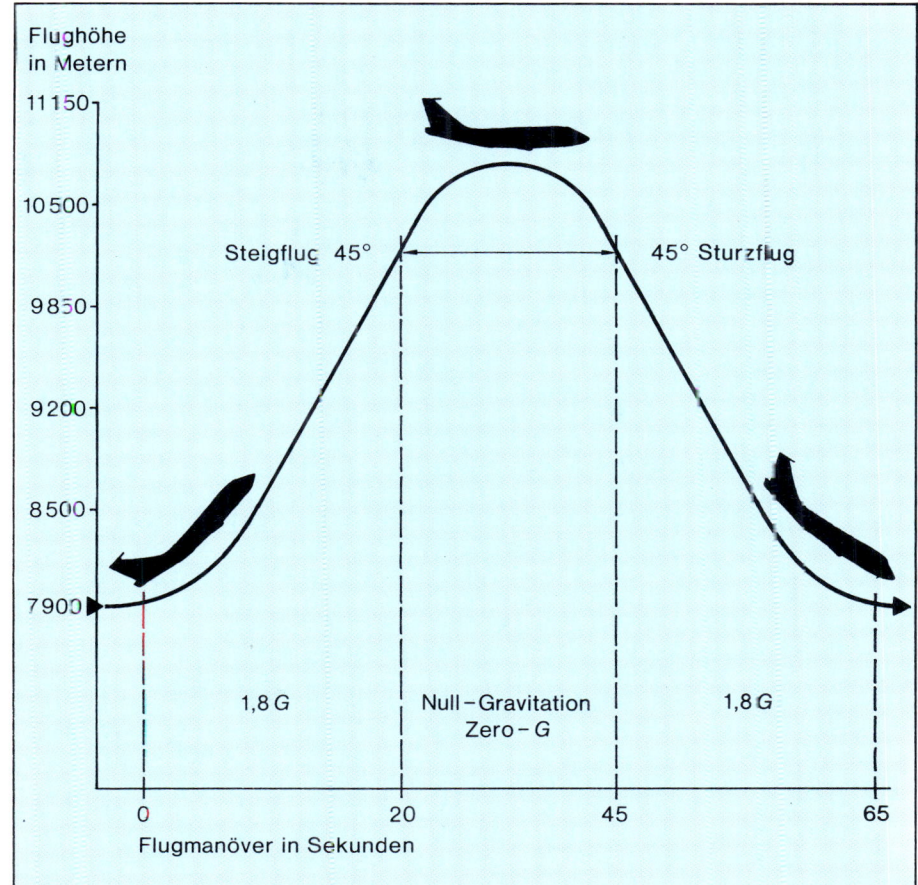

Vorgeschmack auf die Schwerelosigkeit

An Bord einer KC-135 (militärische Version der Boing 707) werden die Astronauten auf den Zustand der Schwerelosigkeit an Bord des Raumtransporters vorbereitet. Mit Hilfe eines vorgegebenen Flugprofils kann für jeweils rund 25 Sekunden Schwerelosigkeit im freien Fall erreicht werden.

ren zu verbessern – entsprechend turbulent ging es dann bei der anschließenden Manöverkritik zu.

Proben für den Orbit

Trainieren mußten auch die Experimentatoren, so zum Beispiel die Kommunikation mit den Astronauten im Orbit oder untereinander beziehungsweise mit dem Betriebsleiter im Nutzlast-Kontrollzentrum in Oberpfaffenhofen. Nicht zuletzt auch zu diesem Zweck wurden während der letzten Monate vor dem Start einige Simulationen des Programms am Erdboden »geflogen«, sogenannte Mission Sequence Tests. Einer lief Ende März 1985, bevor die integrierte Flughardware von Bremen zum Kennedy Space Center am Cape Canaveral ausgeliefert wurde. 14 Tage lang dauerte dieser »Härtetest« der Spacelabsysteme und der speziell für die D1-Mission montierten Experimentiergeräte, mußten die Astronauten zusammenhängende Abschnitte ihres Arbeitsprogramms absolvieren, flossen die Daten erstmals auch zum Kontrollzentrum in Oberpfaffenhofen, konnte das Bodenpersonal dort die Überwachung der ganzen Apparaturen und Prozeduren üben.

Wer diese Trainingsphasen hautnah miterleben konnte, gewann selten den Eindruck, daß die Mannschaft im Spacelab in allzu große Hektik geriet. Gelegentlich wirkten die Recken sogar etwas gelangweilt. Darauf angesprochen meinte einer von ihnen, das läge sicher daran, daß man einzelne Sequenzen mittlerweile schon fast ein Dutzend Mal erprobt und simuliert hätte. Völlig nutzlos sei aber auch ein weiterer Probelauf nicht, weil man dabei doch auch ein Gefühl dafür bekomme, wem vom Bodenpersonal man was zumuten könne und wem nicht. Da lasse man dann schon einmal »versuchsweise« ein Experiment mißlingen oder »vergesse«, einen Schalter zu betätigen, um zu sehen, wie aufmerksam »die Jungs in O'hofen« ihre Instrumente verfolgen – schließlich müsse man ja wissen, wie sehr man sich auf die unterstützende Betreuung vom Boden verlassen könne, wenn die Experimente dann endlich im Orbit durchgeführt werden und unerwartete Schwierigkeiten auftreten.

Endspurt

Natürlich mußten sich die Wissenschaftsastronauten nicht nur mit dem Spacelab und seinen Experimentiergeräten vertraut machen, sondern auch mit dem amerikanischen Space Shuttle. Entsprechend gehörten mehrere Trainingsläufe im Shuttle-Simulator des Johnson Space Center (JSC) in Houston zu ihrem Ausbildungsprogramm. Darüber hinaus konnten sie dort zum einen im Unterwassertank die Fortbewegung in einem der Schwerelosigkeit vergleichbaren Schwebezustand üben, zum anderen während mehrerer Parabelflüge auch einfache Arbeitsvorgänge unter »echter« Schwerelosigkeit trainieren: Bei diesen Flügen an Bord einer KC-135, der militärischen Version der altgedienten Boeing 707, kann man immerhin für etwa 25 Sekunden »Schwerelosigkeit im freien Fall« erzielen.

60 Tage vor dem angesetzten Starttermin mußten Reinhard Furrer, Ernst Messerschmid und Wubbo Ockels dann »Abschied von Köln-Porz« nehmen, da während der letzten beiden Monate der Kommandant des Fluges »seine« Mannschaft zusammenschweißen möchte. Noch einmal wurden in Florida Experimentiersequenzen durchprobiert, diesmal unter Beteiligung der NASA-Bodenstationen, die ja für den einwandfreien Betrieb der

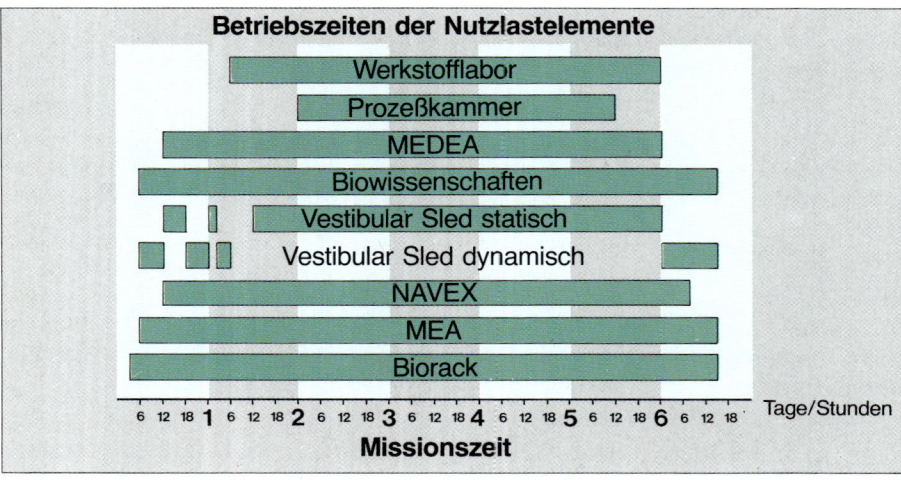

Im Dienst der Wissenschaft

150 Stunden beträgt die Betriebszeit der wissenschaftlichen Nutzlast während der sieben Tage dauernden D1-Mission.

Aussichten

Während der D1-Mission werden die Astronauten auch Europa und die Bundesrepublik Deutschland überfliegen – aus 325 Kilometer Höhe bietet sich ihnen die Erdoberfläche übersichtlich wie in einem Atlas. Im Bild Nordafrika und die Iberische Halbinsel.

Shuttle-Funktionen auch während der D1-Mission verantwortlich sind. Dazwischen gab es immer wieder Kontrolluntersuchungen für die Life-Science-Experimente, um die jeweiligen Empfindlichkeitsschwellen der einzelnen Astronauten und mögliche zeitliche Veränderungen bis unmittelbar vor dem Start dokumentieren zu können. Nur so läßt sich später aus dem Vergleich mit den Messungen in der Erdumlaufbahn eine zuverlässige Aussage über Anpassungsreaktionen des Schweresinnesorgans gewinnen.

Zehn Tage vor dem Start geht die gesamte Crew in Quarantäne. Gleichzeitig beginnt die allmähliche Umstellung auf den 2-Schichten-Betrieb, dauert der »Tag« für die eine Gruppe vorübergehend 25 Stunden. So werden sie am Starttag bereits weitgehend auf diesen veränderten Tag-Nacht-Rhythmus eingestellt sein. Trotzdem wird man kaum annehmen dürfen, daß die »Roten« (Ernst Messerschmid und Guion Bluford), die nach den ersten Flugstunden schon bald in die Kojen sollen, diesen Teil der timeline wirklich befolgen! Wer wird schon gleich die Augen schließen wollen, wenn er mehr als 300 Kilometer hoch über dem Erdboden dahingleitet und unseren Globus alle 90,5 Minuten einmal umrundet? Kein noch so intensives Training wird hier eine Einhaltung des Zeitplanes erreichen können.

Die D1-Crew

Wissenschaftsastronauten

Ernst Messerschmid wurde am 21. Mai 1945 in Reutlingen geboren. Nach dem Volksschulabschluß absolvierte er zunächst im Betrieb seines Vaters eine Klempnerlehre, erlangte parallel dazu die Fachschulreife und besuchte dann die Technische Oberschule in Stuttgart, wo er 1965 das Abitur machte. Danach wurde er zum damals 18 Monate dauernden Grundwehrdienst einberufen, ehe er in Tübingen und später in Bonn Physik studieren konnte.

Nach einem Forschungsaufenthalt am Europäischen Kernforschungszentrum CERN in Genf promovierte Messerschmid an der Universität Freiburg und ging dann als Gastwissenschaftler zum Brookhaven National Laboratory in die USA. Während dieser Zeit beschäftigte er sich hauptsächlich mit experimentellen und theoretischen Arbeiten an Protonenstrahlen in Kreisbeschleunigern und beteiligte sich an der Entwicklung der Strahloptik für den PETRA-Speicherring am Deutschen Elektronensynchrotron DESY in Hamburg.

Vor seiner Nominierung für das Astronautenteam arbeitete er am Institut für Nachrichtentechnik der Deutschen Forschungs- und Versuchsanstalt für Luft- und Raumfahrt (DFVLR) in Oberpfaffenhofen, wo er unter anderem an der Entwicklung von satellitengestützten Seenotrufsystemen mitwirkte.

Reinhard Furrer wurde am 25. November 1940 in Wörgl geboren. Nach dem Abitur studierte er Physik in Kiel, später in Berlin, wo er 1972 promovierte. Anschließend arbeitete er zunächst als wissenschaftlicher Assistent am Institut für Atom- und Festkörperphysik der Freien Universität Berlin und wurde 1974 zum Assistenz-Professor berufen.

In der Folgezeit verbrachte er einige Zeit zu Forschungsaufenthalten in den USA an der Universität von Chicago und dem Argonne National Laboratory. Sein wissenschaftliches Interesse galt vor allem der Festkörperphysik, der Physikalischen Chemie und der Photophysik. Mit Methoden der Laser- und Hochfrequenzspektroskopie wollte er Strukturen von anorganischen und organischen Kristallen entschlüsseln und Ähnlichkeiten zwischen lichtinduzierten Festkörperreaktionen und der Photosynthese von Pflanzen ergründen.

Wubbo J. Ockels wurde am 28. März 1946 im niederländischen Almelo geboren. Nach dem Schulabschluß studierte er Mathematik und Physik und konnte das Studium 1973 mit der Promotion abschließen.

In den folgenden Jahren untersuchte Ockels am Beschleuniger der Universität Groningen den Zerfall von künstlich erzeugten Atomkernen, konstruierte ein dazu erforderliches Datenverarbeitungssystem und arbeitete am Bau von Detektoren für geladene Teilchen.

1977 bewarb er sich als europäischer Nutzlastexperte und wurde als ESA-Wissenschaftsastronaut ausgebildet. Nachdem abzusehen war, daß sich der Jungfernflug des Spacelab beträchtlich verzögern würde, absolvierte er bei der NASA zusätzlich die Grundausbildung für Missionsspezialisten.

Während der Spacelab 1-Mission im Herbst 1983 wurde Ockels in Houston als »Crew Interface Coordinator« eingesetzt, als Kontaktmann zwischen der Mannschaft im Raumlabor und den Experimentatoren am Boden.

Missionsspezialisten

Bonnie J. Dunbar wurde am 3. März 1949 in Sunnyside (US-Bundesstaat Washington) geboren, ging dort bis 1967 zur Schule und besuchte dann die University of Washington. Ihr ingenieurswissenschaftliches Studium schloß sie 1975 als »Master of Science« auf dem Sektor Ceramic Engineering mit Auszeichnung ab. 1983 promovierte sie schließlich an der Universität Houston über ein Thema aus der Biomedizin. Mit dem Raumtransporter Space Shuttle kam sie bereits als Forschungsingenieur beim Shuttle-Hersteller Rockwell International zusammen, wo sie mitverantwortlich für Entwicklung und Herstellung der Hitzeschutzkacheln war.

Danach ließ die Raumfahrt sie nicht mehr los: 1978 übernahm sie eine Stelle als Flight Controller am Lyndon B. Johnson Space Center in Houston, wurde bei der dramatischen Endphase des Skylab-Absturzes 1979 als Navigator eingesetzt und arbeitete später bei der Integration mehrerer Shuttle-Nutzlasten mit. 1980 bewarb sie sich als Astronauten-Kandidatin und konnte ein Jahr später ihre Grundausbildung als Missionsspezialistin abschließen.

Guion S. Bluford wurde am 22. November 1942 in Philadelphia (US-Bundesstaat Pennsylvania) geboren, wo er bis 1960 zur Schule ging. Anschließend besuchte er die Pennsylvania State University.
Schon das Studium als Luft- und Raumfahrtingenieur machte ihn mit den Problemen seiner gegenwärtigen Arbeitsfelder vertraut. Nach dem »Bachelor of Science-Degree« wurde Bluford 1964 als Luftwaffenpilot ausgebildet und im Vietnamkrieg eingesetzt, ehe er 1967 als Pilotentrainer nach Texas zurückkehrte. 1972 setzte er seine Studien am Air Force Institute of Technology im Bundesstaat Ohio fort, bestand zwei Jahre später die Master of Science-Prüfung mit Auszeichnung und promovierte 1978 über ein Thema aus dem Bereich der Laserphysik.
Im gleichen Jahr bewarb er sich als Astronautenkandidat bei der NASA und schloß 1979 seine Grundausbildung als Missionsspezialist ab. Am 30. August 1983 startete er zu seinem ersten Raumflug an Bord von STS-8, jener Mission, bei der das Space Shuttle zum ersten Mal nachts abhob und landete
An Bord von STS-8 umrundete Bluford während des 145 Stunden dauernden Fluges die Erde 98mal.

James F. Buchli wurde am 20. Juni 1945 in New Rockford (US-Bundesstaat North Dakota) geboren, ging in Fargo zur Schule und

Die Crew von D1

Untere Reihe (von links nach rechts): »Hank« Hartsfield, Bonnie Dunbar. Mittlere Reihe: Guion Bluford, Wubbo Ockels, Reinhard Furrer. Obere Reihe: Ernst Messerschmid, Steven Nagel, Jim Buchli und Ulf Merbold.

erwarb 1967 an der US Naval Academy sein »Bachelor of Science-Degree« als Luftfahrt-Ingenieur. Im Dienste der Marine-Infanterie war er ein Jahr lang in Vietnam, wurde anschließend zum Marine-Piloten und später als Testpilot ausgebildet. 1975 erhielt er sein »Master of Science-Degree« ebenfalls als Luftfahrt-Ingenieur. 1978 bewarb er sich als Astronautenkandidat und absolvierte dann ein einjähriges Training zum Shuttle-Piloten. An Bord von STS 51-C arbeitete er als Missionsspezialist beim ersten militärischen Einsatz des Raumtransporters.

Shuttle-Piloten

Henry (»Hank«) W. Hartsfield wurde am 21. November 1933 in Birmingham (US-Bundesstaat Alabama) geboren, ging dort zur Schule und studierte anschließend Physik an der Auburn University. Nach dem »Bachelor of Science-Degree« setzte er zunächst sein Physikstudium an der Duke University fort, ging dann 1955 zur Luftwaffe und war vorübergehend in Bitburg stationiert. Am Air Force Institute of Technology lernte er die Raumfahrttechnik kennen und wurde 1966 als Astronaut zum US-Air Force Manned Orbiting Laboratory Project berufen. Nachdem die Pläne für eine bemannte Raumstation jedoch zunächst zurückgestellt wurden, ging er 1969 als Astronaut zur NASA. Zwei Jahre später erwarb er an der University of Tennessee sein »Master of Science-Degree« in Ingenieurwissenschaften. Hartsfield war Pilot beim letzten Testflug des Shuttle Columbia und Kommandant bei STS 41-D, dem Jungfernflug der Raumfähre Discovery; er ist als Kommandant während der D1-Mission nominiert.

Steven R. Nagel wurde am 27. Oktober 1946 in Canton (US-Bundesstaat Illinois) geboren, ging dort bis 1964 zur Schule und erwarb fünf Jahre später an der University of Illinois sein »Bachelor of Science-Degree« als Luft- und Raumfahrt-Ingenieur. Von der US-Air Force als Kampfpilot, Fluglehrer und Testpilot ausgebildet, bewarb er sich 1978 als Astronautenkandidat, nachdem er an der California State University das »Master of Science-Degree« als Maschinenbau-Ingenieur erhalten hatte. Im Rahmen eines einjährigen Trainings wurde er zum Shuttle-Piloten ausgebildet.

DAS AMERIKANISCHE SPACE SHUTTLE

Kennedy Space Center im Januar 1983: Der Raumtransporter Challenger auf dem Weg zur Startrampe; der Jungfernflug mußte dann aber bis in den April verschoben werden.

Willkommen an Bord!

Sie stehen kurz davor, zu einem spektakulären Abenteuer aufzubrechen, um den Weg für zukünftige Raumflüge im phantastischsten Fluggerät der Welt zu ebnen. Bereiten Sie sich auf den Flug vor, befolgen Sie Schritt für Schritt die Instruktionen für Start und Landung. Steigen Sie auf ins All, bedienen Sie die authentische Nachbildung des Amaturenbrettes Ihres Shuttle. Betätigen Sie den Ladekran und das Space Telescope, treten Sie via Daten übertragenden Satelliten mit der Bodenkontrolle in Verbindung. Tauchen Sie wieder in die Erdatmosphäre ein, um das Shuttle sanft wie ein Segelflugzeug zu landen. Herzlichen Glückwunsch! Wir hoffen, daß Ihre Mission erfolgreich und faszinierend verlaufen ist.
Mit freundlichem Gruß
Die Direktion für das Crew Training
Aus: The Space Shuttle Operator's Manual

Linienverkehr zwischen Erde und Orbit

HERMANN-MICHAEL HAHN

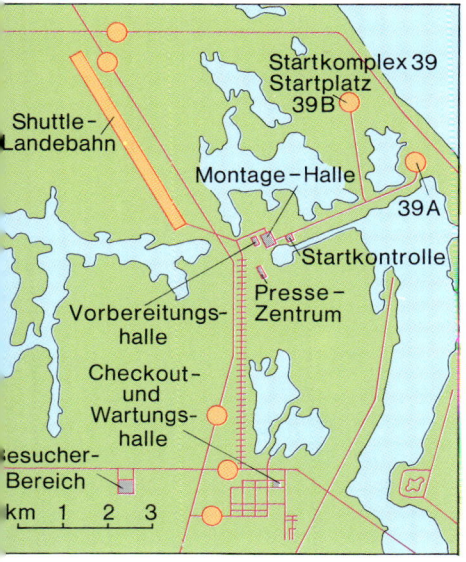

Rollout zum Dienstbeginn

19. Mai 1984: Der Raumtransporter Discovery wird auf der Startrampe 39A des KSC auf seinen ersten siebentägigen Einsatz vorbereitet.

»Tatort« Weltraumbahnhof

(links) Das John F. Kennedy Space Center (KSC) ist generell Startplatz für all jene amerikanischen Raumflüge, bei denen eine Erdumlaufbahn erreicht werden soll, deren maximale Neigung gegen den Äquator 39° bis 57° beträgt.

Noch während des Apollo-Programms reiften in den USA Pläne für den Bau eines wiederverwendbaren Raumtransporters. Vor allem die Entwicklung der schubstarken Saturn-V-Mondrakete hatte das Mißverhältnis zwischen Aufwand und Nutzen eines Raketenbaues deutlich vor Augen geführt: Warum sollte man für alle Zeiten Nutzlastträger bauen, die nur einmal eingesetzt werden konnten – schließlich wurden ja auch die Flugzeuge, mit denen man über den Atlantik flog, nicht unmittelbar nach der Landung verschrottet.

Vom Einsatz wiederverwendbarer Träger versprach man sich vornehmlich eine Reduzierung der Kosten und hoffte entsprechend, dann eine neue Phase der Weltraumfahrt einleiten zu können. Raumfahrt und ihre Anwendung zu erschwinglichen Preisen, zwar noch nicht für den Mann auf der Straße, aber zumindest für Industriefirmen oder Forschungsinstitute.

Die ursprünglichen Pläne eines voll wiederverwendbaren, zweistufigen Transporters, der wie eine Rakete starten und wie ein Flugzeug landen sollte, mußten jedoch bald wieder aufgegeben werden – die Entwicklung hätte so viel Geld verschlungen, daß der Effekt der Preissenkung durch die notwendige Umlage der Entwicklungskosten auf den späteren Startpreis völlig zunichte gemacht worden wäre. Statt dessen beschränkte man sich auf ein Konzept, bei dem die zweite Stufe, der eigentliche Orbiter, mit der Besatzung und einer möglichen Nutzlast an Bord wie ein Flugzeug landen und ebenso wie die beiden Feststoffraketen der ersten Stufe mehrfach eingesetzt werden kann; lediglich der große Tank für die Haupttriebwerke (Space Shuttle Main Engines, SSME) des Orbiters, die während der gesamten Aufstiegsphase brennen, geht verloren.

Die Entwicklung des Space Shuttle wurde dann am Ende doch wesentlich teurer als ursprünglich veranschlagt, zumal vor allem beim Haupttriebwerk und dem Hitzeschutzsystem für den Wiedereintritt in die Erdatmosphäre etliche unvorhergesehene Schwierigkeiten auftraten. Daraus resultierte dann auch eine zeitliche Verzögerung des Jungfernfluges um etwa zwei Jahre: Columbia konnte nicht am zehnten Jahrestag der ersten Landung von amerikanischen Astronauten auf dem Mond starten (damals trug das Apollo-Raumschiff, das während der Landephase in der Mondumlaufbahn verblieben war, ebenfalls den Namen Columbia), sondern stieg am zwanzigsten Jahrestag der ersten bemannten Erdumkreisung durch Juri Gagarin in den blauen Himmel über Florida!

Äußerlichkeiten

Das Aussehen des Raumtransporters auf der Startrampe wird durch den großen Außentank (External Tank, ET) geprägt, der rund 47 Meter hoch ist und einen Durchmesser von 8,4 Metern besitzt. Bei den ersten drei Shuttle-Missionen war dieser Tank noch mit Titandioxid weiß gestrichen; diese Farbe sollte unter anderem mit ihrem hohen Reflexionsvermögen eine zu starke Aufheizung der Aluminiumkonstruktion unter der Sonne Floridas verhindern. Später wurde die Farbschicht dann weggelassen, um Gewicht einzusparen – rund 300 Kilogramm bei einem Leergewicht von 35 Tonnen.

Vor dem Start wird der Tank mit knapp 530 000 Liter (604 Tonnen) flüssigem Wasserstoff und 1,4 Millionen Liter (101,6 Tonnen) flüssigem Sauerstoff gefüllt. Diese Treibstoffkomponenten müssen dann wäh-

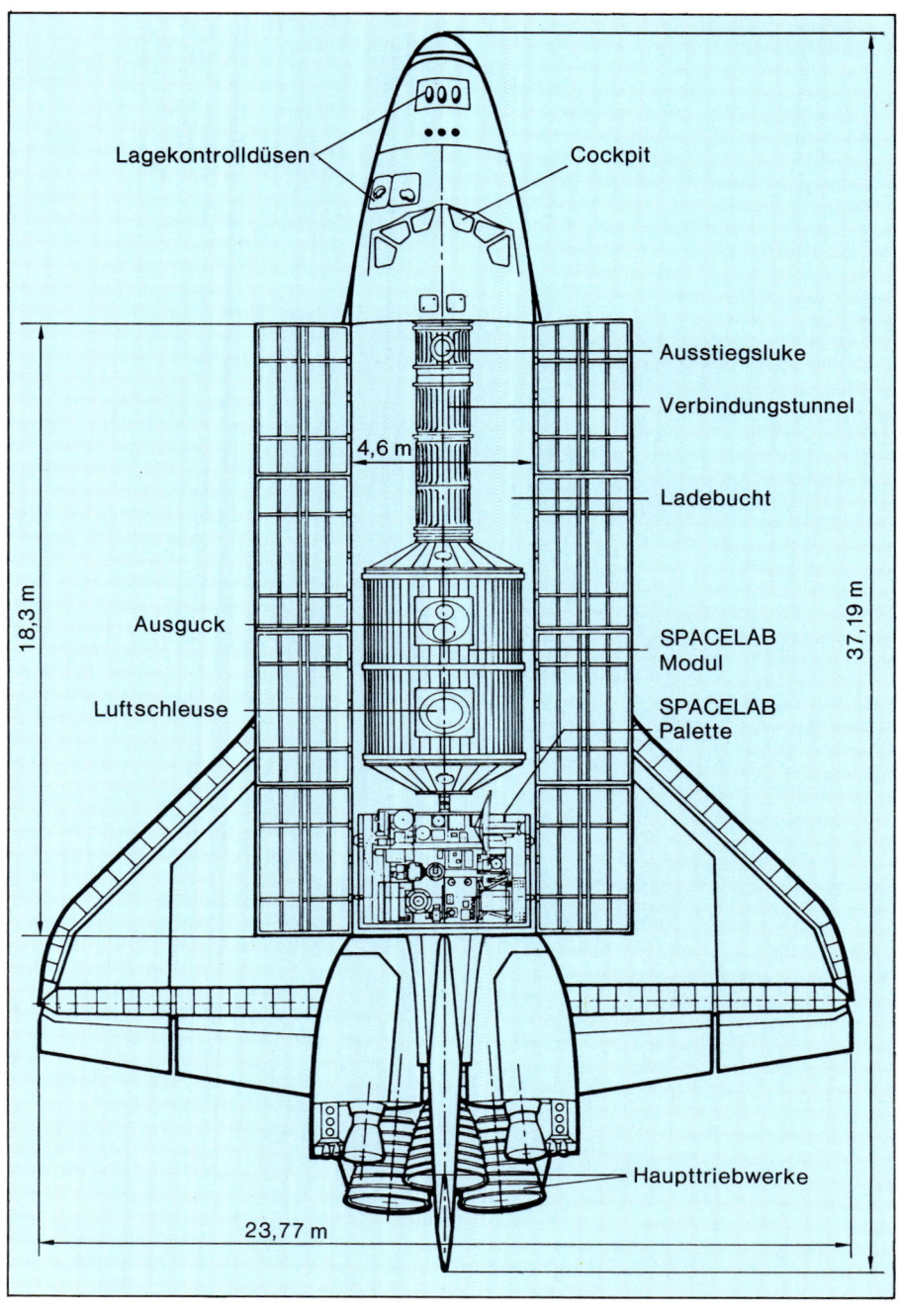

Space Shuttle im Schnittbild

Die Länge des kompletten Shuttle ist identisch zur Länge des Verkehrsflugzeuges DC-9.

rend der Brennphase mit Hochdruckpumpen in den Orbiter hinübergeschafft werden: Der flüssige Sauerstoff unter einem Druck von 481 000 Hektopascal, der flüssige Wasserstoff sogar mit 588 000 Hektopascal, und zwar in einem Mischungsverhältnis 1:6 (die Einheit Hektopascal ersetzt seit 1984 die frühere Bezeichnung Millibar; ein Druck von 481 000 Hektopascal entspricht daher in der alten Sprach- weise 481 bar oder 475 Atmosphären); dabei herrscht in der Brennkammer selbst noch ein Druck von 213 000 Hektopascal. Ein Teil des Wasserstoffs wird zuvor für die Kühlung der Brennkammer-Außenwände genutzt, so daß diese sich trotz der hohen Verbrennungstemperatur von etwa 3300 °C nicht auf mehr als 600 Grad erhitzen. Dennoch machte der erwünschte hohe Grad an Wiederverwendbarkeit den Einsatz einer besonders widerstandsfähigen Legierung aus Kupfer, Zirkon und Silber erforderlich – immerhin sollen die drei Haupttriebwerke eines Shuttle mehr als 50 Starts oder eine Gesamtbrennzeit von mehr als 7,5 Stunden überdauern können.

Der Schub der drei Haupttriebwerke erreicht insgesamt 4,8 Millionen Newton, ist jedoch über einen weiten Bereich (65 bis 109 Prozent) regelbar. Er wird durch die beiden Feststoffraketen mit jeweils 11,6 Millionen Newton verstärkt, so daß für die Startphase insgesamt ein Schub von fast 28 Millionen Newton zur Verfügung steht. Im Verhältnis zum Startgewicht von rund 2300 Tonnen ist dieser Schub deutlich größer als bei der Saturn-V-Mondrakete (33,34 Millionen Newton für rund 3000 Tonnen Startgewicht), und entsprechend schnell hebt der Raumtransporter daher auch von der Startrampe ab.

Die beiden Feststoffraketen (Solid Rocket Boosters, SRB) sind seitlich am Außentank montiert; sie besitzen eine Länge von 45,4 Meter, einen Durchmesser von 3,8 Meter und wiegen leer je 84,1 Tonnen. Während der etwas mehr als zwei Minuten dauernden Brennphase verbrauchen beide zusammen mehr als 1000 Tonnen festen Treibstoff (eine Mischung aus 16 Prozent Aluminiumpulver als Brennstoff, 69,83 Prozent Ammoniumperchlorat als Sauerstoffträger, 0,17 Prozent Eisenoxid als Katalysator und 14 Prozent Bindemittel), ehe sie aus etwa 40 Kilometer Höhe an Fallschirmen zur Erde zurückkehren.

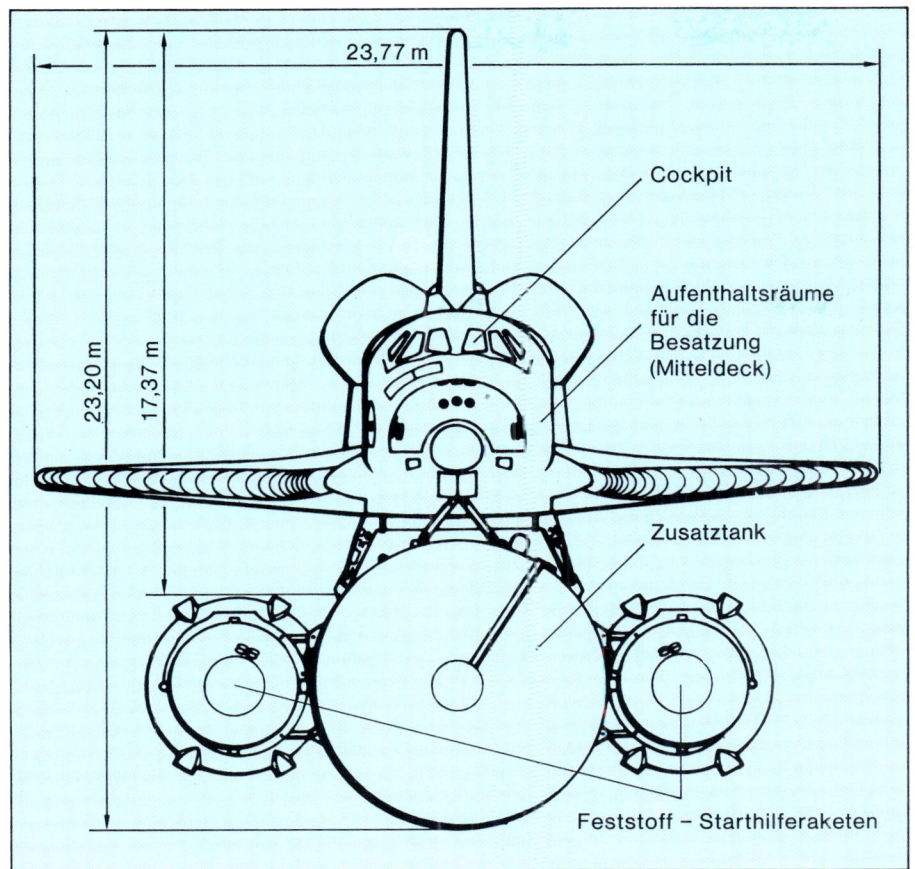

Der eigentliche Orbiter, die »zweite Stufe« des Trägersystems, ähnelt in seinem Aussehen einem kleinen Verkehrsflugzeug; dies ergibt sich aus der Anforderung, das Shuttle wie ein Flugzeug im Gleitflug landen zu können. Die Gesamtlänge beträgt 37,19 Meter, die Spannweite der Tragflächen 23,77 Meter, die Höhe bei ausgefahrenem Fahrwerk 17,37 Meter

Empfindlicher Hitzeschutz

Für einen auffälligen Unterschied zum Aussehen eines gewöhnlichen Flugzeuges sorgen jedoch die über 30 000 Hitzeschutzkacheln, die an der Unterseite des Orbiters, unter den Tragflächen, an der Spitze und entlang der vorderen Flügelkanten montiert sind. Sie dienen dazu, den Raumtransporter während des Wiedereintritts in die Erdatmosphäre vor dem Verglühen zu bewahren. Rund Zweidrittel der Außenhaut werden in dieser Abstiegsphase auf Temperaturen zwischen 370 und 1260 Grad Celsius aufgeheizt, der Nasenkonus und die vorderen Tragflächenkanten sogar noch mehr.

Um dieser Belastung zu begegnen, sind die besonders gefährdeten Stellen mit paßgenauen Segmenten aus imprägniertem Graphit belegt, die zusätzlich einen pigmentierten Borosilikatüberzug besitzen; dieser sorgt für das richtige Verhältnis von Wärmeaufnahme und -abstrahlung. Hochreine Siliziumfasern, die zu Fliesen von 15 mal 15 Zentimeter und einigen Zentimetern Dicke zusammengepreßt sind, schützen jene Bereiche, die sich während des Wiedereintritts auf Temperaturen zwischen 650 und 1260 Grad erhitzen, während ähnliche Kacheln mit einem etwas anderen Belag die weniger belasteten Zonen isolieren. Da diese Kacheln zusammen eine ziemlich steife Außenhaut bilden, der Orbiter aber wie jedes Flugzeug beim Landeanflug kurzzeitig hohen Spannungsbelastungen ausgesetzt ist, sorgt eine flexible Zwi-

Mehr als 30 000 Kacheln als Hitzeschutz *Hochreine Siliziumfasern, zu Fliesen von 15 mal 15 Zentimetern Größe und einigen Zentimetern Dicke gepreßt, bewahren den Raumtransporter während der Rückkehr zur Erde vor dem Verglühen.*

Selbstporträt
in über 300 Kilometer Höhe

Eine an dem wiederverwendbaren deutschen Satelliten SPAS-01 montierte Kamera schoß dieses spektakuläre Foto von Challenger hoch über der Erde. Der Satellit wurde während der Mission wieder eingefangen und per Greifarm in die Ladebucht des Raumtransporters verfrachtet.

Blick
in den geöffneten »Bauch«

18 Meter lang und 4,6 Meter breit bietet die Ladebucht des Space Shuttle Transport- und Lagerkapazität für das Spacelab, Paletten, auszusetzende bzw. wieder einzufangende Satelliten oder Platz für die Reparatur defekter Satelliten wie hier des SolarMax.

schenhaut aus wärmeisolierendem Kunststoff für die notwendige Beweglichkeit zwischen Orbiter und Hitzeschutzsystem. Damit dieses äußere »Korsett« nicht bricht oder von außen durch den angreifenden Luftwiderstand zerfetzt wird, dürfen die Abstände zwischen den Kacheln 1,6 Millimeter keineswegs überschreiten! Die Kunststoffmatten und Hitzeschutzkacheln werden mit einem speziellen Silikonharz verklebt.

Die Außenhaut wie zum Beispiel die Tore der Nutzlastbucht sind mit den gleichen Kunststoffmatten umhüllt, die bei den dort auftretenden Temperaturen von weniger als 370 Grad für eine ausreichende Isolierung sorgen.

Ein weiteres Unterscheidungsmerkmal zu einem herkömmlichen Flugzeug ist die große Nutzlastbucht von 18 Meter Länge, die den Raum für die Besatzung auf den vorderen Teil des Shuttle begrenzt. Maximal acht Astronauten können auf einen rund sieben Tage dauernden Flug mitgenommen werden.

Für die notwendige Energie an Bord sorgen vier Brennstoffzellen, die aus der chemischen Reaktion von Wasserstoff mit Sauerstoff Strom erzeugen. Die bereitgestellte Spannung beträgt 28 Volt Gleichstrom, die zur Verfügung stehende Leistung insgesamt rund 8 bis 8,5 Kilowatt, wobei die Systeme des Orbiters selbst etwa 1 bis 1,5 Kilowatt benötigen; der Rest kann für den Betrieb von Nutzlasten an Bord eingesetzt werden. Zwei Brennstoffzellen befinden sich im »Keller« der Shuttle-Kabine, zwei weitere sind zusammen mit den Tanks für flüssigen Sauerstoff und Wasserstoff unter der Nutzlastbucht installiert.

Der Countdown läuft

$T-5^h$

Wenn die Astronauten etwa fünf Stunden vor dem Start geweckt werden, steht der Raumtransporter bereits seit Wochen auf der Startrampe 39 A des Kennedy-Space-Center (KSC). Von hier donnerten Ende der sechziger, Anfang der siebziger Jahre bereits die riesigen Saturn-V-Raketen in den Himmel über Florida, um jeweils drei Männer in einer kleinen Kapsel zum Erdtrabanten hinüberzuschleudern. Was dann, nach dem vorzeitigen Abbruch des Apollo-Programms, vorübergehend dem Rostfraß der salzig-feuchten Luft gleich neben dem Atlantik anheimfiel, ist mittlerweile wieder hergerichtet und einsatzbereit. Selbst die beiden bulligen Riesenraupenschlepper wurden wieder in Dienst gestellt, die einst die Saturn-Raketen aus der großen Montagehalle zum rund sechs Kilometer entfernten Startplatz zerrten. Während des Astronautenfrühstücks gibt es noch ein paar obligatorische Aufnahmen fürs Fernsehen, und dann bringt ein kleiner Bus die Astronautenmannschaft zum Startturm. Dort haben Ingenieure und Techniker mittlerweile im Cockpit des Space Shuttle noch einmal die Stellungen aller Schalter kontrolliert und die gesamten Bordsysteme überprüft.

$T-4^h\ 30^m$

Viereinhalb Stunden vor dem Start laufen die Pumpen an, die zunächst flüssigen Sauerstoff und 100 Minuten später flüssigen Wasserstoff in den Außentank pressen. Knapp zwei Stunden vor dem Start zwängen sich dann die Astronauten nacheinander durch die Einstiegsluke in den Orbiter – und gehen buchstäblich die Wände hoch, denn die hintere Wand des Mittel-

Schneckentempo vor dem Flug

Langsam rollt Columbia auf einem Riesenraupenschlepper zum Startplatz 39A – im Orbit wird die Geschwindigkeit vieltausendmal größer sein.

Der Countdown läuft

Im Bodenkontrollzentrum wird der Start mit Spannung erwartet: Während der Mission wird hier der Flug auf Monitoren und Superscreens aufmerksam verfolgt und überwacht.

decks dient ihnen in der aufrechten Startposition als »Fußbodenersatz«. Vorne im Cockpit nehmen der Kommandant (links) und der Pilot (rechts) Platz; zwei weitere Sitze sind für die Missionsspezialisten bestimmt. Für die übrigen Astronauten wurden im Mitteldeck zusätzliche Sitze montiert. So lange der Raumtransporter am Erdboden steht, ist die eher mit einer Rückenlage vergleichbare »Sitzhaltung« reichlich unbequem, doch kann man so die Belastung des Starts am besten überstehen.

T–1ʰ 10ᵐ
Nach einer letzten Überprüfung der Sprechfunk-Verbindungen zum Startkontrollraum und zum Kontrollzentrum in Houston/Texas sowie der Alarmanlage für den Notfall wird etwa eine Stunde vor dem Start die Luke geschlossen. Jetzt haben die Astronauten nur noch über Mikrofon und Ohrhörer Kontakt zur Außenwelt.

T–51ᵐ
Das Trägheitsnavigationssystem wird gestartet, das dem Raumtransporter während der gesamten Mission als Grundlage für die Lagekontrolle und Steuerung dient; auf der Anzeige erscheinen die Koordinaten des Startpunktes: 28°36'30.32" nördlicher Breite und 80°36'14.88" westlicher Länge.

T–20ᵐ
Die Bordcomputer laden das Flugprogramm und übernehmen die Kontrolle aller Systeme des Raumtransporters.

T–7ᵐ
Die Brücke zwischen Startturm und Space Shuttle wird weggeschwenkt.

T–6ᵐ
Kommandant und Pilot bereiten den Start der Hilfsstromaggregate vor, die während der Startphase das hydraulische Steuerungssystem der Haupttriebwerke antrei-

ben. Als Energiequelle wird Hydrazin benutzt; die 134 Kilogramm pro Aggregat reichen für eine Betriebsdauer von 90 Minuten.

T–5ᵐ
Die Stromaggregate werden eingeschaltet und übernehmen 30 Sekunden später die Versorgung des Orbiter.

T–2ᵐ55ˢ
Die Druckventile des Sauerstofftanks werden geschlossen, damit sich der für den Start notwendige Innendruck aufbauen kann.

T–1ᵐ57ˢ
Jetzt werden auch die Druckventile des Wasserstofftanks gesperrt.

Die Nacht zum Tag gemacht

In der Nacht vor dem 12. April 1981 laufen die Startvorbereitungen für den Erstflug des Space Shuttle auf Hochtouren.

T−25^s
Die Hilfsaggregate der Feststoffraketen laufen an, und die Bordcomputer übernehmen die weitere Steuerung des Countdown-Ablaufes. Bei

T−3,8^s
geben sie das Kommando für die Zündung der drei Haupttriebwerke, das wenig später ausgeführt wird. Im Abstand von jeweils 0,12 Sekunden dringen die Treibgase aus allen drei Düsen. Der Pilot überprüft die Schubanzeige, die mehr als 90 Prozent des Nominalschubes ausweisen muß.

T=0^{m}0,0^s
Das Startprogramm für die beiden Feststoffraketen läuft an.
2,64 Sekunden später zünden auch sie und

T+3^s
Das Space Shuttle hebt von der Startplattform ab.

T+2^m
Die Solid Rocket Boosters sind ausgebrannt und werden sieben Sekunden später abgesprengt.

T+8^{m}40^s
Die Haupttriebwerke werden abgeschaltet (Main Engine Cut-Off, MECO); wenig später wird der große Außentank abgetrennt. Danach folgt das erste Bahnkorrekturmanöver, das den Raumtransporter auf die angestrebte Endhöhe bringen soll. Dazu werden für etwa zwei Minuten die beiden kleineren Triebwerke (Orbital Maneuvering System, OMS) rechts und links neben dem Seitenruder gezündet, die zusammen einen Schub von 53400 Newton liefern. Eine halbe Erdumkreisung später, nahe dem erdfernsten Bahnpunkt der »Übergangsbahn«, müssen die Triebwerke noch einmal für rund 30 Sekunden eingeschaltet werden, um auf eine möglichst kreisförmige Bahn der momentanen Höhe zu gelangen; sie wird rund 46 Minuten nach dem Start erreicht.

Im Falle eines Falles

Solange der Raumtransporter noch auf der Startplattform steht, können die Astronauten im Ernstfall wieder aussteigen. Um eine rasche Flucht aus dem Gefahrenbereich zu ermöglichen, werden auf der rück-

T + 2,64^s:
Die Feststoffraketen zünden

Am 24. Januar 1985 hebt der Raumtransporter Discovery zu seiner dritten Mission vom Cape ab.

Schneller Aufstieg in den Orbit

Die schubstarken Feststoffraketen tragen das rund 2000 Tonnen schwere Space Shuttle mit einer Startbeschleunigung von 1,5 G in die Umlaufbahn. Zurück bleiben eine riesige weiße Wolke aus verdampftem Startrampen-Kühlwasser und eine gelbe Rauchsäule der Triebwerksabgase (links außen).

Der
Ritt auf dem Feuerstuhl

Rund 10 Tonnen Treibstoff werden in jeder Sekunde der Startphase von den beiden Feststoffraketen und den drei Haupttriebwerken des Shuttle Orbiters verschlungen. Noch in einer Entfernung von mehr als fünf Kilometern dröhnen die Motoren mit 111 Dezibel (zum Vergleich: Bei einem Rockmusikkonzert erreicht der Schallpegel rund 120 dBA).

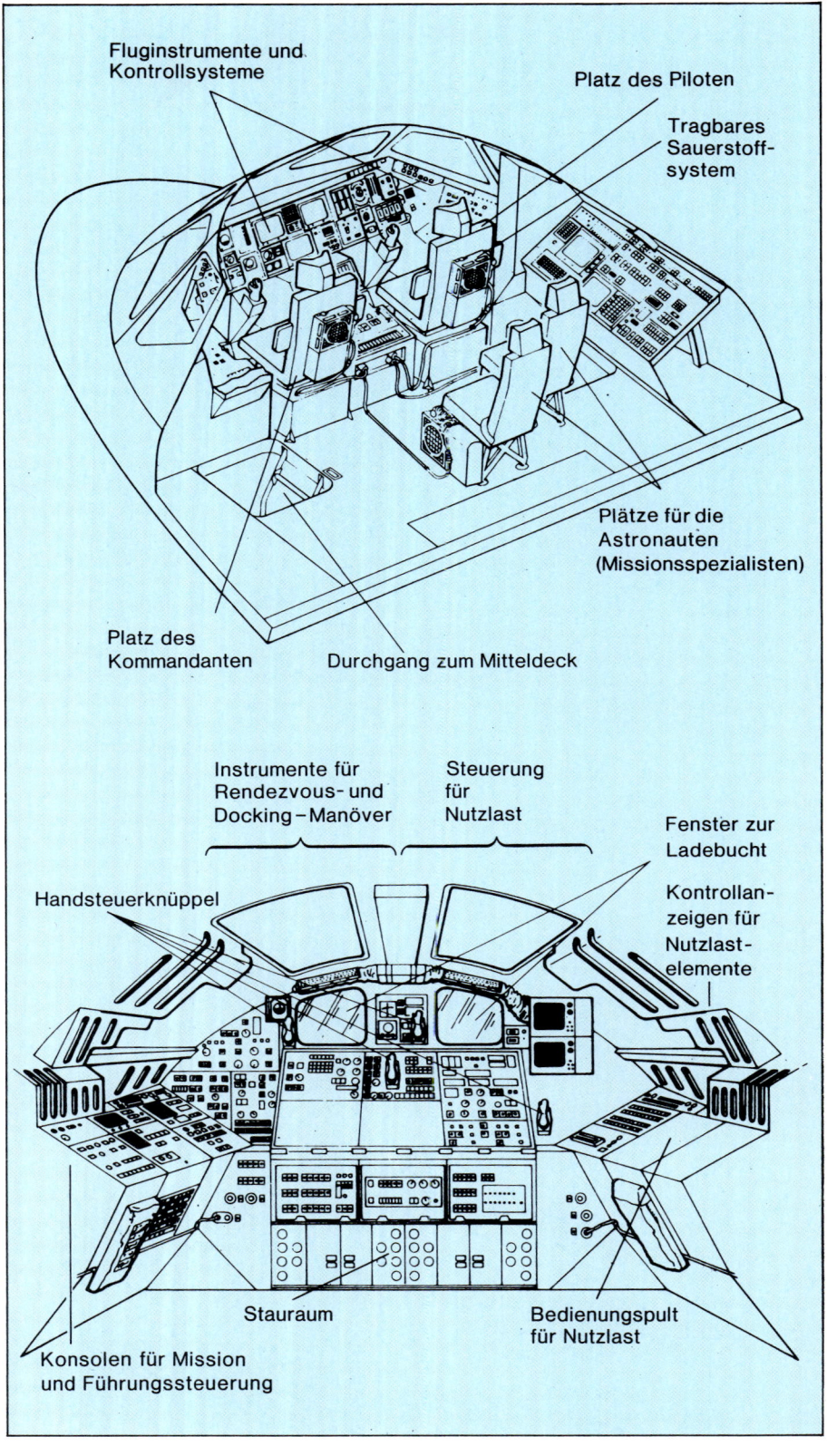

Arbeitsplatz über der Atmosphäre *Das Flight-Deck des Space Shuttle enthält hinter dem Cockpit für die Überwachung und Steuerung des Orbiters auch Bedienungs- und Kontrollpulte für missionsbezogene Aufgaben und den Betrieb von Nutzlasten.*

wärtigen Seite des Startturms fünf Fahrkörbe bereitgehalten, in denen jeweils zwei Astronauten an langen Kabeln zum Erdboden hinunterrasen können. Diese »Notseilbahn« endet in einem Fangnetz vor dem Eingang zu einem unterirdischen Bunker rund 400 Meter von der Startplattform entfernt.

Bislang ist sie allerdings noch nie benutzt worden – nicht einmal beim Training der Astronauten – der »Emergency Exit Test« endete stets mit dem »Einsprung« in die Fahrkörbe. Fast hätte Wubbo Ockels ungewollt die Probe aufs Exempel gemacht, als er zum ersten Mal an einer solchen Simulation teilnahm: Man hatte ihm in der Hektik der Vorbereitungen vergessen zu sagen, daß man auf das Abseilen verzichte, und so wollte er in realistischer Weise das Halteseil mit dem Messer durchschlagen. Als ihm dies im ersten Anlauf mißlang und er gerade zum zweiten Schlag ausholte, bemerkte er in letzter Sekunde die schreckensbleichen Gesichter des Trainingspersonals – die entsetzten Warnrufe hatte er nämlich nicht hören können, da er den Raumhelm trug und nur über Funk mit dem Bodenpersonal im fünf Kilometer entfernten Startkontrollzentrum verbunden war.

Wubbo Ockels später in der ihm eigenen Art: »Schade, so weiß bis heute keiner, ob das System wirklich funktioniert, und das wäre eigentlich schon wichtig, wenn es denn überhaupt einen Sinn haben soll – wenn ich ohnehin nur tot unten ankäme, bräuchte ich mich ja gar nicht so anzustrengen. Andererseits bin ich froh, daß nicht ausgerechnet ich diesen Test absolvieren mußte.«

Haben die Feststoffraketen dagegen erst einmal gezündet, bleibt nur noch die »Flucht nach vorne«, für die es vier Varianten gibt: Eine Rückkehr zum Startplatz (Return To Launch Site, RTLS), eine Notlandung in Europa (Partial Orbit Abort, PAA), eine Notlandung nach einer Erdumkreisung in den USA (Abort Once Around, AOA) und den Versuch, die Umlaufbahn doch noch zu erreichen (Abort To Orbit, ATO); welcher Fluchtweg eingeschlagen wird, hängt im wesentlichen von der Art der Panne und dem Zeitpunkt des Auftretens ab;

● RTLS kann nur bei einem Versagen des Haupttriebwerkes während der ersten vier Minuten und 20 Sekunden ausgeführt werden; dabei muß gegebenenfalls zunächst gewartet werden, bis die beiden Feststoffraketen ausgebrannt und abgetrennt sind. Die eingeschränkte, vielleicht ganz ausgefallene Schubkraft der Haupttriebwerke wird durch die OMS-Triebwerke und die vier hinteren Lagekontrolldüsen verstärkt, der Raumtransporter gleichzeitig rasch um 180 Grad gedreht, so daß der Schub wie ein Bremsmanöver wirkt. Der verbleibende Treibstoff des Außentanks reicht eben noch, um die Geschwindigkeit des Orbiters so weit zu drosseln, daß er nach dem Abschalten der Triebwerke und dem Abwurf des Außentanks die Landebahn von Cape Canaveral im antriebslosen Gleitflug erreichen kann.

Nach Köln-Bonn? Nur im Notfall!

Versagen die Haupttriebwerke später, muß das Shuttle zunächst den Atlantik überqueren und kann dann je nach Zeitpunkt des Abbruchs auf dem spanischen NATO-Flugplatz Rota oder auch auf dem Flughafen Köln-Bonn landen; beide Plätze liegen nahe genug unter der Flugbahn für die erste Erdumkreisung. In einem solchen Falle würde der Luftraum in ausreichender Entfernung um den Landeplatz sofort gesperrt, um nicht noch die Gefahr eines Zusammenstoßes heraufzubeschwören.

● Falls nach dem Abtrennen der Feststoffraketen ein oder zwei Haupttriebwerke ausfallen und die verbleibende Schubleistung trotz Unterstützung durch das OMS nicht genügt, um die Umlaufbahn zu erreichen, kann der Pilot einen AOA

Ausgebrannt, aber nicht ausgedient

Rund zwei Minuten nach dem Start sind die Feststoffraketen ausgebrannt und werden abgetrennt – sie gleiten an Fallschirmen zur Erde zurück, wo sie aus dem Meer geborgen und für eine weitere Mission wieder hergerichtet werden; ein Verlust dieser Booster brächte Mehrkosten in Höhe von 50 Millionen Dollar.

Pläne für den Notfall

Bei einer Panne während der ersten 260 Sekunden des Fluges kann das Space Shuttle zum Startplatz zurückkehren – danach bleibt nur noch die »Flucht nach vorne«

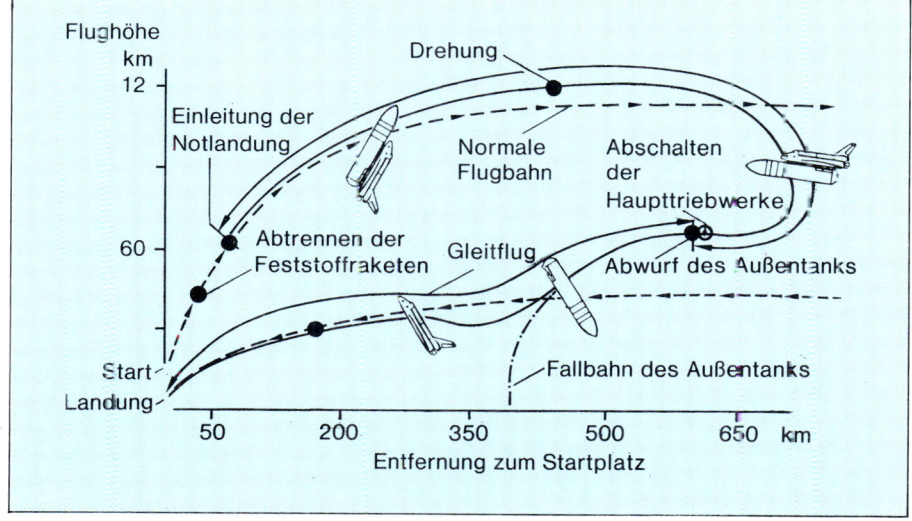

mit anschließender Landung auf dem amerikanischen Raketentestplatz White Sands in New Mexico versuchen. Dabei bleiben die restlichen Triebwerke so lange eingeschaltet, bis der Treibstoff nur noch für zwei Bahnkorrekturmanöver reicht. Dann wird der Außentank abgesprengt und das OMS ein erstes Mal gezündet. Die Endgeschwindigkeit reicht jedoch nicht aus, um den Globus knapp einmal zu umrunden, und so muß das OMS noch ein zweites Mal angeworfen werden, ehe der Raumtransporter wieder in die Erdatmosphäre eintaucht und mit einem »normalen« Landeanflug beginnen kann.

● Wenn eines der Haupttriebwerke in der letzten Phase des Starts ausfällt, bleibt schließlich die Möglichkeit offen, mit einem etwas längeren Bahnkorrekturmanöver eine Umlaufbahn in niedriger Höhe zu erreichen (ATO). Gegebenenfalls muß dann der Flugplan geändert, können nicht alle Missionsziele erfüllt werden, ehe die Landung in gewohnter Weise durch ein letztes Zünden der OMS-Triebwerke eingeleitet wird.

Leben im All

Das Leben an Bord eines Raumschiffes unterscheidet sich in vieler Hinsicht vom alltäglichen Leben. Dies liegt nur zum Teil daran, daß der Weltraum für sich genommen eine lebensfeindliche Umgebung darstellt und man entsprechend alle lebenswichtigen Güter für die gesamte Missionsdauer mitführen muß. Auch der (ungewohnte) Zustand der Schwerelosigkeit beeinflußt die Abläufe an Bord in vielfältiger Weise bis hin zu unangenehmen Nebenwirkungen, die die körperliche Leistungsfähigkeit beeinträchtigen und die Psyche eines Astronauten ganz schön strapazieren können.

Dennoch sind die Lebensbedingungen heutzutage schon längst nicht mehr so eingeschränkt wie in der Anfangszeit der bemannten Raumfahrt bis hin zu den Apollo-Mondflügen: Zum einen hat man in den zurückliegenden Jahren zahlreiche Erfahrungen sammeln und bei der Planung für den Raumtransporter berücksichtigen können, zum anderen bieten Space Shuttle und Spacelab sehr viel mehr Platz für die Mannschaft an Bord.
Wer sich je in einen Messerschmitt-Kabinenroller – im Volksmund seinerzeit auch als Adventsauto bezeichnet (»macht hoch die Tür, die

Quartett im All *Bob Parker, Ulf Merbold, Byron Lichtenberg und Owen Garriott (von links nach rechts) vertreiben sich an Bord von STS-9/Spacelab 1 die Zeit mit einem beziehungsreichen Quartett zur Geschichte der Luft- und Raumfahrt.*

Tor macht weit«) – gesetzt hat und das geringe Platzangebot dort mit dem Laderaum eines Umzugsautos vergleicht, kann die Entwicklung am ehesten nachvollziehen.

Luft zum Atmen

Einer der wesentlichen Faktoren, der die Lebensfeindlichkeit des Weltraums bedingt, ist die weitgehende Luftleere oder – wie ein Physiker sagen würde – das Ultrahochvakuum. Im Laufe der Evolution haben wir uns an die Verhältnisse am Erdboden angepaßt, und das heißt, daß wir einen bestimmten Luftdruck und ein Mindestmaß an Sauerstoff zum Atmen benötigen. Schon wer sich ins Hochgebirge begibt, kann den Unterschied zu unserem »normalen« Lebensraum bemerken: Die Luft wird »knapp«. Mit zunehmender Höhe nimmt der Luftdruck immer weiter ab und mit ihm die zur Verfügung stehende Luftmenge. Da hilft es dann wenig, daß der relative Anteil des für die Atmung wichtigen Sauerstoffs in den unteren 70 bis 80 Kilometern der Erdatmosphäre weitgehend konstant bei etwas über 20 Prozent bleibt: Schon auf der Zugspitze, Deutschlands höchstem Berg, muß man mit etwas über Zweidrittel der normalen Sauerstoffmenge auskommen, während Reinhold Messner am Gipfel des Mount Everest nur noch ein Drittel des üblichen Sauerstoffangebots nutzen konnte. Hier würde zwar noch eine Sauerstoffmaske reichen, die von den meisten Gipfelstürmern in solchen Höhenlagen auch eingesetzt wird,

Schwereloses Schlaraffenland

Auf der Speisekarte des Raumtransporters stehen zwar keine gebratenen Tauben, doch fliegen hier auch typisch amerikanische »Hot dogs« durch die Luft.

doch jenseits von etwa 20 Kilometer wirkt sich die Abnahme des Luftdrucks noch auf eine andere Weise aus: Bei entsprechend niedrigem Außendruck beginnt das Blut zu sieden, es bilden sich Gasbläschen, und die Sauerstoffversorgung des Gehirns und anderer Organe wird unterbrochen. Um dieser unerwünschten, »tödlichen« Nebenerscheinung entgegenzuwirken, muß man entweder einen Druckanzug anlegen oder – was natürlich viel angenehmer und bequemer ist – das Innere des Raumschiffs ähnlich wie bei einem hochfliegenden Flugzeug als Druckkabine gestalten.

An Bord des Shuttle sorgt das Kabinendrucksystem für Verhältnisse ähnlich denen am Erdboden. Der Luftdruck beträgt 1013 Hektopascal, während die Luft 21 Prozent Sauerstoff und 79 Prozent Stickstoff enthält. Für die Versorgung stehen zwei Sauerstoffquellen und zwei Stickstoffquellen bereit; ein dritter Sauerstofftank ist für Notfälle vorhanden. Da man mit einem Verbrauch von rund 800 Gramm Sauerstoff pro Astronaut und Tag rechnet, werden für die 7-Tage-Mission des D1-Fluges mindestens 45 Kilogramm Sauerstoff benötigt. Darüber hinaus muß das Kohlendioxid, das während des Atmens aus dem menschlichen Körper freigesetzt wird, der Kabinenluft entzogen werden. Dies übernehmen Reinigungsfilter, die mit Lithium-Hydroxid und Aktivkohle gefüllt sind. Das Lithium-Hydroxid reagiert mit dem Kohlendioxid zu Lithium-Karbonat und Wasserdampf, während die Aktivkohle gleichzeitig wie ein »Duftfilter« wirkt. Die Kanister, die sich unter dem Boden des Mitteldecks befinden, werden paarweise genutzt und müssen nach jeweils rund zwölf Stunden ausgewechselt werden. Kontrolliert wird die Luftversorgung im Shuttle-Cockpit, wo der Kommandant außerdem die Kabinentemperatur und das Luftzirkulationssystem regulieren kann.

Der Sauerstoff-Vorrat wird in flüssiger Form bei einer Temperatur von unter −118 °C mitgeführt; der Druck in einer solchen Flasche ist knapp 60mal höher als der Luftdruck am Erdboden. Fast viermal so groß ist der Druck in den Behältern mit gasförmigem Stickstoff. Ein automatisches Regelsystem sorgt für eine ständig gleiche Mischung der beiden Gase in der Kabine des Shuttle.

Das leibliche Wohl

Neben der Luft zum Atmen braucht ein Mensch eine ausreichende Nahrungszufuhr, um für die umfangreichen Aufgaben an Bord eines Raumschiffes gerüstet zu sein. In der Anfangszeit der bemannten Raumfahrt beschränkte sich die Nahrungsaufnahme der Astronauten darauf, dem Körper die notwendigen Nährstoffe in den erforderlichen Mengen zuzuführen; auf normale Eßgewohnheiten wurde keine Rücksicht genommen. Es gab jedoch eine Reihe von Gründen für jenes »Essen« aus Tuben und in Tablettenform: Zum einen nahm es wenig Platz und Gewicht in Anspruch und brauchte nicht besonders zubereitet zu werden – in den winzigen Mercury-, Gemini- oder auch Apollo-Kapseln wäre ohnehin nicht genügend Platz für eine Küche gewesen. Zum anderen wußte man zunächst wenig darüber, wie sich »normal« zubereitete Nahrungsmittel im Zustand der Schwerelosigkeit verhalten, wie man also gewisse »Tischmanieren« beibehalten konnte. Dabei ging es natürlich weniger darum, daß der Raumanzug bekleckert werden könnte (dies würde in der Erdumlaufbahn wohl ohnehin kaum geschehen, weil weder Saft noch Soße »herunterfallen«, wenn ein Glas umgestoßen oder die Kartoffeln zu heftig gequetscht wird!); vielmehr befürchtete man, daß durch ungeschicktes Hantieren auf dem Teller zum Beispiel Erbsen davontreiben und irgendwo in der Kapsel Schaden anrichten würden oder Brötchenkrümel am Ende einen lebenswichtigen Schalter im Armatu-

An Bord des Space Shuttle mitgeführte Lebensmittel und Getränke

Suppen
Champignoncremesuppe

Fleischgerichte
Corned Beef
Fleischbällchen mit Barbecue-Soße
Frankfurter (Wiener-) Würstchen
Rindfleisch Almondine
Rindfleisch im eigenen Saft
Rindfleisch, gepökelt
Rindfleischpastete
Rindfleisch, aufgeschnitten, mit Barbecue-Soße
Rindfleisch Stroganoff mit Nudeln
Rindshacksteak mit Chili
Rindssteak
Sauerbraten
Schinken
Wurstpastete

Geflügel
Hähnchen à la King
Hähnchen mit Nudeln
Hähnchen und Reis
Truthahn in eigenem Saft
Truthahn, aufgeschnitten, geräuchert
Truthahn Tetrazzini

Fisch/Meeresfrüchte
Lachs
Shrimps kreolische Art
Shrimpscocktail
Thunfisch

Nudelgerichte/Reisgerichte
Makkaroni und Käse
Reispilaf
Spaghetti mit fleischloser Soße

Gemüse
Blumenkohl mit Käse-Soße
Broccoli, gratiniert
Erbsen, in Butter geschwenkt
Französische grüne Bohnen mit Champignons
Grüne Bohnen und Broccoli
Italienisches Mischgemüse
Spargel
Tomaten, gedünstet

Dessert
Butterkaramellepudding
Obstkuchen
Schokoladenpudding
Vanillepudding
Zitronenpudding

Obst
Ananas, zerkleinert
Apfelmus
Aprikosen, getrocknet
Bananen
Birnen
Erdbeeren
Obstsalat
Pfirsiche Ambrosia
Pfirsiche

Frühstücksgerichte
Brötchen
Gebäck, Pecan
Mürbegebäck
Graham Crackers
Roggenbrot
Cornflakes
Erdnußbutter
Erdnußbutter/Granola
Granola
Rosinengranola
Haferflocken
Haferflocken, granuliert
Haferflocken, granuliert, mit Blaubeeren
Haferflocken, granuliert, mit Rosinen
Konfitüre/Gelee
Mandeln, Frühstücksbar
Erdnüsse, Frühstücksbar
Cashewnüsse, Frühstücksbar
Rührei
Cheddar-Streichkäse

Sonstiges
Bonbons, Life Savers, unterschiedlichen Geschmacks
Mandelsplitterschokolade
Schokoladenchips

Getränke
Apfelsaftgetränk
Erdbeersaft
Erdbeertrunk, Instant
Kaffee, schwarz
Kaffee, mit Sahne
Kaffee, mit Sahne und Zucker
Kaffee, mit Zucker
Kakao
Limonade
Orangensaft
Orangen-Pampelmusen-Saft
Orangen-Ananas-Saft
Pampelmusensaft
Schokoladentrunk, Instant
Tee
Tee, mit Zitrone und Zucker
Tee, mit Zucker
Traubensaft
Tropenpunsch
Vanilletrunk, Instant

Änderungen vorbehalten

Die Shuttle Standard-Menüs können von den Astronauten im Rahmen der Vorräte nach Belieben ergänzt beziehungsweise ausgetauscht werden.

renbrett blockieren könnten.

Schließlich gab es noch einen ganz praktischen Grund für eine solchermaßen konzentrierte Nahrungsform – die fehlende Toilette an Bord. Es ist naheliegend, daß bei einer Beschränkung auf das Wesentliche auch die Menge der Ausscheidungen stark reduziert wird und das Problem der »Entsorgung« einfacher zu lösen beziehungsweise »auszusitzen« war. Es wäre sicher übertrieben, wollte man die modernen Wegwerfwindeln als »Abfallprodukt« der Raumfahrt bezeichnen, doch kamen in der Frühzeit der bemannten Raumfahrt ähnliche Verfahren zum Einsatz.

Inzwischen hat sich die Situation grundlegend geändert. Zwar kann die Speisekarte an Bord des Space-Shuttle sich nicht mit der eines Feinschmeckerlokals messen (und die Zubereitung in der Bordküche schon gar nicht), doch zeigt die hier abgedruckte Liste, daß die Astronauten mittlerweile aus einem reichhaltigen Angebot auswählen können und dabei die meisten Gerichte in gewohnter Form serviert werden.

Serviert übrigens im wörtlichen Sinne, denn der Küchendienst wird jeweils abwechselnd von einem der Besatzungsmitglieder übernommen.

Es ist also keineswegs die Aufgabe der amerikanischen Missionsspezialistin Bonnie Dunbar, den »Herren« Astronauten Kaffee zu kochen oder das Essen zuzubereiten; auf entsprechende Anspielungen geht sie stets »hoch wie eine Rakete«.

Die Zubereitung einer Mahlzeit für acht Astronauten dauert etwa 20 bis 25 Minuten. Schon vor dem Start werden die einzelnen »Menüs« zusammengestellt und in entsprechende Beutel verpackt – man braucht also nur zum Beispiel das »Lunch-Paket« für den jeweiligen Flugtag herauszusuchen und die verschiedenen »Gänge« vorschriftsmäßig aufzubereiten. Der Champignoncrème-Suppe etwa muß warmes Wasser zugeführt werden, da sie in Pulverform vorliegt, die Frankfurter Würstchen werden im Ofen erwärmt, während Bananen zum Nachtisch in gefriergetrockneter Form mitgeführt werden – sie bedürfen also ebenfalls einer Wärmebehandlung.

Eigentlich sollte man annehmen, daß die Astronauten auch im Zustand der Schwerelosigkeit eine Banane in natürlicher Form essen können sollten, und in der Tat werden die meisten Lebensmittel nur zur besseren Haltbarkeit in irgendeiner Weise behandelt. Dazu gehört die Gefriertrocknung ebenso wie eine sterilisierende Bestrahlung oder ein kurzzeitiges Ultrahocherhitzen.

Auch die Auswahl an Getränken ist groß: Sie reicht von Obstsäften über Milch, Kaffee und Tee bis hin zu Tropenpunsch – lediglich alkoholische Getränke sind an Bord des Space Shuttle (derzeit noch) nicht zugelassen. Allerdings böten solche mehr oder minder hochprozentigen Flüssigkeiten auch nicht gerade einen echten Genuß, da Getränke grundsätzlich mit Strohhalmen aus geschlossenen Behältern geschlürft werden müssen: Wenn die Schwerkraftwirkung fehlt, fließt eben auch kein Feuerwasser aus dem gekippten Glas heraus, würde es schon besonderer Übung bedürfen, um Flüssigkeit in Form von großen Tropfen aus dem Glas herauszuschleudern und mit dem Mund aufzufangen.

Beim Cocktail-Drink gehört der Strohhalm zwar auch auf der Erde dazu, aber wer möchte schon einen kalifornischen Chablis auf diese stillose Form »genießen« – ganz zu schweigen von den unangenehmen Folgen, die sich beim Konsum von Bier durch einen Strohhalm ergeben.

Neben dem Standard-Menü haben die Astronauten noch an Bord die Möglichkeit, einzelne Speisefolgen zu verändern oder die Mahlzeit durch kleine Snacks zu ergänzen. Die Speisen und Getränke werden dann auf Tabletts gelegt, die man entweder auf den Knien abstellt oder mit Magneten irgendwo an

Rettungsaktion für gestrandete Satelliten

Neun Monate umkreisten zwei 100-Millionen-Dollar teure, aber wertlose, weil nicht intakte Relaisstationen die Erde auf einer zu niedrigen Umlaufbahn, ehe sie im November 1984 wieder eingefangen werden konnten: Zunächst mußte eine Art Griff montiert werden, an dem der Shuttle-Ladekran zupacken durfte, um die beiden Satelliten nacheinander in die Nutzlastbucht zu hieven.

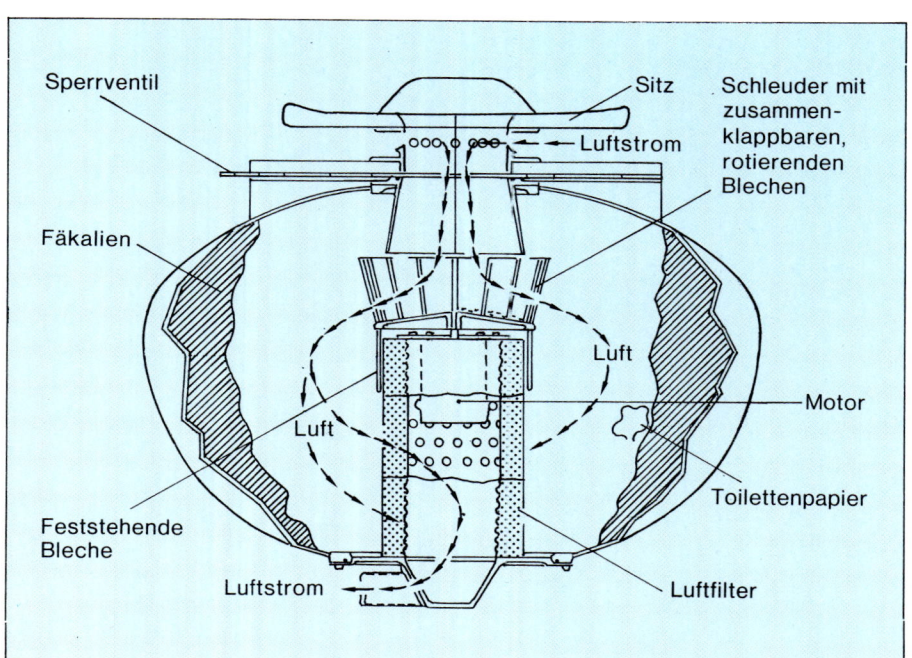

Kein Fall für den Klempner

Die Bordtoilette des Raumtransporters muß auf Wasserspülung verzichten; ihre Rolle übernimmt ein Luftstrom, der auch die fehlende Schwerkraft ersetzt.

der Wand befestigt. Man braucht dann nur noch die einzelnen Pakkungen mit der Schere zu öffnen, und voilà, c'est servi!
Nach dem Essen werden die leeren Behältnisse im Container für Feuchtmüll deponiert, während Besteck und Tablett mit keimtötenden Tüchern abgewischt und bis zur nächsten Mahlzeit wieder verstaut werden.

Dies ist nicht die Küche, ganz im Gegenteil

Während die Zubereitung des Essens im Space Shuttle immerhin noch gewisse Ähnlichkeiten mit der Küche an Bord eines Flugzeugs hat, macht sich die Schwerelosigkeit bei der Beseitigung der Abfälle doch schon stärker bemerkbar. Aber auch hier ist die »Pionierzeit« der bemannten Raumfahrt längst abgeschlossen, bietet der Raumtransporter gegenüber den Apollo-Kapseln schon aus Platzgründen die Möglichkeit für mehr Komfort.
Die Shuttle-Toilette ist im Mitteldeck gleich gegenüber der Bordküche untergebracht und ähnelt in ihrer äußeren Form der Kofferraumhaube eines VW-Käfers. Ihr Funktionsprinzip ist denkbar einfach: Ein gewisser Unterdruck im Auffangbehälter ersetzt die in der Erdumlaufbahn fehlende Schwerkraft, sorgt also zusammen mit dem Innendruck des Körpers dafür, daß die Ausscheidungen zunächst einmal nach »unten« fallen. Dabei wird die Flüssigkeit in einem Sammelbehälter gespeichert und von dort in gewissen Zeitabständen in den umgebenden Weltraum ausgestoßen, während feste Bestandteile von einem System rasch rotierender Bleche zerkleinert und an die Innenwand des halbkugelförmigen Sitzbeckens geschleudert werden. Um Zersetzungsprodukte dieser Abfälle zu vermeiden, wird das Gefäß nach der Toilettenbenutzung über eine Schleuse entlüftet und mit dem Vakuum des Weltraums verbunden – das Ergebnis ist eine Art Gefriertrocknung, die eine dünne, erstarrte Kruste zurückläßt.
Diese Bordtoilette hat trotz ihrer prinzipiell einfachen Konstruktion den Astronauten der bisherigen Space-Shuttle-Missionen fast immer irgendwelche Probleme bereitet. John Young, der schon mehrere Shuttle-Einsätze hinter sich hat, hört mittlerweile aufkommende Störungen bereits an charakteristischen Geräuschen heraus.

An einer Fehlbedienung durch die Astronauten können diese Pannen eigentlich nicht liegen, denn sie »üben« den richtigen Sitz bereits am Erdboden und können sich dabei auf einem Monitor kontrollieren, der schräg oberhalb der Toilette im Shuttle-Simulator montiert ist; die dazugehörige Kamera nimmt die Bilder aus dem Innern der Toilette heraus auf.
Gegenüber der Toilette, gleich neben der Bordküche, befindet sich ein spezielles »Handwaschbecken«: Aus dem Schrank ragt eine Plexiglas-Halbkugel mit zwei Öffnungen hervor, durch die beide Hände gesteckt und unter einen Wasserstrahl gehalten werden können; auch hier sorgt ein geringer Unterdruck dafür, daß das Brauchwasser »abfließt« und sich nicht in der Kabine selbständig macht.
Jeder Astronaut führt einen Beutel mit Toilettenutensilien mit, der Zahnbürste, Zahnpasta, Zahnseide, Seife, eine Nagelschere, Kamm und Bürste sowie einen Feuchtestift für die Lippen, Hautwasser und Deodorantstifte enthält, bei männlichen Astronauten zusätzlich Rasierschaum und einen Sicherheitsrasierer beziehungsweise einen batteriebetriebenen Rasierapparat. An-

Anprobe beim Weltraum-Schneider

Ernst Messerschmid testet den Sitz der Anti-G-Hose in Rückenlage, der Körperhaltung während der Startvorbereitungen und des Starts.

ders als während der Skylab-Mission gibt es an Bord des Raumtransporters keine Dusche – die Astronauten sind auf Waschlappen und Handtücher angewiesen.

Schwebend träumen

Im Mitteldeck des Raumtransporters, dem »Aufenthaltsraum«, befinden sich schließlich auch die Schlafkojen für die Besatzungsmitglieder: Ein »Vier-Etagen-Bett«; jedes Abteil ist 1,75 Meter lang, 75 Zentimeter breit und 50 Zentimeter hoch, bietet also nicht gerade sehr viel Platz; nach außen kann es mit einer Art Schiebetür abgetrennt werden, die unter anderem auch eine gewisse Schallisolierung bewirken soll. Ein kleiner Ventilator in Kopfnähe sorgt dann für die notwendige Frischluftzufuhr, wobei die Abluft am Fußende austreten kann. Zum Schlafen kriechen die Astronauten in einen »Sleep Restraint« genannten Schlafsack, der fest mit der Unterlage verbunden ist und so ein »Davonschweben« während des Schlafs verhindern hilft – und damit auch ein unsanftes Anstoßen gegen die Wände der engen Schlafkoje.

Da an Bord des Raumtransporters zumeist im Schichtdienst gearbeitet wird, können sich jeweils zwei Astronauten ein Bett teilen. Die Schichtzeiten sind so aufeinander abgestimmt, daß zwischendurch genügend Zeit zum »Lüften« bleibt. Dieser geteilte Dienst führt allerdings auch dazu, daß es wohl kaum je ganz ruhig an Bord sein wird. Wer dadurch

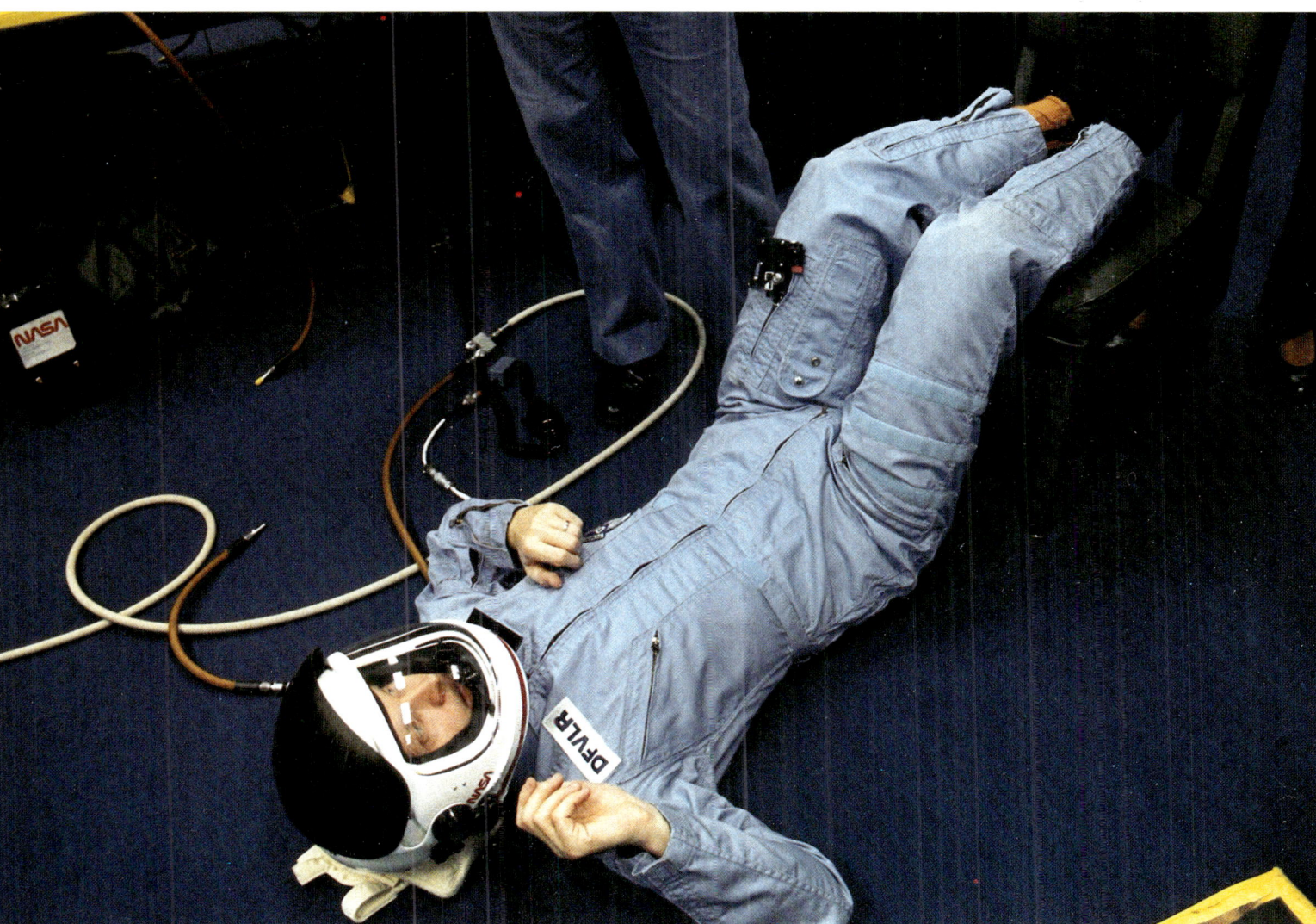

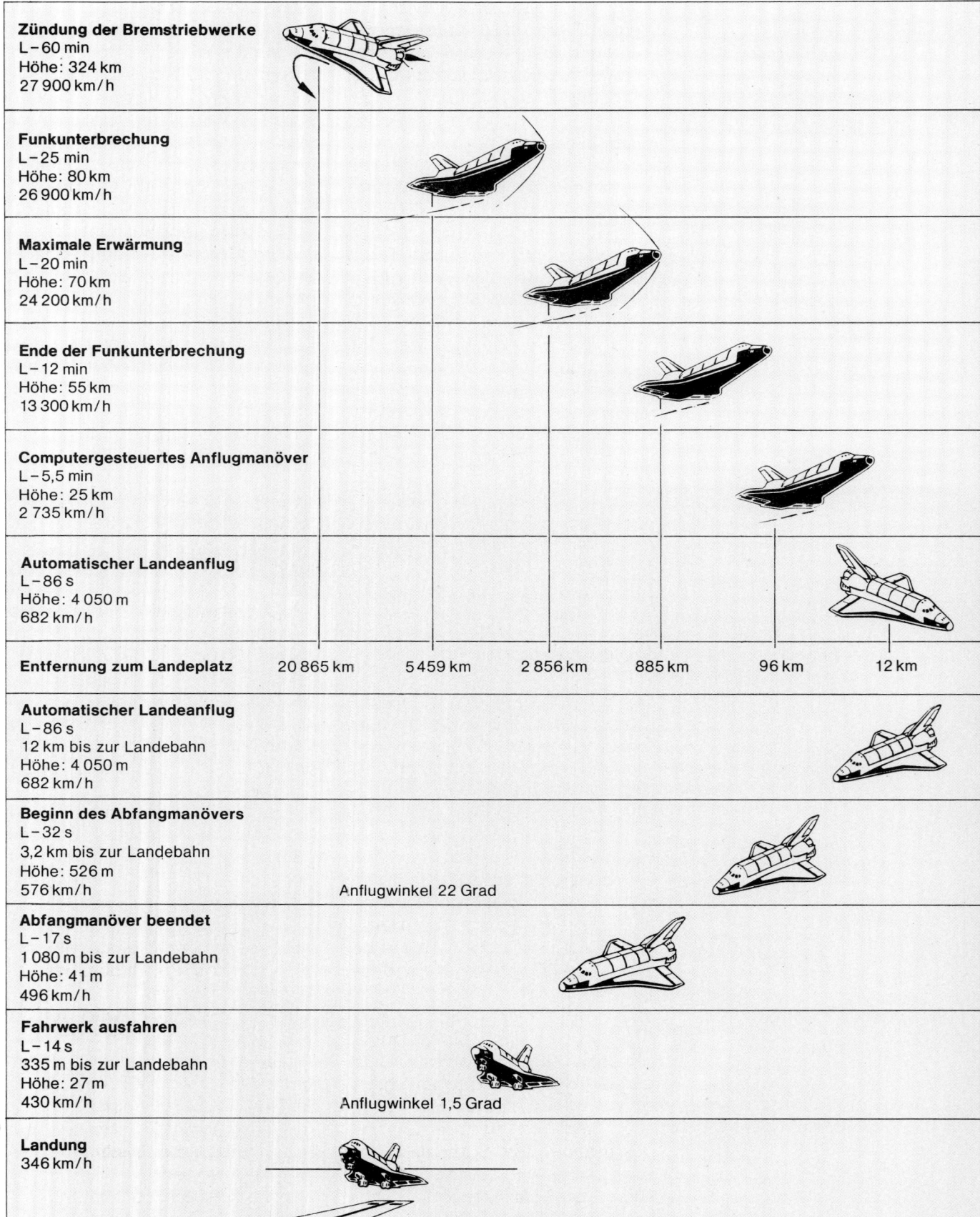

Stationen einer Rückkehr

Eine Stunde dauert der Landeanflug vom Zünden der Bremstriebwerke bis zum Aufsetzen auf der Runway. Während dieser Phase muß das Shuttle seine stärkste Belastung während des gesamten Fluges aushalten: Die Reibungshitze beim Wiedereintritt in die Erdatmosphäre.

am Schlaf gehindert wird, kann auf Schlafmaske und Ohrenschützer zurückgreifen.

Die Erfahrung hat übrigens gezeigt, daß sich die Astronauten zum Schlaf nicht immer in ihre Koje zurückziehen – oft »verkriechen« sie sich auch bloß in eine ruhige Ecke, haken sich fest und schlafen dann »dreidimensional«. Für Wubbo Okkels gibt es während der D1-Mission übrigens gar keine andere Wahl, da für ihn kein regulärer Schlafplatz bereitsteht – Kommandant Henry Hartsfield jedenfalls möchte seine Koje ungern teilen.

Voraussetzung für ein »geregeltes« Zubettgehen ist natürlich, daß die Astronauten ihre Müdigkeit spüren und nicht vor Erschöpfung dort einschlafen, wo sie sich gerade aufhalten. Das aber ist gar nicht so einfach, da sie nämlich in der Schwerelosigkeit beim sanften Wegschlummern nicht etwa dadurch aufgeschreckt werden, daß ihnen der Kopf auf die Brust kippt oder auf der Tischplatte aufschlägt.

Astronautenlook

Die Kleidung an Bord des Raumtransporters ist auf die Verhältnisse in der Erdumlaufbahn zugeschnitten. Der Normaldruck erlaubt einen Verzicht auf unförmige Druckanzüge, die das Leben und Arbeiten im Raumschiff unnötig erschweren würden.

Das äußere Erscheinungsbild wird von dem kobaltblauen »Arbeitsanzug« geprägt, der aus nicht brennbarem Material gefertigt ist; er besteht aus einer hüftlangen Jacke, die vorn durch einen Reißverschluß geschlossen wird, und einer Hose und besitzt an vielen Stellen aufgenähte, mit Klettband oder Reißverschluß versehene Taschen, in denen die Astronauten alle möglichen Utensilien verstauen können. Das marineblaue Baumwollhemd ist farblich abgestimmt und besitzt kurze Ärmel. Ein Hemd muß für jeweils drei Tage reichen, Unterwäsche und Strümpfe können täglich gewechselt werden.

Fertigmachen zur Landung

Gegen Ende der Mission beginnt das große Aufräumen an Bord. Bevor die Bremstriebwerke gezündet werden, müssen alle frei im Orbiter umherschwebenden Gegenstände eingesammelt und verstaut werden, da sie ansonsten leicht gefährlich werden könnten: Aufgrund ihrer Massenträgheit würden sie mit unveränderter Geschwindigkeit weitertreiben und entsprechend gegen die Kabinenwand oder einen der Astronauten prallen. Zwar ist die während des Bremsmanövers auftretende Verzögerung nicht sehr hoch (die Bremsbeschleunigung entspricht nur rund fünf Prozent der normalen Erdbeschleunigung), doch würde sie einen Stift, der vorn im Cockpit schwebt, mit der Geschwindigkeit eines schnellen Fußgängers gegen die rückwärtige Kabinenwand treiben.

Um den Astronauten ein ähnliches Schicksal zu ersparen, müssen diese etwa zwei Stunden vor dem eigentlichen Landezeitpunkt ihre Plätze im Cockpit und im Mitteldeck wieder einnehmen. Kommandant und Pilot beginnen dann mit den letzten Vorbereitungen für den Abstieg aus der Erdumlaufbahn: Die Systeme der Lagekontrolldüsen und der Bahnkorrektur-Triebwerke sowie der Hilfsstromaggregate müssen überprüft und das Landeprogramm in den Computer eingelesen werden, ehe das Kontrollzentrum in Houston rund eineinviertel Stunden vor dem Landezeitpunkt grünes Licht für den Beginn des Abstiegsmanövers gibt.

Der Raumtransporter wird nun so gedreht, daß er mit dem Heck vorausfliegt; nur so wirkt der Schub der Bremstriebwerke genau in Flugrichtung und sorgt entsprechend für die gewünschte Verzögerung. Dann werden die Hilfsstromaggregate angeworfen.

Wenn schließlich 60 Minuten vor dem eigentlichen Missionsende die Raketenmotoren zünden, verspüren die Astronauten erstmals seit dem Start wieder eine – wenn auch noch sehr schwache – »künstliche Schwerkraft«: Auch sie werden jetzt leicht gegen die Rückenlehnen ihrer Sitze gedrückt, allerdings eben nur mit rund fünf Prozent der normalen Erdschwere.

Zwei bis drei Minuten später herrscht wieder Schwerelosigkeit an Bord. Die Bremstriebwerke sind abgeschaltet, und der Orbiter hat rund ein Prozent an Geschwindigkeit verloren. Damit ist das vorherige Kräftegleichgewicht zwischen Erdanziehung und Fliehkraft aufgehoben, das den Raumtransporter in der nahezu kreisförmigen Bahn um die Erde gehalten hat: Jetzt gewinnt die Schwerkraft der Erde geringfügig die Oberhand und zieht das Raumschiff allmählich nach unten. Ohne die spätere zusätzliche Abbremsung der Erdatmosphäre würde sich das Space Shuttle nun der Erdoberfläche bis auf 22 Kilometer nähern und dann auf dieser elliptischen Bahn zwischen 322 und 22 Kilometer Höhe verbleiben.

Nach einem Abstieg von 200 Kilometern, rund 120 Kilometer über Grund, macht sich jedoch die Bremswirkung der irdischen Lufthülle zunehmend bemerkbar. Bis dahin muß der Orbiter wieder mit der Nase in Flugrichtung zeigen und einen Anstellwinkel zwischen 28 und 38 Grad haben – nur so wird das Raumfahrzeug in dem erforderlichen Maße weiter abgebremst und gleichzeitig durch das Hitzeschutzsystem vor dem Verglühen bewahrt. Diese Höhe wird rund eine halbe Stunde vor dem Aufsetzen auf der Landebahn erreicht.

Fünf Minuten später hat sich die Unterseite des Orbiter so weit aufgeheizt, daß nunmehr die umgebende Luft von der Hitze ionisiert wird. Dabei werden elektrisch geladene Teilchen freigesetzt, die für die Funkverbindung eine Art undurchdringliche Mauer darstellen, so daß der Kontakt zwischen Besatzung und Bodenstation für eine knappe Viertelstunde unterbrochen ist.

Die stärkste thermische Belastung tritt bei einer Höhe von etwa 70 Kilometern auf, wenn die Temperaturen an der Spitze und den Flügelkanten auf über 1500 °C ansteigen. Zur gleichen Zeit erleben die Astronauten eine Verzögerung, die sie mit einer zusätzlichen Last vom Anderthalbfachen ihres Körpergewichtes in die Anschnallgurte preßt. Wenig später beginnt eine Serie von besonderen Flugmanövern, die eine weitere Abbremsung bewirken sollen: Der Orbiter fliegt mehrere langgestreckte S-Kurven. Nach dem ersten Schlenker ist die Geschwindigkeit auf ca. 13 000 Kilometer pro Stunde abgesunken – und dann, in einer Höhe von etwa 55 Kilometer, kommt der Funkkontakt mit Houston wieder zustande. Nur noch rund zwölf Minuten bis zur Landung, doch der Orbiter ist immer noch knapp 900 Kilometer vom Landeplatz entfernt.

Nach einer letzten S-Kurve beginnt sechseinhalb Minuten später, in einer Höhe von 25 Kilometern und einer Distanz von knapp 100 Kilometer zum Zielpunkt, der Landeanflug; die Geschwindigkeit beträgt jetzt noch rund 2700 km/h! Längst hat der Bordcomputer die optimale Route samt Sinkgeschwindigkeit errechnet, die das zurückkehrende Shuttle sicher bis zur Piste leitet. An die so vorgezeichnete Flugbahn muß sich der Pilot so genau wie möglich halten: Da der Orbiter während der Landephase über keinerlei Triebwerksleistung verfügt, kann der Pilot bei einem zu raschen Höhenverlust nicht noch einmal kurz die Schubleistung steigern, um die Sinkgeschwindigkeit zu verringern. Je nach Anflugrichtung muß noch eine letzte Kurve geflogen werden; sie verläuft entlang dem Umfang eines imaginären Kreises von 5,5 Kilometer Durchmesser in einem Abstand von rund elf Kilometern zum Aufsetzpunkt; diesen Kreisumfang steuert das TAEM genannte Computerprogramm (für Terminal-Area Energy Management, Programm zur opti-

malen Geschwindigkeitsausnutzung) an. Am Ausgang der Kurve befindet sich das Shuttle noch 4000 Meter hoch und ist immer noch knapp 700 km/h schnell.

Jetzt zeigt das Autolandesystem die weiteren Flugparameter an. Unter einem Winkel von 22 Grad »fällt« der Orbiter buchstäblich vom Himmel (Verkehrsflugzeuge landen normalerweise auf einer etwa drei bis vier Grad gegen die Horizontale geneigten Flugbahn). Erst einen Kilometer vor der Piste, in einer Höhe von 40 Metern, zieht der Pilot die Shuttle-Nase hoch und verringert den Anflugwinkel auf 1,5 Grad. Unmittelbar danach, nur noch 27 Meter über dem Boden, öffnen sich die Fahrwerksklappen, und dann schwebt das Raumfahrzeug über der Landebahn ein. Schließlich setzt es mit einer Geschwindigkeit von knapp 350 Kilometer pro Stunde auf und rollt aus.

Ehe die Astronauten das Shuttle verlassen können, müssen noch die Hilfsstromaggregate sowie die Systeme für die Lagekontroll- und die Bahnkorrekturtriebwerke abgeschaltet werden. Unterdessen wird die Ausstiegstreppe herangeholt, beginnen Spezialisten mit einer ersten Inspektion des Raumtransporters. Dann, knapp 30 Minuten nach dem Aufsetzen, wird die Luke geöffnet, und die Crew steigt aus. Vielleicht noch etwas wackelig auf den Beinen, klettern die Astronauten die »Gangway« hinab – die Erde hat sie wieder.

Punktlandung aus 270 km Höhe *Erleichterung nach dem Jungfernflug der Columbia: Wie eine Spinne im Netz steht der Raumtransporter im Kreuz der Markierungslinien, die auf den ausgetrockneten Salzseen von Edwards Air Force Base die einzelnen Runways ausweisen.*

DAS SPACELAB-HANDBUCH

Der »Blick« eines Graphikers in das europäische Raumlabor während des Jungfernfluges SL1 im November/Dezember 1983. Bei dieser Mission wurden Experimente aus neun verschiedenen Wissenschaftsdisziplinen durchgeführt; sie waren zum Teil im Druckmodul, zum Teil auf der offenen Palette untergebracht.

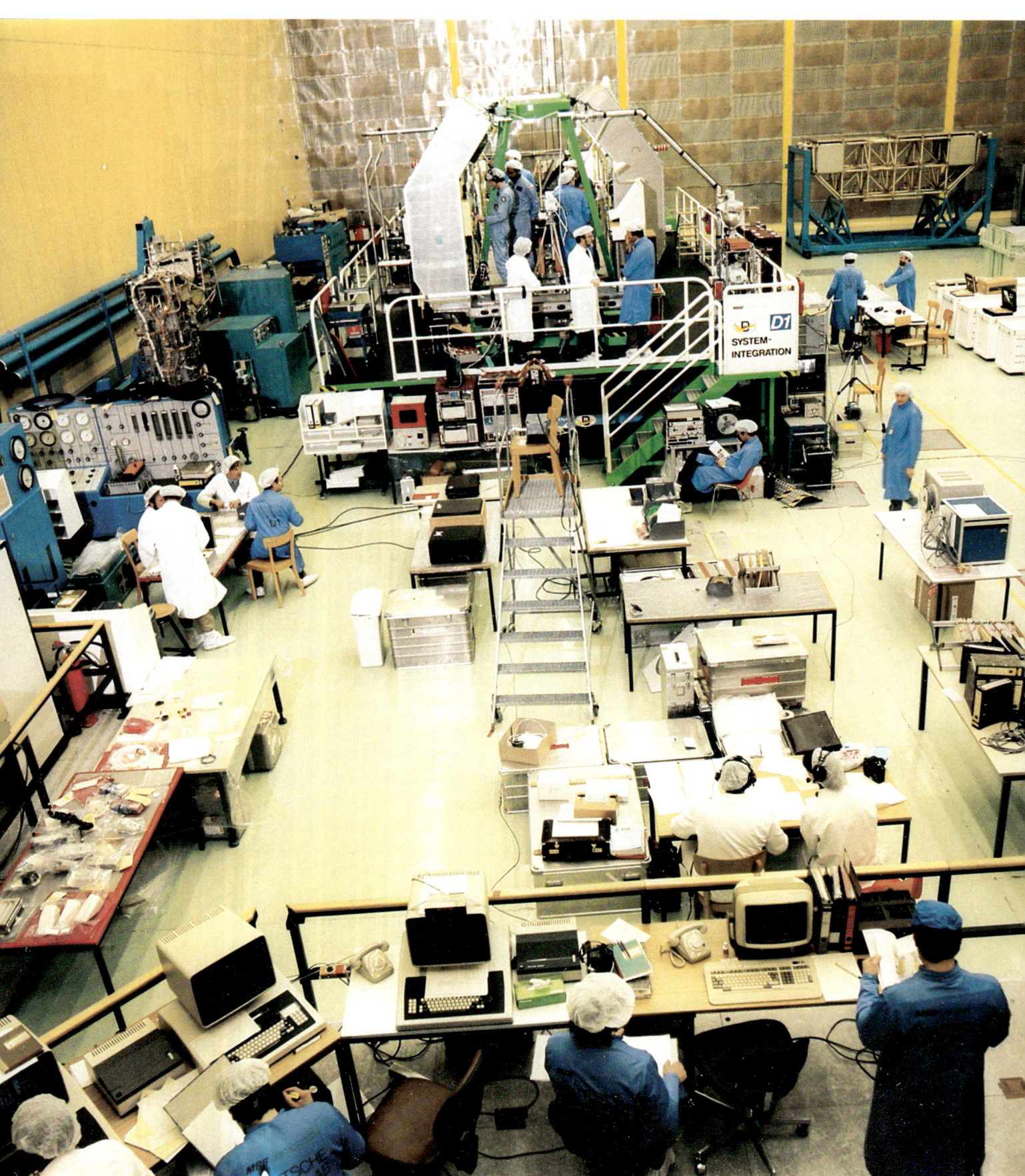

Ein Raumlabor für viele Zwecke

HERMANN-MICHAEL HAHN

»Das Spacelab hat die Aufgabe, einer Vielzahl von Experimentatoren aus unterschiedlichen Wissenschaftsbereichen und verschiedenen Nationen den Zugang zum Weltraum zu erschließen.«
Aus: Spacelab Users Guide – A short introduction to Spacelab and its use. Herausgegeben von der ESA 1976.

Proben für den »Ernstfall«

Wissenschaftsastronauten und Missionsspezialisten proben Missionsabläufe unter Flugbedingungen in der Integrationshalle bei MBB-ERNO in Bremen.

Der verschlafene Einstieg

Als das europäische Weltraumlabor Spacelab im Spätherbst 1983 endlich zum ersten Mal von dem amerikanischen Raumtransporter in eine Erdumlaufbahn getragen wurde, begann eine neue Phase der Nutzung jener Möglichkeiten, die uns die bemannte Weltraumfahrt bietet. Doch obwohl die bundesdeutsche Raumfahrtindustrie an der Entwicklung und dem Bau des Spacelab entscheidenden Anteil hatte, obwohl noch darüber hinaus mit Ulf Merbold ein Bundesbürger als erster »Gast« in einem amerikanischen Raumschiff mitflog, fand dieser Jungfernflug in den elektronischen Medien bei uns kaum jene Beachtung, die diesem Ereignis angemessen gewesen wäre. Zwar hatte es bereits ein Jahrzehnt zuvor wissenschaftliche Experimente an Bord des Himmelslabors Skylab gegeben, hatten vor allem auch die sowjetischen Kosmonauten bei ihren Langzeitflügen in den Saljut-Raumstationen Versuche mit und in der Schwerelosigkeit angestellt, doch noch nie zuvor war ein so komplexes wissenschaftlich-technisches Labor in den Erdorbit gebracht worden, das eine solche Vielfalt von Messungen und Beobachtungen erlaubte wie das Spacelab, hatte man mit einer derart geballten Ladung an Spitzentechnologie den ungewohnten Begleiterscheinungen der Mikrogravitation zu Leibe rücken können. Gewiß, es fehlte vielleicht jene »Sternstunden-Atmosphäre«, die viele Fernsehzuschauer während der Übertragung der ersten Landung auf dem Mond packte. Aber beruhte die Faszination jener Nacht vom 20. auf den 21. Juli 1969 nicht vor allem auf der »Abenteurer-und-Eroberer-Mentalität«, die in einem jeden von uns steckt, während mit Spacelab zum ersten Mal Forschung für eine wirkliche Nutzanwendung der Raumfahrt betrieben werden konnte? Hatte dieser Einstieg Europas und der Bundesrepublik Deutschland in das Zeitalter der Weltraumnutzung nicht mindestens ebensoviel zukunftsträchtige Bedeutung wie der Ausstieg amerikanischer Astronauten auf dem Mond? Wer sich von den Anwendungen heutiger Grundlagenforschungen eine Lösung der Probleme erhofft, die uns in den kommenden Jahren und Jahrzehnten ins Haus stehen – und wie anders sollte man sie lösen können als mit den modernsten Mitteln von Forschung und Technik –, der sollte sich einer umfassenden Information über die Methoden solcherlei Arbeiten nicht verschließen.

Inbetriebnahme des Raumlabors

Wenn der Start der D1-Mission wie vorgesehen pünktlich erfolgt, werden die Fernsehzuschauer voraussichtlich noch am gleichen Abend auf ihren Fernsehschirmen verfolgen können, wie die Astronauten aus dem Raumtransporter in das Spacelab hinüberschweben und dort mit ihren Arbeiten beginnen. Etwa zwei Stunden nach dem Start werden die beiden Missionsspezialisten die Betriebssysteme des Spacelab starten, »aktivieren«, und damit die Voraussetzung für den »Spacelab-Ingress« schaffen, der frühestens drei Stunden später erfolgen kann. Für den Zugang vom Space Shuttle zum Raumlabor sorgt ein 5,75 Meter langer Verbindungstunnel, der die Austrittsschleuse des Raumtransporters mit dem »Eingang« des Labors verbindet; die lichte Weite, die an keiner Stelle einen Meter unterschreitet, erlaubt auch eine Begegnung von zwei Astronauten. Da dieser Tunnel gleichzeitig den »Ausgang« des

Raumtransporters in den freien Weltraum blockiert, erhielt er einen zusätzlichen Schleusenstutzen, der senkrecht nach oben abführt.

Die zylindrische Druckkabine hat einen Durchmesser von 4,06 Metern und ist im Falle von D1 aus zwei Segmenten von je 2,7 Metern Länge zusammengefügt. Die Modulbauweise erlaubt aber auch den Einsatz von nur einem einzigen Segment, das dann durch ein konisch zulaufendes Endstück von 0,78 Meter Länge abgeschlossen werden kann. Die »Standardversion«, die auch bei D1 genutzt wird, erreicht so eine Länge von knapp sieben Meter. Die Röhre wird aus 1,3 Millimeter starken Aluminiumblechen geformt, die eine integrierte Kreuzversteifung durch 3,5 Millimeter dicke »Träger« aufweisen.

Jedes Modul verfügt in der »Decke« über eine Öffnung von 1,3 Meter Durchmesser, die für verschiedene Zwecke genutzt werden kann. Zum einen läßt sich hier ein »optisches Fenster« aus hochwertigem Glas montieren, das Fotografien der Erde aus der Spacelab-Druckkabine ermöglicht. Man kann dort aber auch eine Schleusenöffnung anbringen, durch die spezielle Experimentgeräte aus der Druckkabine heraus in den freien Weltraum geschoben werden können. Beide Einsatzmöglichkeiten wurden bei der Spacelab 1-Mission im Spätherbst 1983 demonstriert.

Zur besseren Wärmedämmung sowie zum Schutz vor kleineren Meteoriten-Einschlägen ist die Außenhaut des Spacelab von einer Isolierhülle umgeben, die 19 beidseitig goldbedampfte Kaptonfolien und 20 netzähnliche Trennlagen aus Dracon enthält und nach außen von einem teflonbeschichteten Gewebe abgeschlossen wird.

Fest in die Röhre installiert sind lediglich die Trägerstrukturen für den Fußboden sowie zwei Gerüste zur Aufnahme von Geräten im »Deckenbereich«.

Alle übrigen Einrichtungen können außerhalb der Hülle zusammengefügt und in die Röhre hineingerollt werden: Das Lebenserhaltungssystem unterhalb des Fußbodens ebenso wie die Regalschränke mit den kompletten Experimentiergeräten und den notwendigen Versorgungssystemen für Energie, Kühlung und Datenverarbeitung. In der Mitte bleibt ein rund 2,10 Meter breiter und 2,40 Meter hoher »Gang« frei, der Arbeitsbereich der Wissenschaftsastronauten und Missionsspezialisten, der sich oberhalb von 1,80 Meter Höhe jedoch allmählich auf 1,16 Meter Breite verengt. Zur besseren Ausnutzung des »Stauraumes« besitzen die Einbauschränke oben eine leicht nach innen abgeknickte Form.

Strom aus dem Shuttle

Das Energieverteilungssystem (Electrical Power Distribution Subsystem, EPDS) ist zusammen mit dem Lebenserhaltungssystem, der »Klimaanlage« des Raumlabors (Environmental Control Subsystem, ECS) unter dem Fußboden des Kernsegmentes verstaut. Bereitgestellt wird die erforderliche elektrische Energie von den Brennstoffzellen des Shuttle-Orbiters in Form von 28 Volt Gleichstrom bei einer Dauerleistung von sieben Kilowatt. Kurzzeitig sind auch Spitzenleistungen von zwölf Kilowatt möglich, sofern sie eine Gesamtdauer von 15 Minuten über einen Zeitraum von drei Stunden nicht überschreiten.

Innerhalb des EPDS wandelt ein Konverter diesen Gleichstrom in 115/200 Volt Wechselstrom mit einer Frequenz von 400 Hertz um, der dann zum Betrieb der Spacelab-Einrichtungen genutzt wird. Am Eingang zum Raumlabor könnte ein Schild hängen mit der Aufschrift »Die Klimaanlage dieses Raumes ist für einen Daueraufenthalt von zweieinsechstel Personen bestimmt!« Natürlich können vorübergehend auch mehr als zwei Personen im Spacelab arbeiten, sofern die Zahl der »Mannstunden« 52 pro Tag nicht überschreiten. In der Kabi-

Schiebeschränke

Die Modulbauweise des Spacelab erlaubt auch eine flexible Gestaltung der wissenschaftlichen Nutzlast, die in diesen Regalschränken montiert werden; die Integration der D1-Nutzlast erfolgte bei MBB-ERNO in Bremen.

ne herrscht ebenso wie im Shuttle Normaldruck von 1013 Hektopascal, wobei der Sauerstoffanteil automatisch auf knapp 22 Prozent gehalten wird – Voraussetzung für den Aufenthalt ohne Druckanzüge. Ein Ventilator unter dem Kabinenboden saugt die Luft durch acht Öffnungen im Fußboden an und leitet sie zunächst durch ein Kohlendioxid-Filter, das auf Lithium-Hydroxid-Basis arbeitet. Nachgeschaltete Aktivkohlefilter halten weitere unerwünschte Spurengase und Duftstoffe zurück. Danach wird die Luft durch einen aus dem Kühlwasserkreislauf des Spacelab betriebenen Wärmetauscher unter den Taupunkt abgekühlt, so daß sich die überschüssige Feuchte niederschlägt und abgeschieden werden kann.

Die Klimaanlage als »Suchhilfe«

Die regenerierte Luft strömt dann aus sechs Öffnungen am »Kopfende« der Experimentierschränke wieder in den Arbeitsbereich zurück. Die dabei entstehende Luftbewegung erreicht Strömungsgeschwindigkeiten zwischen acht und 20 Zentimeter pro Sekunde. Das ist wenig genug, um die Astronauten nicht bei ihrer Arbeit zu stören, aber auch stark genug, um herumfliegende leichtere Gegenstände auf Dauer an die Ansaugöffnungen im Boden zu treiben. Die Besatzung von Spacelab 1 machte sich diese Luftströmung zunutze, um verlorengegangene Ausrüstungsstücke »wiederzufinden«: Man brauchte nur genügend lange zu warten und dann die Gitter vor den Ansaugöffnungen abzusuchen.

Der verbrauchte Sauerstoff wird aus dem Vorrat des Shuttle ersetzt, während Stickstoff-Leckagen aus einem Hochdrucktank aufgefüllt werden, der außen vor dem Front-Endkonus montiert ist.

Die Lufttemperatur kann auf Werte zwischen 18 und 27 Grad Celsius eingestellt werden, die relative Luftfeuchte zwischen 30 und 70 Prozent. Überschüssige Wärme aus der Kabinenabluft und dem Kühlkreislauf für die Experimente wird über Wärmetauscher an das Kühlsystem des Shuttle-Orbiters weitergeleitet, das diese über Radiatoren an den umgebenden Weltraum abstrahlt. In die Experimentierschränke eingebaut ist ein automatisches Feuerlöschsystem auf Löschschaum-Basis, das vom Raumlabor und vom Orbiter aus aktiviert werden kann; in jedem Fall müssen zwei voneinander unabhängige Startbefehle gegeben werden, um die Gefahr eines versehentlichen Einschaltens so gering wie möglich zu halten. Darüber hinaus können die Astronauten lokale Feuer mit Handfeuerlöschern bekämpfen, deren Auslaßöffnung auf entsprechende Stutzen an der Frontseite der einzelnen Regalschränke paßt. Schließlich kann man durch Absenkung des Kabinendrucks und damit der verfügbaren Sauerstoffmenge im Raumlabor ein Feuer binnen fünf Minuten buchstäblich ersticken.

Die gesamte Datenübermittlung und Kommunikation zwischen dem Spacelab und den Bodenstationen läuft über die entsprechenden Systeme des Shuttle-Orbiters. Zur Steuerung der Experimente verfügt das Raumlabor über ein Datenverarbeitungssystem mit maximal drei Bildschirmen und dazugehörigen Eingabe-Tastaturen sowie einem Massenspeicher für Programme und Daten. Hinzu kommen ein oder zwei Arbeitsrechner mit Eingabe-/Ausgabe-Stationen, bis zu 21 interne Datenaufnahmestellen an den verschiedenen Experimenten, ein Hochleistungsrecorder für Aufnahmeraten von bis zu 32 Megabit pro Sekunde und einen Hochleistungs-Multiplexer, der die Daten zur Übermittlung über das TDRS-System aufbereitet.

Die »Terrasse« des Raumlabors

Die u-förmigen Paletten sind jeweils 2,9 Meter lang und besitzen eine »Außenbreite« von 4,35 Meter. Durch die U-Form passen sie sich der Rundung der Space-Shuttle-Ladebucht an und stellen gleichzeitig eine möglichst große Montagefläche bereit. Die Struktur aus fünf Aluminiumträgern ist innen und außen von je 24 Sandwichplatten »verkleidet«, unter denen die gesamte Verkabelung und das Kühlsystem Platz finden. So bleibt der »Laderaum« von mehr als 15 Kubikmeter – gemessen bis zur Oberkante der Palette, die jedoch von den Aufbauten durchaus überschritten werden darf – für die Nutzlasten frei. Jede einzelne Sandwichplatte vermag am Erdboden und während der Startphase eine Belastung von 50 Kilogramm pro Quadratmeter zu tragen. Schwerere Lasten können an insgesamt 24 Trägerpunkten aus verchromtem Titan aufgehängt werden.

Angenehmes Betriebsklima

Das Lebenserhaltungssystem, die »Klimaanlage« des Raumlabors unter dem Spacelab-Fußboden, sorgt für wohltemperierte Frischluft mit erträglicher Luftfeuchte; die von Dornier-System entwickelte Anlage ermöglicht ein Arbeiten der Astronauten unter irdischen Umweltbedingungen.

Fertig zur Auslieferung

Der amerikanische Auftrag für den Bau des ersten Spacelab umfaßte zwei „Kernsegmente" und insgesamt fünf Paletten. Die einzelnen Elemente wurden ohne Ein- und Aufbauten abgeliefert, da die jeweiligen Nutzlasten für jede Mission gesondert montiert werden müssen.

Da bei reinen Paletten-Missionen das Datenverarbeitungssystem der Spacelab-Kabine fehlt, mußte ein gesonderter Behälter entwickelt werden, der den Anlagen die gewohnte Spacelab-Umgebung (Normaldruck und »Zimmertemperatur«) bereitstellt. Dieser sogenannte Iglu hat eine zylindrische Form mit einem Durchmesser von einem Meter und einer Höhe von 1,5 Meter; er kann seitlich an jede Palette montiert werden.

Experimente für die D1-Mission

Die Aufforderung, Experimente für einen ersten deutschen Spacelab-Flug vorzuschlagen, erging bereits Ende der siebziger Jahre an Forschung und Industrie. Aus den zahlreichen Anregungen wurden schließlich etwa 70 Versuche ausgewählt, die sich zu einer einheitlichen Mission mit den Schwerpunkten Materialwissenschaften und Life Science gruppieren ließen. Zum Teil handelt es sich dabei um die Fortführung von Experimenten, die bereits bei der ersten Spacelab 1-Mission im Herbst 1983 durchgeführt wurden, doch gibt es auch eine Vielzahl von neuen Fragestellungen, die bei dem D1-Flug beantwortet werden sollen.

Insgesamt 64 Experimentatoren aus dem In- und Ausland erhielten den Zuschlag für D1. Zur Durchführung ihrer Experimentvorschläge mußte eine maßgeschneiderte Laboreinrichtung in das europäische Spacelab integriert werden – eine Arbeit, die von MBB-ERNO in Bremen übernommen wurde.

»Raumerprobt« ist das Werkstofflabor (WL), das diesmal auf der – vom Transfertunnel aus gesehen – linken Seite des Spacelab gleich neben dem Hauptkontrollschrank und dem sogenannten Systemrack, aber schon im hinteren Spacelab-Segment, zu finden ist. Es wird wie schon bei Spacelab 1 für Experimente aus den Bereichen Metallurgie, Kristallzucht, Flüssigkeitsphysik und Gläser/Keramik genutzt.

Das Werkstofflabor enthält eine isothermale Heizanlage (Isothermal Heating Facility, IHF), in der man Materialproben vollständig bis zu einer Temperatur von 1600 °C erhitzen kann. Die dabei entstehenden Schmelzen werden anschließend möglichst gleichmäßig abgekühlt, um temperaturbedingte Effekte bei der Erstarrung so genau wie möglich erforschen zu können. Insgesamt werden in diesem Isothermalofen sieben Experimente vorgenommen.

Auch die aus dem französischen Raumfahrtprogramm stammende Gradientenheizanlage (Gradient Heating Facility, GHF) dient zur Untersuchung von Erstarrungsvorgängen in Materialschmelzen, doch sorgt sie für Temperaturunterschiede zwischen einzelnen Bereichen der Schmelze. Dadurch wird eine genaue Analyse jener Prozesse möglich, die durch solche Temperaturschwankungen innerhalb einer Schmelze ausgelöst werden. Der Gradientenofen wird von sechs französischen Experimentatoren genutzt.

Besonders für Kristallzuchtversuche ist die Spiegelheizanlage (Mirror Heating Facility; MHF) geeignet, in der jeweils nur ein kleiner Bereich der Materialprobe aufgeschmolzen wird. Da sich das Probengefäß durch diesen »Brennpunkt« hindurchbewegen kann, erstarrt das geschmolzene Material unmittelbar anschließend wieder, können Kristalle »aus der Schmelze gezogen« werden. Vier Experimentatoren nutzen diese Spiegelheizanlage im Spacelab.

Von der ESA wurde das sogenannte Fluid Physics Module (FPM) entwickelt, ein Gerät, das Versuche mit Flüssigkeiten erlaubt. Hier kann man zum Beispiel die Kräfte registrieren, die zwischen den Molekülen einer Flüssigkeit wirken und die am Erdboden von der normalen Schwerkraft überlagert werden. Auch das FPM wird für sieben verschiedene Meßreihen eingesetzt.

Darüber hinaus enthält das Werkstofflabor noch zwei Einzelanlagen, die für jeweils ein Experiment angeworfen werden: Den Hochtemperatur-Thermostaten (HTT) und einen Cryostaten (CRY).

Neben dem Werkstofflabor steht die Prozeßkammer (PK). Ähnlich wie das Werkstofflabor dient auch sie zur Bestimmung von materialabhängigen Kenngrößen. Die holographische Diagnose-Einheit (HOLOP) erlaubt es, versuchsbedingte Dichteschwankungen in einem Flüssigkeitsgemisch durch optische Beugungserscheinungen von Laserstrahlen »sichtbar« zu machen, eine Methode, die bei vier Experimenten eingesetzt werden soll. Die beiden übrigen Geräte der Prozeßkammer sind auf jeweils ein einziges Experiment ausgerichtet.

Im Mittelbereich auf der rechten Seite bietet ein Geräteschrank ausreichend Stauraum für Materialproben und Experimentierzubehör, das für andere Versuche benötigt wird. Daran schließt sich nach vorne das Biorack (BR) an, das eine Kühlkammer mit integriertem Tiefkühlfach enthält sowie zwei Brutkammern, in denen verschiedene Temperaturen herrschen. In einer hermetisch von der Umwelt abgeschlossenen Hantierkammer können die Astronauten durch von außen zugängliche Handschuhe Proben aus ihren Behältern entnehmen und zum Beispiel unter das mitgeführte Mikroskop legen. Im Biorack, das von der ESA entwickelt wurde, sollen gleich 13 Experimente aus dem biomedizinischen Bereich abgewickelt werden.

Zwischen Biorack und dem vorderen rechten Systemschrank findet noch das Nutzlastelement MEDEA (für Materialwissenschaftliche Experimente Doppelrack für Experimentalmodul und Anlagen) Platz, das wiederum Versuchen aus der Materialkunde dient. Es umfaßt einen Hochpräzisions-Thermostaten (HPT), der für ein einziges Experiment entwickelt wurde, einen Gradientenofen mit Abschreckeinrichtung (GFQ), in dem zwei Versuchs-

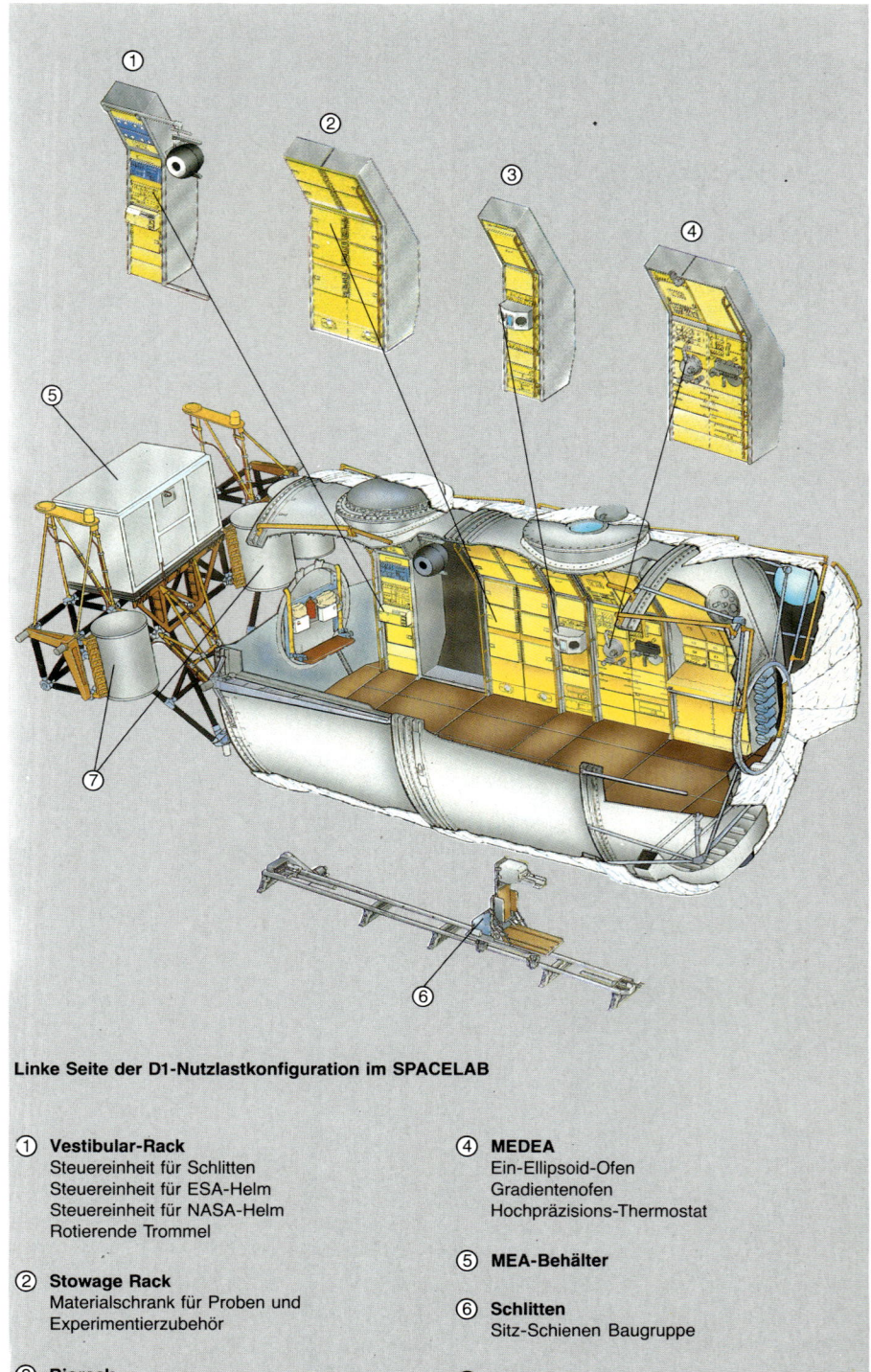

Linke Seite der D1-Nutzlastkonfiguration im SPACELAB

① **Vestibular-Rack**
Steuereinheit für Schlitten
Steuereinheit für ESA-Helm
Steuereinheit für NASA-Helm
Rotierende Trommel

② **Stowage Rack**
Materialschrank für Proben und Experimentierzubehör

③ **Biorack**
Gefrier-Kühleinrichtung
Inkubator Typ A und B
Handhabungskammer

④ **MEDEA**
Ein-Ellipsoid-Ofen
Gradientenofen
Hochpräzisions-Thermostat

⑤ **MEA-Behälter**

⑥ **Schlitten**
Sitz-Schienen Baugruppe

⑦ **NAVEX**
Navigations-Experimentierpaket

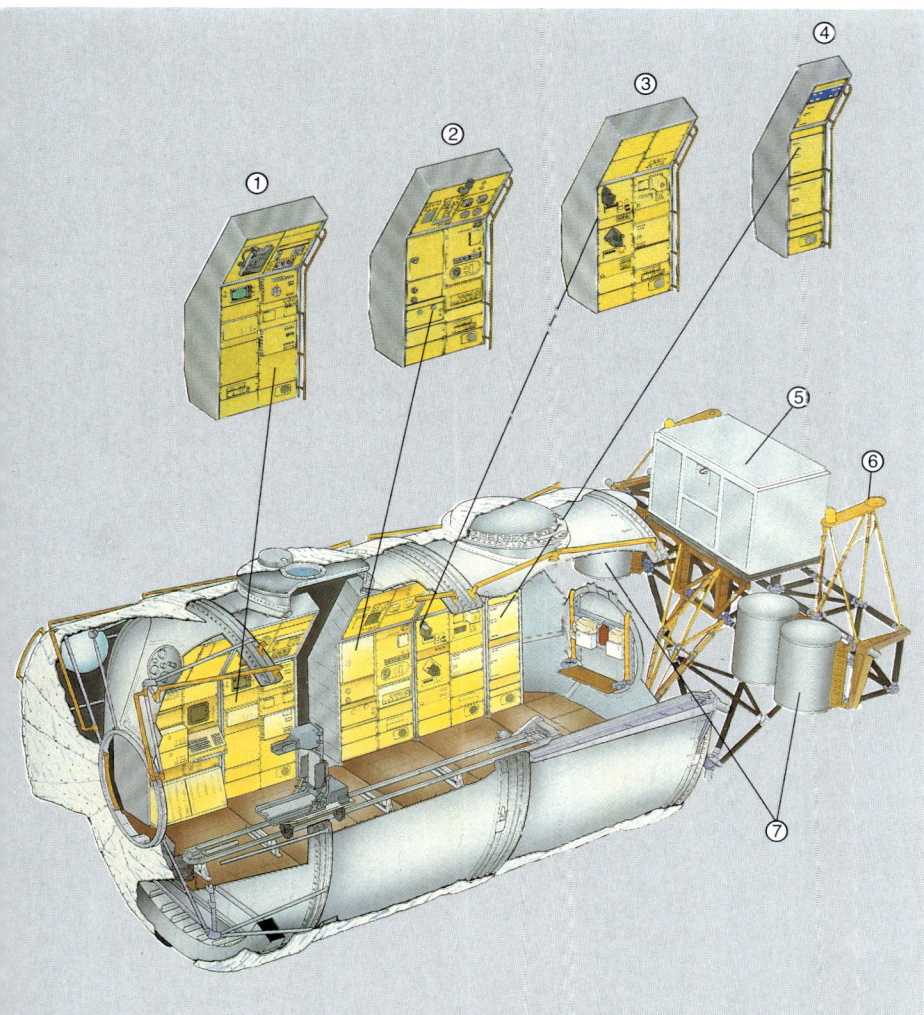

Rechte Seite der D1-Nutzlastkonfiguration im SPACELAB

① **Sytem-Rack**
Videogeräte
Temperaturkammer Botex
Temperaturkammer Statex
Kühlwasserversorgung

② **Werkstofflabor**
Spiegelofen
Cryostat
Gradientenofen
Flüssigkeits-Physik Modul
Isothermale Heizanlage
Hochtemperatur-Thermostat

③ **Prozeßkammer**
Holografische Interferometrie-Anlage
Interdiffusion in Salzlösung
Marangoni Konvektion Boot

④ **Vestibular-Schlitten**
Materia schrank

⑤ **MEA**
Materialwissenschaftliches
Experimentpaket

⑥ **Antennen-Podest**

⑦ **NAVEX**
Navigations-Experimentpaket

Orientierungsplan D1

Die D1-Nutzlast enthält neben dem System-Rack und dem Materialschrank insgesamt drei Geräteschränke für Werkstoff-Experimente unter Schwerelosigkeit, einen Geräteschrank für biologische Experimente, den Vestibularschlitten samt Material- und Steuerschrank sowie auf der Plattform NAVEX und automatische materialwissenschaftliche Versuche.

serien gefahren werden, und den Einellipsoidspiegelofen ELLI für insgesamt vier Versuche zur Kristallzüchtung und zur Erstarrung bestimmter Legierungen. Schließlich sind noch einige Geräte für biowissenschaftliche Experimente im Systemrack neben dem Werkstofflabor auf der linken Seite des Spacelab untergebracht. Dazu gehören zwei Temperaturkammern, die für drei botanische Experimente (BOTEX) und ein biologisches Experiment (STATEX) genutzt werden, sowie die Gerätschaften zur Messung des Augeninnendrucks und des zentralen Venendrucks.

Mitten im Gang würden die Astronauten ständig über den Schienenstrang des Vestibularschlittens stolpern, wenn sie nicht in der Schwerelosigkeit mit Leichtigkeit darüber hinwegschweben könnten. Auf dieser Doppelschiene kann der Schlittensitz über ein Zugseil von einem Elektromotor mit einstellbarer Beschleunigung hin und her gefahren werden. Zusätzlich zu dieser ständig sich verändernden reellen Bewegung wird den Astronauten über einen speziellen Helm mit eingebautem Bildschirm ein bewegtes Streifenmuster vorgeführt, zum Teil auch in das eine Ohr warme, in das andere kalte Luft geblasen, um so die Einflüsse verschiedener Informationsquellen für die »Lagebeurteilung« im Gehirn gegeneinander abgrenzen zu können. Damit sich dabei die Abhängigkeit von der jeweiligen »Raumrichtung« (oben/unten, vorwärts/rückwärts, rechts/links) getrennt ermitteln läßt, kann der Schlittensitz in drei verschiedenen Positionen auf die Schienen montiert werden, so daß der Astronaut entweder in Bewegungsrichtung oder quer dazu sitzt beziehungsweise in einer Liegeposition auf den Sitz geschnallt wird (in diesem Fall entspricht die Vorwärtsbewegung des Schlittens einer »Aufwärtsbewegung« des Körpers). Mit diesem Schlitten werden zwei recht umfangreiche Versuchsserien durchgeführt. Die erforderlichen

Einzelteile wie Schlittensitz und Helm sind in einem Materialschrank hinten links verstaut.

Ihm gegenüber, also »hinten rechts«, steht das »Steuerpult« für die Versuche mit dem Vestibularschlitten. Von hier aus wird außerdem die rotierende Trommel eingeschaltet und reguliert, die in dem sich anschließenden freien Wandraum bis zum Biorack montiert ist. Auch mit diesem »rotating dome« genannten Apparat will man die Reaktionen des Gleichgewichtsorgans sowie des menschlichen Gehirns auf den Zustand der Schwerelosigkeit untersuchen.

Hinter dem hermetisch abgeschlossenen Raumlabor sind zwei weitere Experiment-Pakete dem freien Weltraum ausgesetzt: Die Sende- und Empfangsanlagen sowie Antennen und Atomuhren für die Navigationsexperimente (NAVEX) und die Materials Experiment Assembly (MEA) der NASA, eine völlig autonome Anlage für Experimente aus den Werkstoffwissenschaften, in der drei Versuchsreihen ohne Beteiligung der Wissenschaftsastronauten ablaufen. Anders als beim ersten Spacelab-Flug stehen diese Apparaturen jedoch nicht auf einer Palette, sondern sind auf einer SPAS-Trägerstruktur montiert – ein solcher »Leichtbauträger« in Fachwerkbauweise ist schon mehrfach als Shuttle Payload Satellite eingesetzt worden.

Schließlich sind noch vier Experimente ohne direkte Nutzlastzuordnung vorgesehen, bei denen es um mögliche Anpassungen des Menschen an den ungewohnten Zustand der Schwerelosigkeit geht.

Dienst nach Vorschrift

Die Beteiligung der Wissenschaftsastronauten an den verschiedenen Experimenten reicht vom bloßen Ein- und Ausschalten über das Einsetzen und Austauschen von Materialproben bis hin zur versuchsentscheidenden »Handsteuerung« etwa durch Hinzugabe von Experimentierflüssigkeit. Etliche Untersuchungen aus dem Bereich der Life Science wären ohne die Beteiligung der Astronauten als Versuchsobjekte überhaupt nicht denkbar.

Natürlich können die Wissenschaftsastronauten nicht alle rund 70 Versuchsabläufe bis ins kleinste Detail präsent haben. Dennoch muß gewährleistet sein, daß zum jeweils richtigen Zeitpunkt die jeweils erforderlichen Handgriffe erledigt werden. Zu diesem Zweck »schleppen« die Astronauten im Raumlabor ständig ihre Arbeitsanleitungen, sogenannte procedures, mit sich herum, in denen minutiös die zeitliche Abfolge aller notwendigen Aktionen für jedes einzelne Experiment aufgelistet ist. Diese Prozeduren orientieren sich an der time-line, dem Stundenplan der Astronauten, der für die drei Nutzlastexperten einen regelmäßigen Zwölf-Stunden-Arbeitstag im Raumlabor vorsieht. Eine Astronautengewerkschaft, die für einen Acht-Stunden-Tag kämpfen würde, gibt es noch nicht!

Aber nicht nur die Arbeitszeit ist eingeteilt, sondern auch die übrige Zeit: Nach dem Wecken bleiben knapp anderthalb Stunden für die Morgentoilette und das Frühstück, ehe man durch den Spacelab Transfertunnel ins Raumlabor schwebt. Auf eine viertelstündige Übergabephase folgen 30 Minuten Einsatzplanung für die bevorstehende Schicht und dann gut elf Stunden Arbeit. Davon ist eine Stunde als Reservezeit vorgesehen, wird außerdem für die ersten beiden Tage mit einer nur 80prozentigen Einsatzfähigkeit der Astronauten als Folge der Raumkrankheit gerechnet. Wenn dann die Übergabe an die nächste Schicht abgeschlossen ist, bleiben noch knapp zweieinhalb Stunden für das Abendessen, einen Blick aus dem Fenster und die Abendtoilette, ehe die auf acht Stunden angesetzte Schlafperiode beginnen sollte.

Rechnet man zehn Stunden Arbeitszeit pro Wissenschaftsastronaut und

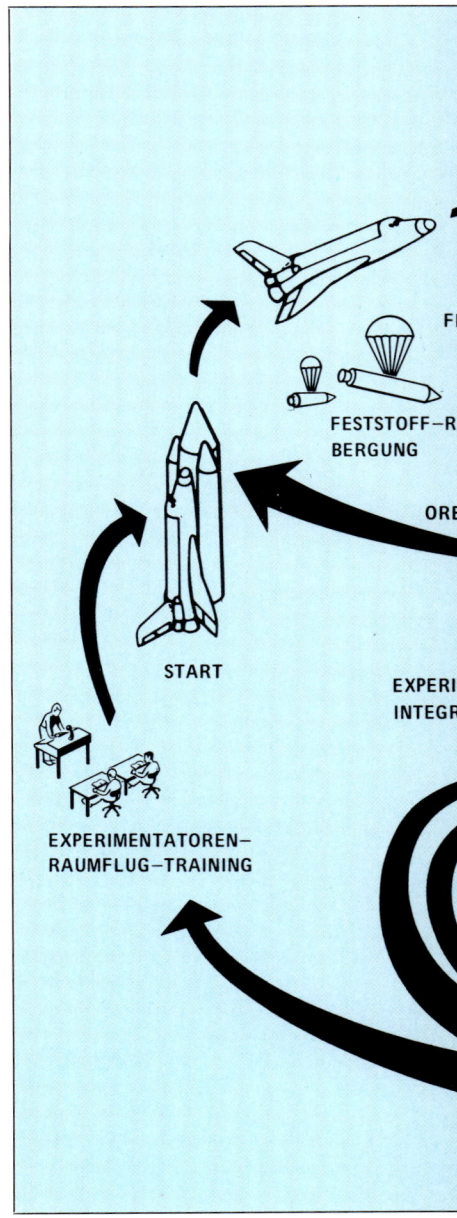

weitere acht Stunden für jeden der beiden Missionsspezialisten, so können während der D 1-Mission insgesamt etwa 250 »Mannstunden« verplant werden; dabei sind notwendige Pausen für Zwischenmahlzeiten und Toilettengänge bereits abgezogen.

Rückkehr zur Erde

Am siebten Flugtag, 169 Stunden nach dem Start, müssen die Arbeiten im Spacelab abgeschlossen, muß das Labor aufgeräumt, müssen alle verwendeten Zusatzteile

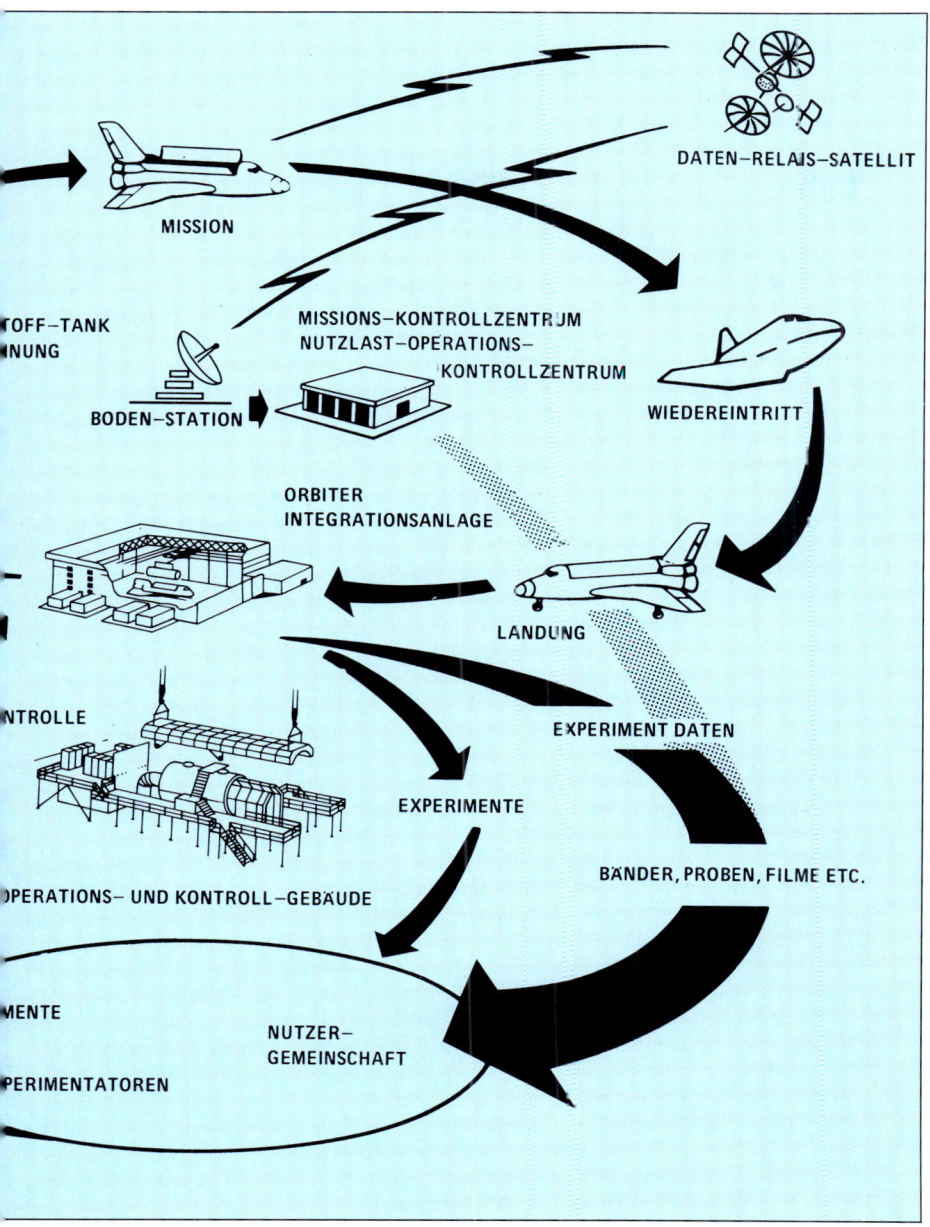

Missionsablauf

Die Grafik zeigt den Missionsablauf eines Space Shuttle-Fluges mit integrierter, wissenschaftlich betreuter Nutzlast wie z. B. Spacelab.

wieder sicher verstaut sein, denn dann beginnt die dreistündige Phase der »Spacelab Deactivation«, werden die Betriebssysteme des Raumlabors wieder abgeschaltet. Sollten schwerwiegendere Pannen einen zufriedenstellenden Abschluß der Experimente bis zu diesem Zeitpunkt verhindert haben, kann man über eine Verlängerung der Mission um ein bis zwei Tage nachdenken. Solcherlei Überstunden werden aber sicher nur dann bewilligt, wenn ihnen eine gewisse Aussicht auf den nachträglichen Erfolg zugesprochen werden kann.

Planmäßig soll die D1-Mission jedoch nach 109 Erdumkreisungen auf einem der ausgetrockneten Salzseen von Edwards Air Force Base in Kalifornien aufsetzen. Für die Wissenschaftsastronauten ist die Mission damit allerdings noch nicht beendet: Sie müssen nun noch die Untersuchungen über sich ergehen lassen, mit denen man die Wiederanpassung an die normale Erdschwere kontrollieren will.

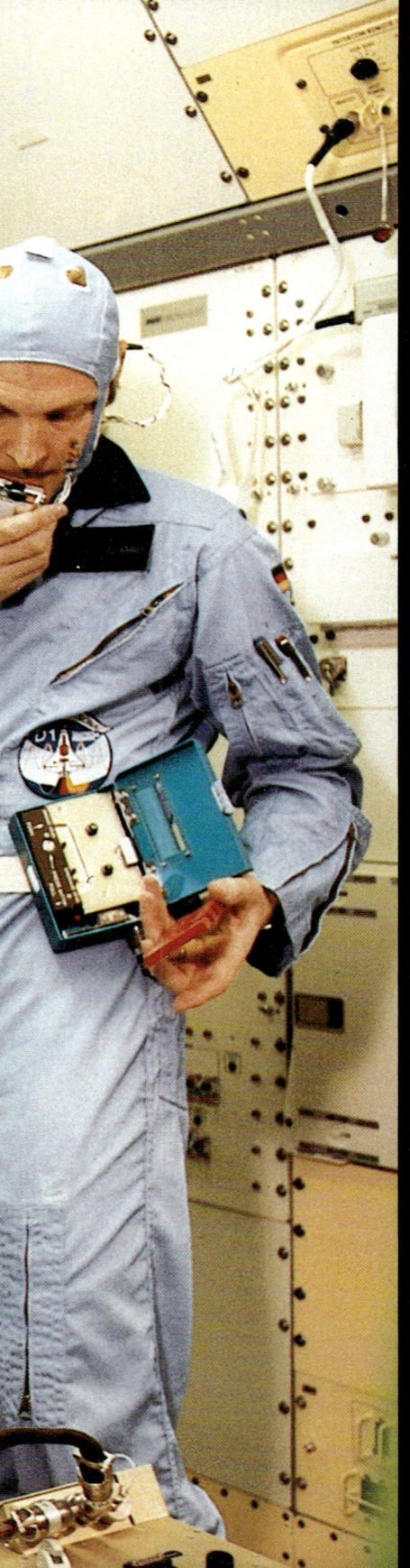

DER WELTRAUM ALS LABOR

An Originalgeräten, der sogenannten Flughardware, überprüfen Guion Bluford, Ulf Merbold und Ernst Messerschmid den Zeitplan für den Ablauf bestimmter Prozeduren; dieser »Mission Sequence Test« lief Ende März 1985 in Bremen.

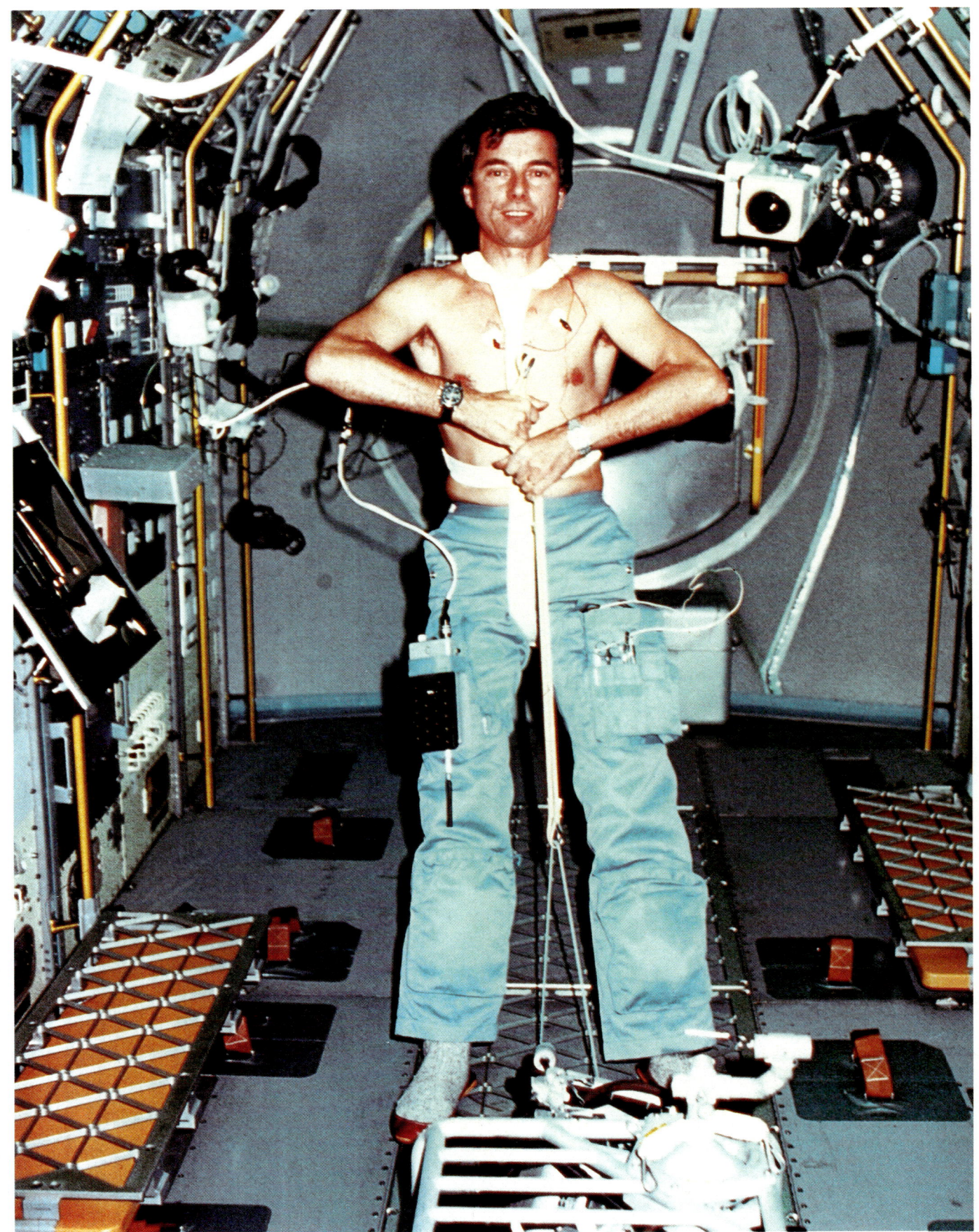

Life Science – Forschung für den Menschen

REINHARD FURRER

»Schwerelosigkeit, für Astronauten eine eigentümliche körperliche Erfahrung, zwingt auch Physiker und Ingenieure zum Umdenken: Bei der Vorbereitung und Unterstützung der Spacelab-Aktivitäten erkannten sie eine Vielzahl von Effekten, die unter irdischen Bedingungen weitgehend verdeckt sind.«
Prof. Dieter Langbein (Battelle-Institut, Frankfurt), Experimentator auf D1.

Zu Kopf gestiegen

Im Aussehen verändert wirkt Ulf Merbold während seines Raumfluges an Bord von Spacelab 1. Durch die fehlende Schwerkraft ist ihm die Körperflüssigkeit zu Kopfe gestiegen und hat ihm ein aufgedunsenes Gesicht, ein »puffy face«, verliehen.

Wörtlich übersetzt heißt Life Science »Lebenswissenschaft«. Das ist schlecht gesagt, wie meistens, wenn man Amerikanisches wörtlich übersetzt. Bleiben wir deshalb beim Original, und sagen auch wir »Life Science«.

»Life Science« suggeriert, daß es sich um den Teil der Wissenschaft handelt, der sich mit dem »Leben« auseinandersetzt. Doch Leben beginnt bereits bei den Einzellern, und die sind hier nicht gemeint. Experimente, die damit zu tun haben, rechne ich zur Biologie. Unter »Life Science« soll hier dagegen das Leben in seiner höheren Form verstanden werden; Tiere und Menschen gehören dazu.

An Bord von D1 führen wir Untersuchungen durch, bei denen wir Wissenschaftsastronauten nicht nur als Experimentatoren agieren, sondern bei denen wir auch Testobjekte sind. Vielleicht dient diese Beschreibung besser dazu, das auszudrücken, um was es im nachfolgenden gehen wird.

Es ist jedoch auch notwendig, eine Abgrenzung »nach oben« vorzunehmen. Der Mensch kann auch als phantastisch entwickeltes informationsverarbeitendes System verstanden werden. Forschungen, die sich mit diesen seinen Fähigkeiten befassen (die natürlich ebenfalls biologischen Ursprungs sind), werden mit dem Begriff »Cognitive Science« umschrieben. Sicher ist eine Überlappung mit der »Life Science« gegeben, denn jeder Informationsverarbeitung im Gehirn liegt ein biologischer Wahrnehmungsprozeß zugrunde.

Das wissenschaftliche Programm der D1-Mission umfaßt Experimente aus allen diesen Bereichen. Die Biologie wird an anderer Stelle behandelt, während ich hier einige Versuche zur »Life Science« und »Cognitive Science« erläutern möchte.

Der Mensch ohne Schwere

Am Beginn der bemannten Weltraumfahrt waren sich die Mediziner keineswegs sicher, ob ein Mensch die Schwerelosigkeit des Alls überleben könne. Die Unsicherheit der Einschätzung rührte daher, daß auf unserer Erde kaum ersichtlich ist, was das Vorhandensein der Schwerkraft für einen Menschen bedeutet.

Man darf annehmen, daß die Anziehungskraft unserer Erde dazu geführt hat, daß sich unser Knochenbau so entwickelt hat, wie er nun einmal ist: Konstruktion und Stärke unseres Skelettes sind darauf abgestellt, daß wir unter dem Einfluß der Massenanziehung unseres Planeten aufrecht gehen, unsere Position im Raum kontrollieren und die notwendigen Arbeiten zu unserem Überleben verrichten können. Und so, wie sich unser Körperbau verändert, wenn wir keine schweren Arbeiten verrichten, würde er sich verändern, lebten wir auf einem anderen Planeten mit größerer oder kleinerer Masse.

Weniger klar ersichtlich ist die Rolle, die die Schwerkraft für biologische Funktionsabläufe spielt, wiewohl man auch beim Menschen in diesem Bereich bereits Anzeichen für Veränderungen unter der Schwerelosigkeit eines Raumfluges festgestellt hat. Für einen Physiker noch am ehesten einsichtig sind dabei jene Effekte, die darauf beruhen, daß Flüssigkeiten schwer sind.

Vom Wasser wissen wir, daß eine zehn Meter hohe Wassersäule auf ihre »Unterlage« einen Druck von einer Atmosphäre (1000 Hektopascal) ausübt. Da der Mensch aufrecht geht, wird sein Blut bei einer Körpergröße von 1,8 Metern in den Füßen einen »hydrostatischen Druck« von 180 Hektopascal besitzen. Im Zustand der Schwerelosigkeit verliert das Blut jedoch sein Gewicht, und entsprechend verschwindet der hydrostatische Druck. Damit verbunden sind ganz erhebliche Veränderungen im Herz-Kreislaufsystem.

Das Herz-Kreislaufsystem und die »Fluid Shift«

Der hydrostatische Druck rührt vom Gewicht einer Flüssigkeit her. Daran ändert sich auch nichts, wenn ein Mensch als Sporttaucher unter Wasser einem erhöhten Umgebungsdruck ausgesetzt ist: Auch beim »Schweben« unter Wasser bleiben die relativen Druckverhältnisse im menschlichen Körper weitgehend unverändert. Fehlt hingegen die Schwerkraft, so beobachten wir ein ganz anderes Verhalten. Wenn wir ein mit Wasser gefülltes Gefäß in unterschiedlichen Höhen anbohren, werden wir feststellen, daß die Flüssigkeit jeweils unterschiedlich weit herausspritzt – je tiefer (das Loch), desto weiter. Diese »Spritzweite« ist ein Maß des in der jeweiligen Höhe vorherrschenden Druckes, der demzufolge mit zunehmender Tiefe größer wird. Entsprechendes gilt im menschlichen Körper. Auch wenn hier die Flüssigkeit Blut ist – vom physikalischen Standpunkt her ist sie vergleichbar mit Wasser. Unser statischer Blutdruck, am Bein gemessen, fällt daher um etwa 100 Hektopascal höher aus als am Arm. Im Gegensatz zum physikalischen System »Wasser in einem starren Behälter« spielt beim Menschen jedoch eine Rolle, daß die Blutgefäße nicht starr sind, sondern elastisch, mit dem Bestreben, sich zusammenzuziehen.

Fällt nun das Gewicht der Blutsäule in der Schwerelosigkeit weg, verschwindet der hydrostatische Druck, der normalerweise aufgrund des Eigengewichtes des Blutes zustande kommt, und die Elastizität der Gefäße zwängt das Blut vornehmlich aus dem unteren Teil des Körpers, den Beinen und dem Bauchraum, in den oberen Teil; Menschen bekommen in der Schwerelosigkeit dünne Beine und ein aufgedunsenes Gesicht. Mediziner nennen dies die »fluid shift« (Flüssigkeitsverlagerung). Quantitativ gesehen verschieben sich bis zu zwei Liter Blut. Dies bedeutet eine radikale Umverteilung unserer Körperflüssigkeit, die nicht ohne Einfluß auf unser »Druckregelungssystem« bleiben kann: Da das menschliche Herz als physikalische Pumpe für die Blutflüssigkeit in seiner Förderleistung (wie jede Pumpe) vom »Einlaufdruck« abhängt, ist anzunehmen, daß das »kardiovaskulare System« durch den Wegfall des Schweredrucks des Blutes nachhaltig gestört wird.

Andererseits ist demgegenüber bekannt, das der menschliche Körper

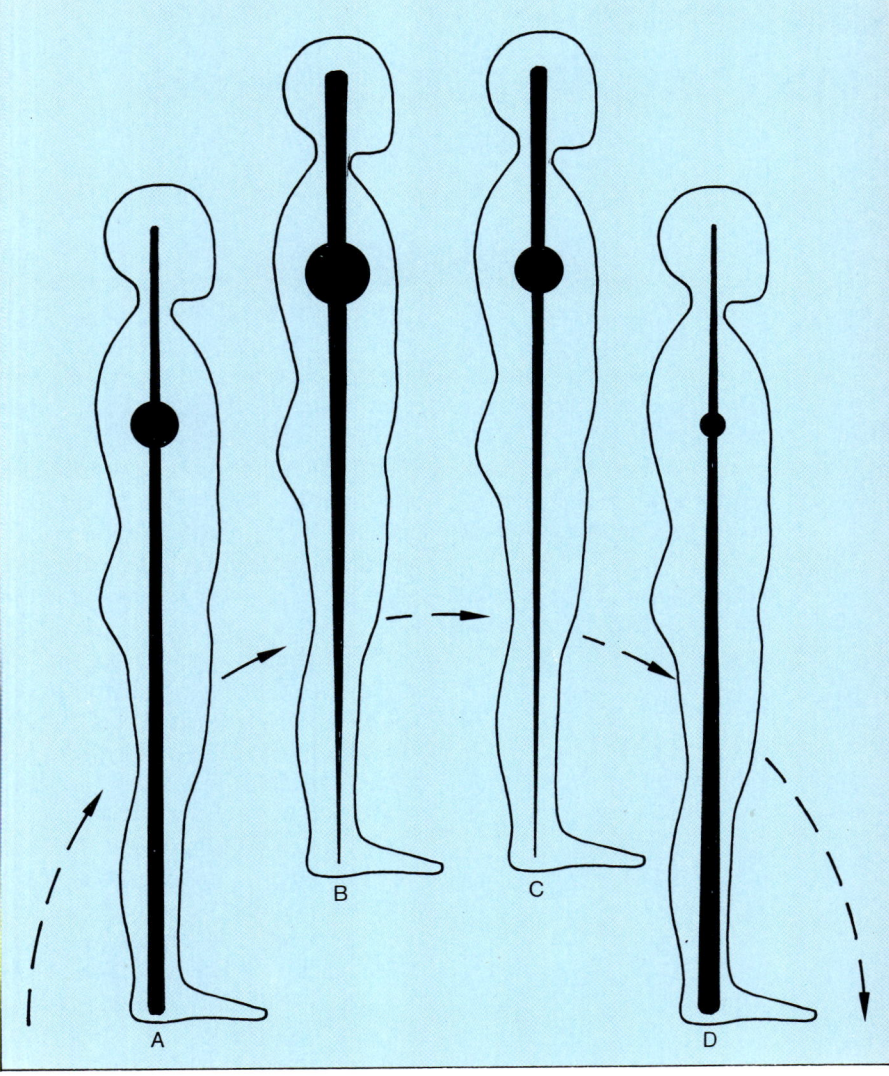

Blutbilder

Am Erdboden zieht die Schwerkraft das Blut in die unteren Körperregionen (A). In der Erdumlaufbahn wird die Wirkung der Schwerkraft aufgehoben, pressen die elastischen Blutgefäße die Körperflüssigkeit in Kopf und Brust, wo nun ein »Überangebot« registriert wird (B). Das Körpersystem reagiert mit einer verstärkten Flüssigkeitsausscheidung, um den »gewohnten« Verhältnissen wieder möglichst nahe zu kommen (C). Nach der Rückkehr zur Erde versackt dann diese für irdische Verhältnisse zu geringe Blutmenge in den Beinen (D).

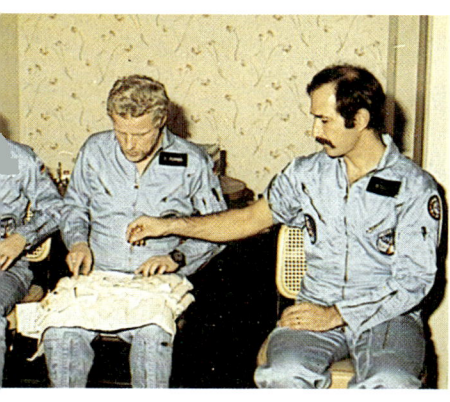 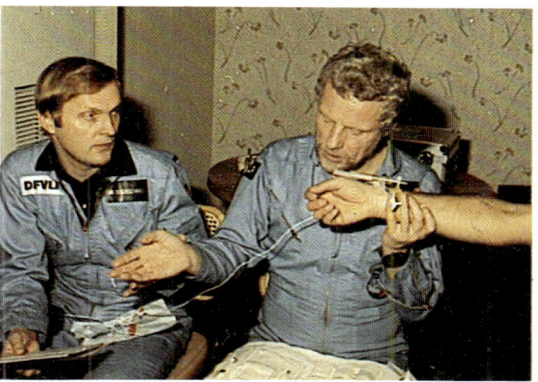 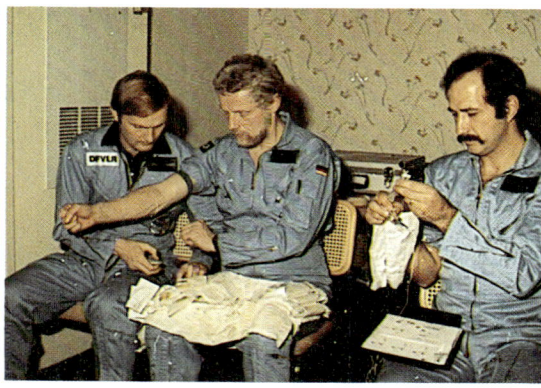

Generalprobe

Im Hotelzimmer trainieren Ernst Messerschmid, Reinhard Furrer und Wubbo Ockels noch einmal die Messung des zentralen Venendrucks. Am nächsten Morgen wollen sie den NASA-Verantwortlichen beweisen, daß sie dieses Experiment zum ersten Mal schon während der Aufstiegsphase des Space Shuttle vornehmen können, wo ihnen zwischen dem ersten und zweiten Bahnkorrekturmanövern rund 30 Minuten Zeit bleiben.

auch während eines Raumfluges einen vernünftigen Blutdruck aufrecht erhält. Wie macht er das?

Astronauten haben wenig Blut

Gehen wir zurück zur »fluid shift«. Die Verlagerung einer derartigen Menge Blutes aus dem unteren in den oberen Teil unseres Körpers führt zu einem Blutandrang im Kopf. Amerikanische, russische und deutsche Raumfahrtmediziner simulieren diese Umverteilung dadurch, daß sie Versuchspersonen mit dem Kopf abwärts geneigt auf ein Bett legen. Dadurch wird bereits ein Teil jener Veränderungen ausgelöst, die bei uns in der Schwerelosigkeit auch auftreten.

Unser Körper betrachtet die Versorgung des Gehirns mit dem nötigen Sauerstoff als eine seiner vornehmlichsten Aufgaben; entsprechende »Sensoren« registrieren die Menge des für diese Aufgabe zur Verfügung stehenden Blutes und lösen im Mangelfall eine erhöhte Zulieferung aus. Diese Sensoren melden nun aber auch den Blutandrang im Kopf, der sich aus der Flüssigkeitsumverteilung im Körper ergibt, nachdem der hydrostatische Druck weggefallen ist. Als einziger Ausweg bleibt dem Körper in diesem Fall eine Verringerung der Blutmenge insgesamt – und genau dies passiert bei einem Menschen in der Schwerelosigkeit.

Das Transportmedium Blut, dessen Aufgabe unter anderem darin besteht, Sauerstoff von den Lungen zu den atmenden Geweben und Kohlendioxid von dort wieder zu den Lungen zu transportieren, setzt sich aus Blutplasma und darin aufgeschwemmten roten und weißen Blutzellen und Blutplättchen zusammen. Das Plasma besteht zu rund 90 Gewichtsprozent aus Wasser. Da der Körper über die Nieren und die Haut in der Lage ist, seinen Wasserhaushalt zu regulieren, gelingt es ihm in der Tat, die Flüssigkeitsmenge seines Blutplasmas zu verringern. Als Reaktion auf anhaltende Schwerelosigkeit verliert ein Astronaut daher etwa einen Liter Blut, manchmal sogar noch mehr: Er »dehydriert«. Wenn man bedenkt, daß die gesamte Blutmenge eines Erwachsenen nur etwa vier bis sechs Liter umfaßt, stellt eine solche Abnahme der Blutmenge eine dramatische Veränderung seiner Lebensbedingungen dar.

Diese Verringerung der Blutmenge kann man messen. Den relativen Anteil der Blutzellen am Blutvolumen nennt man Hämatokrit. Beim gesunden Mann beträgt er 41 bis 43 Volumenprozent, bei Frauen etwas weniger. Der Hämatokrit-Wert kann durch eine einfache Methode bestimmt werden, wie sie jeder Arzt als Teil seiner Routineuntersuchung an einem Patienten vornimmt. Da Blutzellen spezifisch schwerer sind als das Blutplasma, lassen sie sich durch Zentrifugieren abtrennen.

Die Verringerung des Blutvolumens in der Schwerelosigkeit geht, wie wir gesehen haben, auf Kosten des Blutplasmas, und das bedeutet, daß bei gleichbleibender Menge von Blutzellen sich der Hämatokrit erhöhen sollte. Während unserer D1-Mission nehmen wir uns daher gegenseitig Blut ab und bestimmen mit einer kleinen Handzentrifuge seinen Hämatokrit-Wert. Bei früheren Raumflügen ergaben sich bereits erste Hinweise auf den Blutverlust in der Schwerelosigkeit. Trotz der Verminderung der Blutmenge scheint es dem menschlichen Körper nach einiger Zeit auch in der Schwerelosigkeit eines Raumfluges wieder recht wohlzugehen. Die Druckverhältnisse in seinem Herz-Kreislaufsystem regeln sich offenbar auf normale Werte ein. Beim ersten Flug des Spacelab im Spätherbst 1983 zeigten die Astronauten nach einer Anpassungszeit im Orbit jedenfalls überraschend normale Werte.

Die Hintergründe dieses körpereigenen Regulationsmechanismus sind für Herz-Kreislauf-Mediziner von ungeheurem Interesse. Es geht dabei nicht nur darum, die Druckverhältnisse im Körper der Astronauten zu begreifen, sondern allgemein um das Verständnis des menschlichen kardiovaskularen Systems überhaupt. Es leuchtet ein, daß eine so sauber reproduzierbare physikalische Bedingung wie der Wegfall des hydrostatischen Druckes einen kritischen Test für die bestehenden Modelle unseres Herz-Kreislaufsystems darstellt.

Blutdruckmessung bei Null-G

Hinweise auf das fluid-shift-Phänomen gibt es, seit bemannte Raumfahrt betrieben wird. Mannschaftsärzte wissen darum und haben Gegenmethoden entwickelt, um die negativen Auswirkungen zu bekämpfen. Die Verringerung der Blutmenge ist besonders nach der Rückkehr zur Erde unangenehm. Angepaßt an die Schwerelosigkeit während der Mission hatte das Herz im Orbit nur eine geringe Menge Blutes umzupumpen und brauchte keine Arbeit gegen die Schwerkraft

zu leisten. Ein Raumflug stellt in dieser Hinsicht keinerlei Anforderungen an die Sportlichkeit der Besatzung, ganz im Gegenteil: Im Weltall herrscht vielmehr ein Zustand von Mühelosigkeit!

Das ändert sich jedoch nachhaltig bei der Rückkehr zur Erde: Wenn während des Wiedereintritts der Übergang von der Schwerelosigkeit zur normalen Schwerkraft erfolgt, müssen das Abbremsen des Raumschiffes und die wieder wirksam werdende Erdbeschleunigung ausgehalten werden, und das bei deutlich reduzierter Blutmenge. Bei einem Astronauten, der nach der Landung wieder festen Boden unter den Füßen hat und aufrecht stehen muß, versackt diese zu geringe Blutmenge in den Beinen und im Bauch, während der Kopf unter Blutarmut leidet, was bis zur Ohnmacht führen kann. Gewisse Abhilfe schaffen »Anti-G-Hosen«, wie sie Düsenjägerpiloten tragen; darüber hinaus trinken wir vor der Rückkehr zur Erde viel Flüssigkeit, um eine Zunahme des Blutplasmas zu bewirken, und schließlich bleiben wir nach der Landung noch einige Zeit in unseren Sitzen, ehe wir aufstehen und durch die Luke nach draußen klettern.

Einige Zusammenhänge lassen sich also bereits erkennen, andere sind noch ungeklärt, so zum Beispiel die Konzentrationsänderungen bestimmter Hormone im Blut.

Normalerweise kann man den Grad der »Blutverdickung« auch an der Veränderung der Konzentration einiger Hormone wie etwa ADH (Antidioretisches Hormon) messen. Frühere Untersuchungen haben jedoch gezeigt, daß die ADH-Konzentration bei Astronauten in der Schwerelosigkeit nahezu unverändert blieb, obwohl die Blutmenge drastisch zurückgegangen war – erst nach der Rückkehr zur Erde sank sie deutlich ab. Danach sieht es so aus, als merke der Körper erst im Nachhinein, was ihm im Weltall widerfahren ist. Natürlich muß der Schluß so nicht richtig sein, doch zeigt dieses Beispiel, daß bei dem Puzzle noch so manches nicht zusammenpaßt. Es ist deshalb von großem Wert, möglichst verschiedenartige Messungen im Orbit vorzunehmen, die alle zu einer Klärung des fluid-shift-Phänomens beitragen können.

Dazu gehört auch die Messung des zentralen Venendruckes.

Der rechte Vorhof unseres Herzens bildet die Niederdruckseite unserer

Nachhilfestunden

Professor Kirsch von der Freien Universität Berlin erläutert Ulf Merbold, Reinhard Furrer und Wubbo Ockels Sinn und Ablauf des von ihm vorgeschlagenen D1-Experiments zur Bestimmung des zentralen Venendrucks, mit dem die Verlagerung der Körperflüssigkeit im Erdorbit untersucht werden soll.

Umverteilung

Veränderungen des elektrischen Stromes, der zwischen zwei Meßpunkten durch den Körper fließt, sollen Aufschluß über die Umverteilung des Blutes bei fehlender Schwerkraftwirkung liefern.

Blutpumpe; der dort herrschende Blutdruck wird zentraler Venendruck genannt. Zusammen mit dem mittleren Fülldruck (das ist jener Druck, der sich nach Ausschalten der Herztätigkeit und anschließendem Druckausgleich im gesamten Herz-Kreislaufsystem einstellen würde) und dem Strömungswiderstand, den die Gefäße hervorrufen, kann man daraus die vom Herzen pro Schlag geförderte Blutmenge bestimmen. Wenn die Gesamtmenge des Blutes jedoch infolge der Reaktion auf die »fluid-shift« reduziert ist, ändert sich wahrscheinlich auch der zentrale Venendruck und mit ihm die Menge des pro Herzschlag geförderten Blutes.

Noch können wir im Spacelab den zentralen Venendruck nicht »vor Ort«, also in der rechten Herzkammer messen. Man nimmt jedoch an, daß in der Schwerelosigkeit der Venendruck im gesamten Körper annähernd gleich ist, weil der hydrostatische Druck, der bei aufrechter Körperhaltung eine Zunahme des Venendruckes zu den Füßen hin bewirkt, fehlt.

Zur Messung des Venendruckes injizieren wir uns daher gegenseitig eine Kanüle in die Vene des rechten Armes und bestimmen über einen Druckwandler auf elektrischem Weg seinen Wert. Bei Spacelab 1 ergaben solche Messungen drei Tage nach dem Start jedoch nur geringfügig veränderte Werte. Es wird daher vermutet, daß die Anpassung des menschlichen Körpers an die Bedingungen der Schwerelosigkeit schon vorher erfolgte. Bei D1 nehmen wir deshalb die erste Messung bereits eine Viertelstunde nach dem Start vor, während wir noch auf unseren Sitzen im Mitteldeck festgeschnallt sind.

Schwingende Moleküle

Hauptursache für die erwartete Änderung des zentralen Venendrucks ist die Flüssigkeitsverschiebung in unserem Körper. Deshalb messen wir mit einer anderen Methode auch diese Umverteilung direkt. Das Verfahren ist einfach, aber raffiniert: Wassermoleküle tragen ein permanentes elektrisches Moment – man kann sie in gewisser Weise mit winzigen Dipolen vergleichen. Wenn man sie einem Wechselstromkreis aussetzt, der durch die ständig wechselnde Stromrichtung ein im gleichen Takt sich umkehrendes Magnetfeld aufbaut, so müssen sich die »Wasserdipole« im Rhythmus dieses durch den Wechselstromkreis bedingten Magnetfeldes hin und her drehen.

Eine solche fortwährende Neuorientierung der Wassermoleküle erfordert natürlich Energie, und die wird dem Wechselstromkreis entzogen. In der Elektrotechnik spricht man davon, daß sich der Wechselstromwiderstand des Stromkreises verändert. Was aber für Wassermoleküle allgemein gilt, trifft auch für die Wassermoleküle im Blutplasma zu.

Die Größe des durch das Blut induzierten Wechselstromwiderstandes wird natürlich durch die Zahl der in ihm enthaltenen Dipole (Wassermoleküle) bestimmt und ist somit abhängig von der Blutmenge. Zu ihrer Messung kleben wir uns daher an Wade, Leiste und Hals Elektroden auf unsere Haut und bauen so über die verschiedenen Körperpartien einen Wechselstromkreis auf. Da die Blutmenge zwischen den Elektroden den jeweiligen Wechselstromwiderstand bestimmt, kann man eine Veränderung der eingeschlossenen Blutmenge als Änderung des gemessenen Stromes erkennen.

Der Wechselstromgenerator wird am Gürtel getragen und ist an einen Satz von Elektroden angeschlossen, die auf unsere Haut geklebt sind. Die Stromänderungen werden auf einem kleinen, tragbaren Cassettenrecorder aufgezeichnet und nach der Rückkehr zur Erde ausgewertet.

Auch diese Messung stellt natürlich nur eine indirekte Bestimmung der

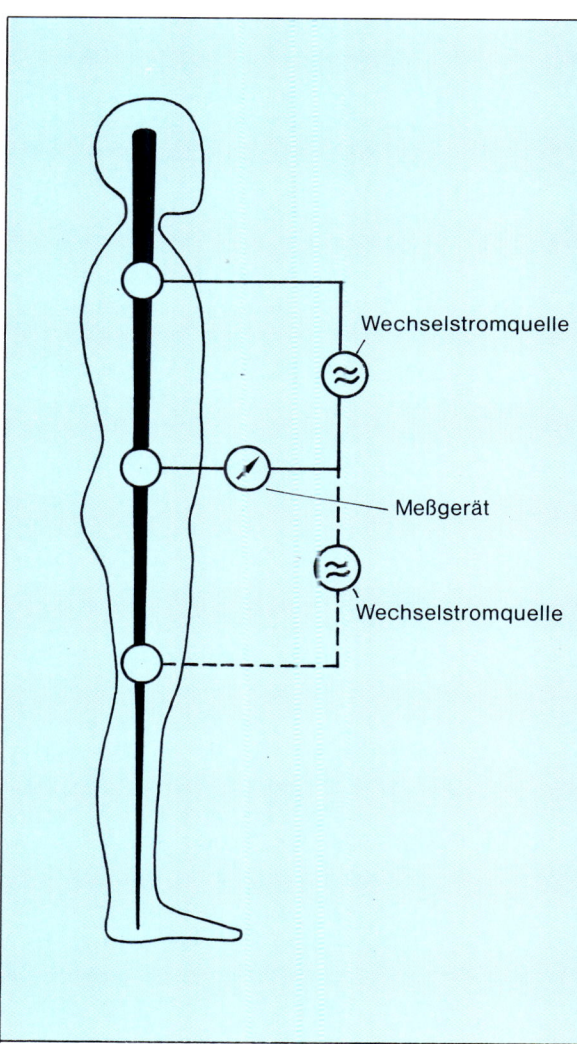

»fluid shift« dar, kann jedoch in Ergänzung zum zentralen Venendruck wertvolle Aufschlüsse über die bestehenden Theorien liefern.

Der Druck in den Augen

In die gleiche Richtung zielt noch ein drittes Experiment, genannt »Augeninnendruck«. Das menschliche Auge ist ein optisches Präzisionsgerät, dessen Fähigkeiten auf der Konstanz seiner geometrischen Form (des dioptrischen Apparates) beruhen.

Ohne weiter auf Einzelheiten einzugehen, sei hier nur erwähnt, daß die physikalische Bildentstehung auf der Retina (der lichtempfindlichen Schicht des Auges) von den Eigenschaften und der Form der Hornhaut (Cornea), der mit Wasser gefüllten vorderen und hinteren Augenkammer, der Iris, der Linse und des Glaskörpers beeinflußt wird. Die Form des Auges und die konstante geometrische Zuordnung all seiner optischen Komponenten zueinander wird unter anderem durch einen konstant gehaltenen Augeninnendruck gewährleistet.

Dieser Augeninnendruck entsteht im Gleichgewicht zwischen sich stets neu bildendem Kammerwasser und dessen Abfluß nach außen. Wird nun der Abfluß reduziert oder der Zufluß durch ein Überangebot an (Plasma-)Flüssigkeit im Kopf vermehrt, nimmt der Augeninnendruck meßbar zu. Bestimmen kann man diese Veränderung, indem man die Kraft ermittelt, die erforderlich ist, um die Hornhaut des Auges über einen bestimmten Bereich hinweg um einen vorgegebenen Betrag mechanisch einzudrücken. Mit einem sogenannten Tonometer, einem kleinen Handapparat, wie er in Augenkliniken benutzt wird, kann eine solche Messung auch in der Schwerelosigkeit eines Raumfluges durchgeführt werden.

Der erwartete Blutandrang im Kopf als Folge der Schwerelosigkeit sollte auch unseren Augeninnendruck ansteigen lassen, wie man es ähn-

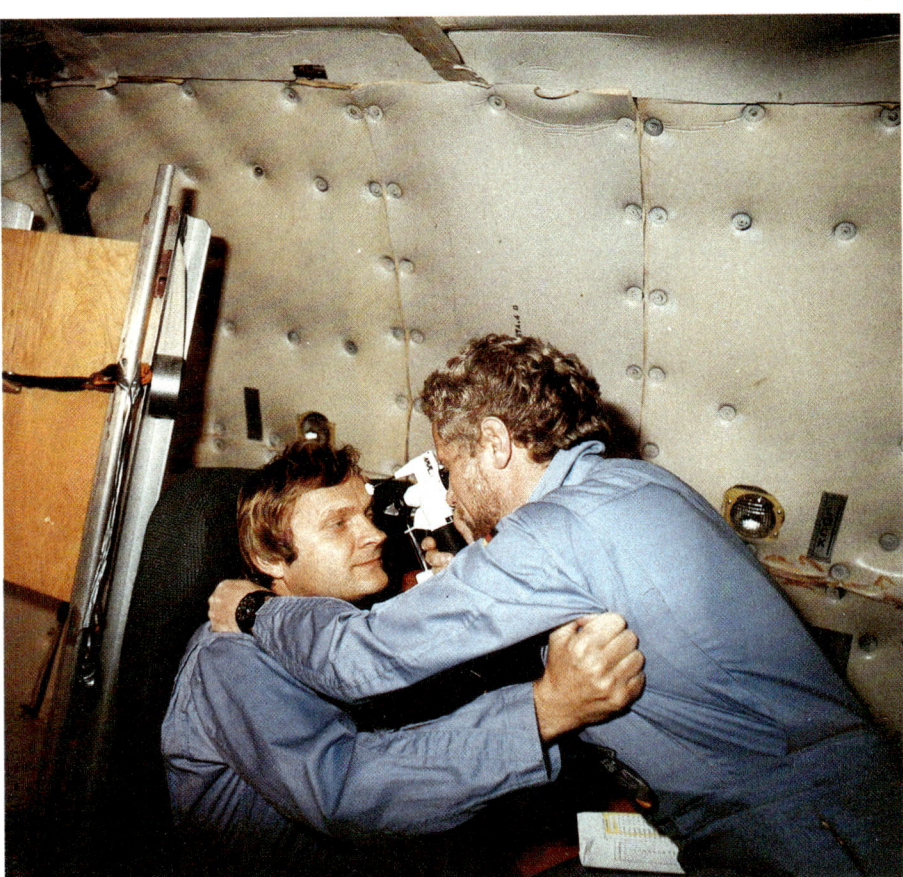

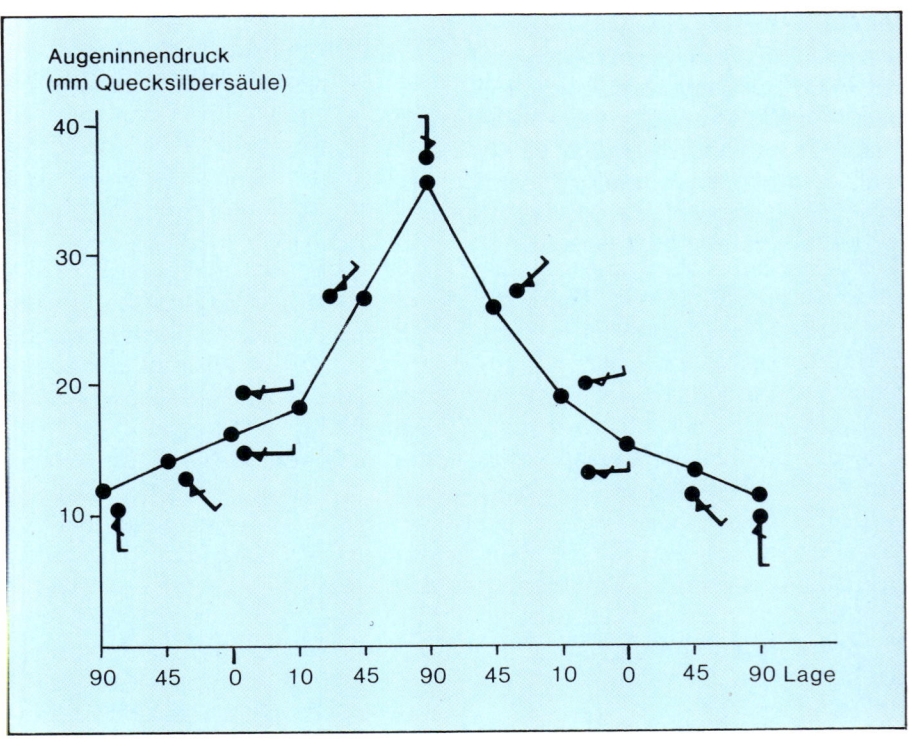

Druckmessung am Auge *Unter der realistischen Bedingung vorübergehender Schwerelosigkeit während eines Parabelfluges versucht Reinhard Furrer, mit Hilfe eines Tonometers den Augeninnendruck seines Astronauten-Kollegen Ernst Messerschmid zu bestimmen.*

In der Kippe *Vergleichsmessungen am Erdboden zeigen, daß sich der Augeninnendruck mit der Körperlage verändert und am stärksten wird, wenn die Schwerkraft die Körperflüssigkeit beim Kopfstand in den Schädel zieht (die Kurve zeigt einen Mittelwert aus 20 Meßreihen, wobei sich der Augeninnendruck von etwa 12 Millimeter Quecksilbersäule auf rund 36 Millimeter verdreifacht) – eine ähnliche Zunahme wird in der Erdumlaufbahn erwartet, wo das Blut den Astronauten zu Kopfe steigt.*

lich bei Versuchspersonen beobachtet hat, die längere Zeit flach lagen oder gar auf den Kopf gestellt wurden.

Alle erwähnten Veränderungen werden durch die Blutverschiebung im Körper hervorgerufen, die sich aus der fehlenden Schwerewirkung im Orbit ergibt. Sie zeigen deutlich, welchen Einfluß die Schwerkraft der Erde auf unsere Physiologie hat – einen Einfluß, an den wir uns längst angepaßt haben und dessen wir uns daher kaum bewußt waren, solange wir mit beiden Beinen fest auf der Erde blieben.

Schwerelos, aber träge

In mancher Hinsicht sollte ein Raumflug nicht spektakulär sein. Die Höhe, in der man dabei die Erde umkreist, beträgt rund 300 Kilometer. Das ist gemessen an den Reiseflughöhen von Linienjets zwar rund 30mal mehr, doch im Verhältnis zum Erdradius von etwa 6380 Kilometern gar nicht sonderlich weit entfernt von der Erdoberfläche. Was also macht den Aufenthalt im Orbit so spektakulär, was ist dort so anders als in unserer gewohnten Umgebung am Boden?

Bleiben wir zunächst bei der Höhe. Wir wissen, daß jeder Körper Masse besitzt und daß diese Masse »schwer« und »träge« ist. Die Eigenschaft »schwer« macht sich dadurch bemerkbar, daß ein Gegenstand etwas wiegt: Er wird von der Erde angezogen. Der Physiker spricht hier von Gravitationswechselwirkung, deren Größe von den beiden beteiligten Massen und dem gegenseitigen Abstand bestimmt wird: Je größer die Massen, desto stärker die Anziehung, und je größer der Abstand, desto schwächer wirkt die Kraft (bei unveränderten Massen). Daraus kann man sofort die Schlußfolgerung ziehen, daß natürlich auch ein Raumschiff weiterhin von der Erde angezogen wird, aufgrund der größeren Entfernung zum Erdmittelpunkt allerdings um rund 15 Prozent weniger als am Erdboden. Gleiches gilt natürlich auch für uns selbst: Ein Astronaut, der am Erdboden 70 Kilogramm wiegt, würde an der Spitze eines 300 Kilometer hohen Turms immerhin noch etwa 60 Kilogramm »auf die Waage bringen«. Dies ist wahrhaft kein dramatischer Effekt. Im Weltall ist man also keineswegs deshalb schwerelos, nur weil man etwas weiter von der Erdoberfläche entfernt ist! Dennoch wissen wir definitiv, daß sich die Astronauten schon unmittelbar nach Abschalten der Haupttriebwerke schwerelos fühlen.

Zur Erklärung dieses Zustandes müssen wir die zweite Eigenschaft der Masse bemühen, nämlich ihre Trägheit. Sie hat zur Folge, daß sich eine Masse jeder Art von Beschleunigung »widersetzt«, also auch der innerhalb des Schwerefeldes unserer Erde. Da aber bislang noch kein Unterschied zwischen »schwerer Masse« und »träger Masse« gefunden werden konnte, ist jeder Gegenstand innerhalb eines Schwerefeldes »schwerelos«, wenn er sich im »freien Fall« bewegt. Das gilt beim Sprung vom 10-Meter-Sprungturm, ebenso wie auf dem Trambolin.

Auch ein Raumschiff bewegt sich nach Abschalten der Triebwerke im freien Fall, und wenn seine Horizontal-Geschwindigkeit groß genug ist (rund 28 000 km pro Stunde), führt die Bahn seines freien Falles um die Erde herum.

Schwerelosigkeit ist eine der Situationen, mit denen uns Raumfahrt konfrontiert. Ohne Schwere gibt es kein oben und kein unten. Ein Gegenstand, den man losläßt, fällt nicht mehr. Das beeinflußt physikalische und biologische Systeme und wirkt sich auch bei einem Astronauten aus: Er muß sich zunächst einmal zurechtfinden, sein Körper muß sich anpassen, seine Bewegungsabläufe müssen sich verändern, und in seiner Eigenschaft als hochentwickeltes Datenverarbeitungssystem muß er sich »umprogrammieren«.

Im Schutz der Erde

300 Kilometer Höhe sind im Vergleich zur Erdabmessung und noch viel mehr im Verhältnis zu den Dimensionen unseres Sonnensystems oder gar des Weltalls verschwindend wenig. Dennoch haben sich schon 300 Kilometer von der Erde entfernt eine Reihe weiterer physikalischer Umweltbedingungen geändert, die von entscheidender Bedeutung für unser Überleben auf diesem Planeten sind.

Die Umgebung des Weltalls ist für einen Menschen absolut tödlich. Die mittlere Temperatur liegt bei rund 3 Grad über dem absoluten Nullpunkt (−270 Grad Celsius), mehr als 300 Grad unter den »biologischen« Temperaturen von etwa 37 Grad Celsius also. Nur in der Nähe einer wärmenden Sonne ist daher Leben möglich. Wären wir allerdings nur etwas näher an der Sonne oder würde unsere Atmosphäre etwas mehr Sonnenlicht durchlassen, so würde es uns hier zu heiß, während uns, etwas weiter weg, kalt würde. Aber nicht nur die niedrige Temperatur macht das Weltall lebensfeindlich, sondern auch die überall vorhandene kurzwellige Gamma- und Röntgenstrahlung sowie die Partikelstrahlung, die »kosmische Höhenstrahlung«, die ständig auf jeden Körper im Weltall einfällt. Am Erdboden sind wir durch die Erdatmosphäre, die den größten Teil der ankommenden Strahlen herausfiltert und nur sichtbares Licht und Radiowellen passieren läßt, geschützt. Im Verlaufe der Evolution haben wir in Gestalt unserer Augen Sensoren entwickelt, die gerade für den Bereich des sichtbaren Lichtes empfindlich sind, so daß wir die Objekte des Weltalls »sehen« können.

Die Gashülle allein böte jedoch vor den Hochenergieteilchen keinen ausreichenden Schutz. Hier hilft ihr das irdische Magnetfeld, in dem die einfallenden, elektrisch oder magnetisch geladenen Teilchen auf Spiralbahnen zwischen den Polen umgelenkt werden. Auf solchen Bahnen strahlen die Teilchen ihre Energie nach und nach ab oder zerfallen, so daß sie ihre »zerstörerische« Wirkung mit der Zeit verlieren. Wir registrieren in den entsprechenden Höhen die »Van-Allen-Strahlungsgürtel« der Erde, die 1958 vom ersten amerikanischen Satelliten Explorer 1 entdeckt wurden.

Schließlich wären noch die zahllosen kleinen und größeren Materieteilchen zu nennen, die ständig mit der Erde zusammenstoßen. Obwohl die meisten von ihnen in der Gashülle verglühen, fallen täglich rund 1000 Tonnen Materie auf die Erdoberfläche herunter.

Verlassen wir unsere Erde, und setzen wir uns dem Einfluß all dieser Umweltbedingungen aus, so können wir unser Überleben in der feindlichen Umgebung des Weltalls nur durch einen künstlichen Schutz sichern: Gegen die Kälte isoliert das thermische System des Raumschiffes, die Hochenergiestrahlung der »Van-Allen-Gürtel« liegt noch weit oberhalb der Umlaufbahn des Space Shuttle, und die Wahrscheinlichkeit eines Meteoriteneinschlags in das kleine Raumschiff bleibt vertretbar gering.

Die Sensoren des Menschen

Mit dem Gleichgewichtsapparat (Vestibularsystem) verfügen wir über ein System von Sensoren, das uns angibt, in welche Richtung wir beschleunigt werden. Stehen wir still, so erfahren wir auf der Erdoberfläche die sogenannte Schwerebeschleunigung, und der Gleichgewichtsapparat kann uns sagen, in welche Richtung diese Schwerebeschleunigung wirkt. Er findet also heraus, wo »unten« ist.

Sehen wir genauer hin, so merken wir, daß er uns zudem auch noch mitteilen kann, ob wir uns im Raum beschleunigt bewegen oder in einem Zustand der Ruhe verharren. Beide Aussagen, über die Richtung des Schwerefeldes der Erde und über eine beschleunigte Bewegung, hängen jedoch zusammen: Sie sind physikalisch nicht trennbar, weil wir nicht zwischen schwerer und träger Masse unterscheiden können.

Gönnen wir uns einen Blick ins Gleichgewichtsorgan: Im Innenohr befinden sich drei Linear-Beschleunigungsmesser, die feststellen können, ob man sich in einer der drei Raumrichtungen (x,y,z im rechtwinkligen Koordinatensystem) bewegt. Der Sensor besteht aus Steinchen (Otolithen), die auf feinen Sinneshärchen aufliegen. Sie widersetzen sich aufgrund ihrer Trägheit der wirkenden Beschleunigung ebenso wie der Körper eines Autoinsassen, der bei einem rasanten Start in die Rücklehnen gedrückt wird. Dabei biegen sie die Sinneshärchen, auf denen sie lasten, ein wenig in die der Beschleunigung entgegengesetzte Richtung und lösen dabei Reizimpulse aus, die als Information über die erfahrene Beschleunigung an das zentrale Nervensystem weitergeleitet werden.

Im Zustand der Schwerelosigkeit kann dieser lineare Beschleunigungsmesser sicher nicht in der gewohnten Weise funktionieren, weil die Otolithen nichts mehr wiegen und entsprechend auch nicht mehr auf den Sinneshärchen lasten.

Anders sieht es bei den Sensoren für Drehbeschleunigungen aus, die in den drei zueinander senkrecht stehenden Bogengängen des Innenohrs zu finden sind. Jeder dieser Bogengänge ist mit Endolymph-Flüssigkeit gefüllt und an einer Stelle durch eine Membran, der Cupula, unterteilt. Wird nun der Kopf in einer seiner drei Hauptachsen gedreht, verschiebt sich in dem dazugehörigen Bogengang die Endolymphe aufgrund ihrer Massenträgheit und übt einen entsprechenden Druck auf die Cupula aus. Dadurch wird diese etwas ausgebeult und löst einen der Drehbeschleunigung proportionalen Reiz aus, der ebenfalls an das zentrale Nervensystem weitergeleitet wird.

Da diese Empfindung einzig auf der Massenträgheit der Endolymphe beruht, die Schwere hingegen keine Rolle spielt, sollten die Bogengänge auch im Zustand der Schwerelosigkeit fehlerfrei funktionieren. Damit ergibt sich in der Erdumlaufbahn folgende paradoxe Situation: Von den zwölf möglichen »Eingangskanälen« für die ›Datenverarbeitung‹ der Lage-Informationen (je drei Sensoren für geradlinige beziehungsweise Drehbeschleunigungen in jedem Ohr) liefert nur die Hälfte korrekte Werte an, während die Zuverlässigkeit der anderen Hälfte zumindest angezweifelt werden darf, wahrscheinlich auch nicht gegeben ist. Mit anderen Worten – ein Astronaut merkt zwar, wenn er sich dreht, »spürt« jedoch lineare Bewegungen anders. Dieser partielle Ausfall erschwert ihm eine Beurteilung des eigenen Bewegungszustandes, die sich normalerweise an den gemeldeten Beschleunigungen orientiert.

Kosmische Schlittenfahrten

Um herauszufinden, wie falsch die Informationen sind, die während einer Beschleunigung im schwerelosen Zustand an das Gehirn weitergegeben werden und wie der Körper auf solche Fehlinformationen reagiert, wird während der D1-Mission an Bord des Raumlabors ein Weltraumschlitten, der Space Sled, mitfliegen. Dabei handelt es sich um einen Sitz, der auf zwei Schienen im Spacelab hin und her gefahren wird und dabei alle möglichen Beschleunigungsänderungen vollführen kann. Wenn man bedenkt, welche Wirkungen ständig sich ändernde Beschleunigungen schon unter irdischen Bedingungen auf Mägen haben, kann man sich leicht vorstellen, daß die »Schlittenfahrten« in der Schwerelosigkeit möglicherweise kein Vergnügen sein werden.

Bei einem der vielen Experimente werden wir uns auf den ›Stuhl‹ dieses Weltraumschlittens schnallen und uns stetig wechselnden Linear-

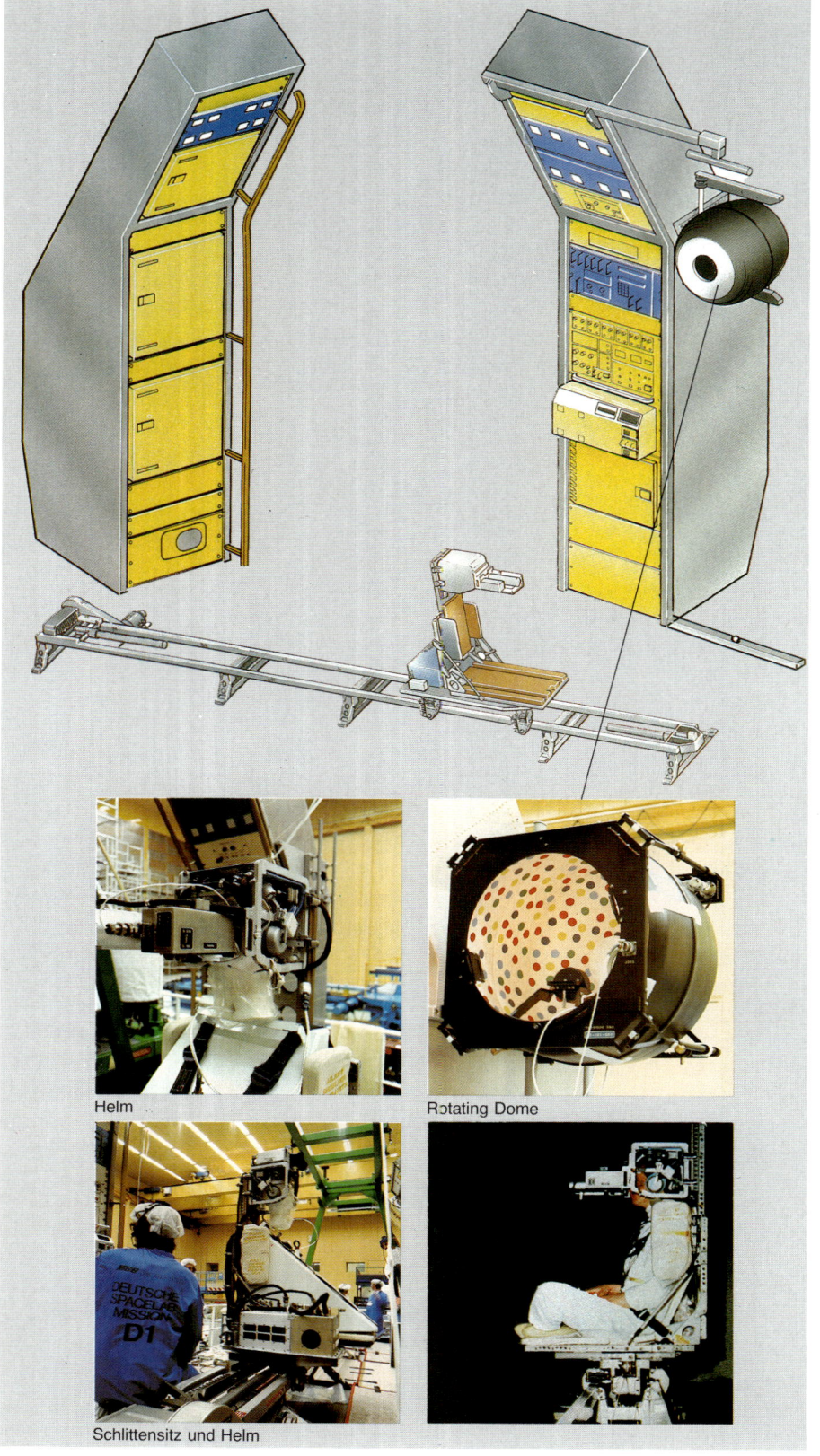

Helm

Rotating Dome

Schlittensitz und Helm

Raumschlitten und rotierende Kuppel

Die Experimente zur Erforschung der menschlichen Bewegungssensoren werden vom Vestibularschrank aus gesteuert; sie verwenden den Space Sled mit verschiedenen »Helmen« sowie den Rotating Dome.

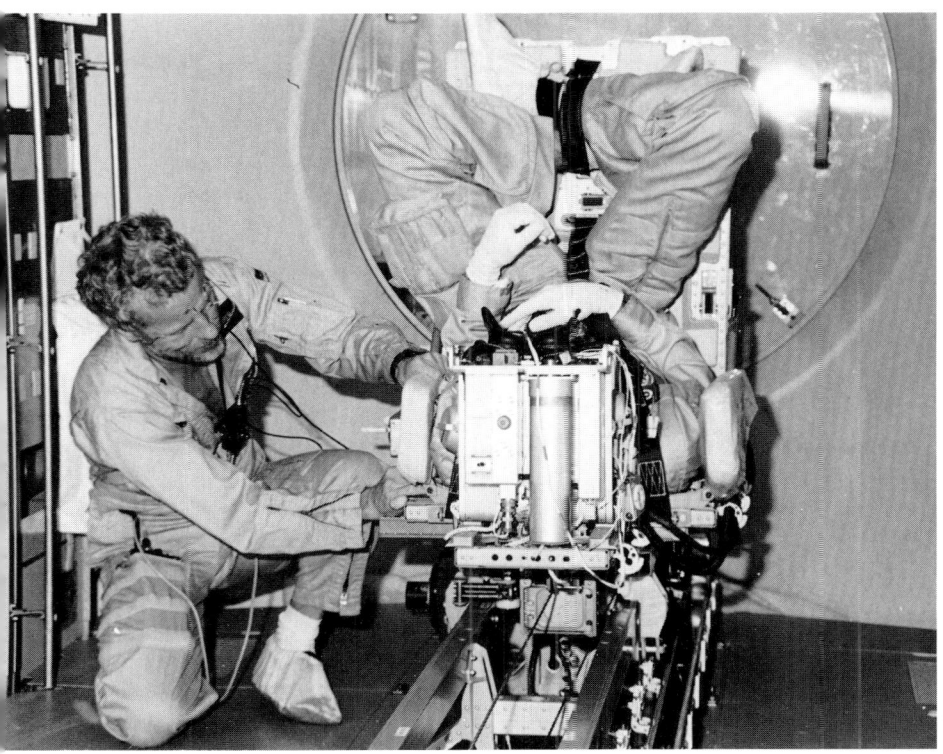

Countdown in der Z-Lage *Vorbereitung für ein Schlittenexperiment: Reinhard Furrer schnallt einen Astronautenkollegen in Liegeposition auf den Schlittensitz; in der Umlaufbahn simulieren Hin- und Herfahren des Schlittens dann eine Auf- und Abwärtsbewegung (Bewegung in der Z-Achse).*

beschleunigungen aussetzen. Ziel des Experimentes ist es herauszufinden, ob wir im Zustand der Schwerelosigkeit weiterhin Linearbeschleunigungen registrieren und wenn ja, ob sich die Schwelle verändert, bei der wir diese Bewegung gerade noch bemerken.

Zu diesem Zweck läßt sich der Sitz so auf die Schiene montieren, daß wir das Verhalten unserer Beschleunigungssensoren in allen drei Körperachsen (auf/ab, vorwärts/rückwärts, rechts/links) studieren können.

In zahlreichen Vorversuchen auf der Erde haben die Experimentatoren unsere »irdischen« Empfindlichkeitsschwellen sehr genau ermittelt, so daß sich mögliche Änderungen während der Mission feststellen lassen sollten. Unmittelbar nach der Rückkehr werden wir erneut getestet, um die erwartete Wiederanpassung an die normalen Schwerkraftverhältnisse zu verfolgen.

Erste Vorversuche zu dieser Frage wurden schon auf der Spacelab 1-Mission durchgeführt, allerdings nicht mit dem Schlitten, sondern auf einem freischwebenden Sitz, der von einem anderen Astronauten hin und her bewegt wurde. Die erzielten Meßergebnisse deuten in der Tat auf eine Veränderung der Empfindlichkeitsschwelle hin. Unsere Messungen sollen diese Änderung quantitativ bestätigen, um so die existierenden Theorien über die Funktionsweise des menschlichen Gleichgewichtsorgans testen zu können. Allerdings reichen die dabei auftretenden Fragen weit über dieses eine Ziel hinaus.

Versuchte Täuschung

Dem Gehirn stehen für die Lagebeurteilung aber nicht nur die sensorischen Reize des Vestibularsystems zur Verfügung – hinzu kommen vielmehr optische Eindrücke und sogenannte taktile Reize, die dem Gehirn melden, ob und welche Muskeln angespannt sind, ob man also auf den Füßen steht, sitzt oder zum Beispiel den Kopf schief hält. All diese »Eingaben« werden vom zentralen Nervensystem zu einem Gesamtbild unserer Position im Raum sowie unseres Bewegungszustandes verknüpft. Denn wie gefährlich es wäre, sich auf Meldungen eines einzelnen Systems zu verlassen, mag das folgende Beispiel zeigen: Die linearen Beschleunigungsmesser sagen uns normalerweise, ob wir uns beschleunigt nach vorne oder hinten bewegen, liefern aber ganz ähnliche Informationen, wenn man lediglich den Kopf nach hinten oder vorne neigt. Auch dann nämlich rutschen die Otolithen auf den Sinneshärchen aus ihrer normalen Position, weil ihr Gewicht sie auf der dann »schiefen Ebene« abwärts gleiten läßt. Für Piloten, die von einem Flugzeugträger aus starten, kann diese »Sinnestäuschung« fatale Folgen haben. Die enorme Vorwärtsbeschleunigung während des Katapultstarts löst einen starken Reiz im Otolithensystem aus, vergleichbar mit dem, den der Pilot bei einem steilen Steigflug erfährt, wenn sein Kopf weit nach hinten

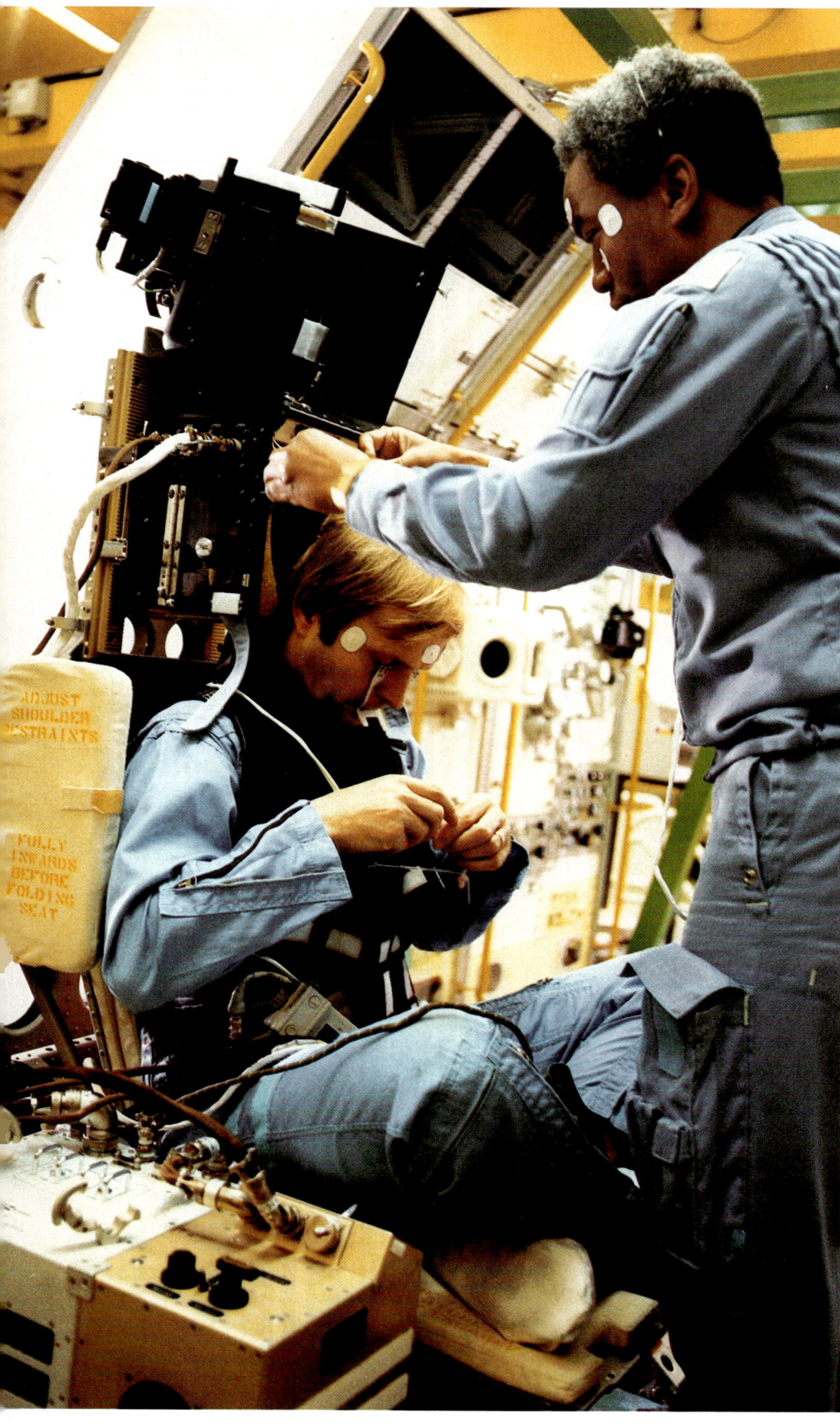

Gedrängter Fahrplan

Die kosmischen Schlittenfahrten nehmen in der ersten und letzten Flugphase der D1-Mission breiten Raum ein – will man anfangs die Reaktion des Gleichgewichtsorgans auf den neuen Zustand der Schwerelosigkeit überprüfen, so möchte man vor der Rückkehr zur Erde feststellen, inwieweit eine Anpassung der Körpersysteme an die veränderten Schwerkraftbedingungen stattgefunden hat. Entsprechende Experimentreihen stammen aus der Bundesrepublik Deutschland und den USA. Die benutzbare Beschleunigungsstrecke (rechts) mißt rund 3,6 Meter – die doppelte, extrem gerade Führungsschiene ist eine Spezialanfertigung aus spezialgehärtetem Aluminium.

geneigt ist. Ein Steigflug unmittelbar nach dem Start von einem Flugzeugträger würde jedoch einen gefährlichen Geschwindigkeitsverlust bedeuten, da beim Katapultstart ohnehin nur wenig mehr als die minimale Startgeschwindigkeit erreicht wird, und so wird ein Pilot versucht sein, »instinktiv« die Flugzeugnase nach unten zu drücken. Da er sich in Wirklichkeit jedoch gar nicht im Steigflug befindet, sondern unmittelbar über der Wasseroberfläche horizontal vorwärts fliegt, würde eine solche Reaktion fatale Folgen haben.

Widersprüche

Je mehr Informationen das Gehirn zur Lagebeurteilung heranzieht, desto sicherer wird das Ergebnis sein – dabei erlauben Erfahrungswerte über die Zuverlässigkeit der einzelnen Daten eine Auslese bei eventuell einander widersprechenden Informationen. Diese »Wichtung« stellt die eigentliche Leistung des menschlichen Gehirns in einer solchen Situation dar.

Als wichtigste Informationsquelle dient dabei das Auge. Wenn wir unsere Umgebung betrachten, können wir direkt über unsere Position und unsere Bewegung im Raum urteilen. Aber auch hier unterliegen wir Täuschungen: Beim Blick aus dem Zugfenster ist es manchmal nicht leicht zu sagen, ob man sich selbst bewegt oder der Zug auf dem Nachbargleis. Hier wird dann die Information des Vestibularorgans zu Hilfe genommen, die jedoch bei extrem langsamem Anfahren des Zuges auch zu keiner eindeutigen Lösung der Frage beitragen kann.

Unser Verhalten auf der Erde beweist, daß wir in verschiedenen Situationen die einzelnen Informationsquellen unterschiedlich stark berücksichtigen oder »wichten«. Unser »Hirncomputer« ist offensichtlich in der Lage, diese komplizierte Aufgabe den jeweiligen Situationen entsprechend zu lösen.

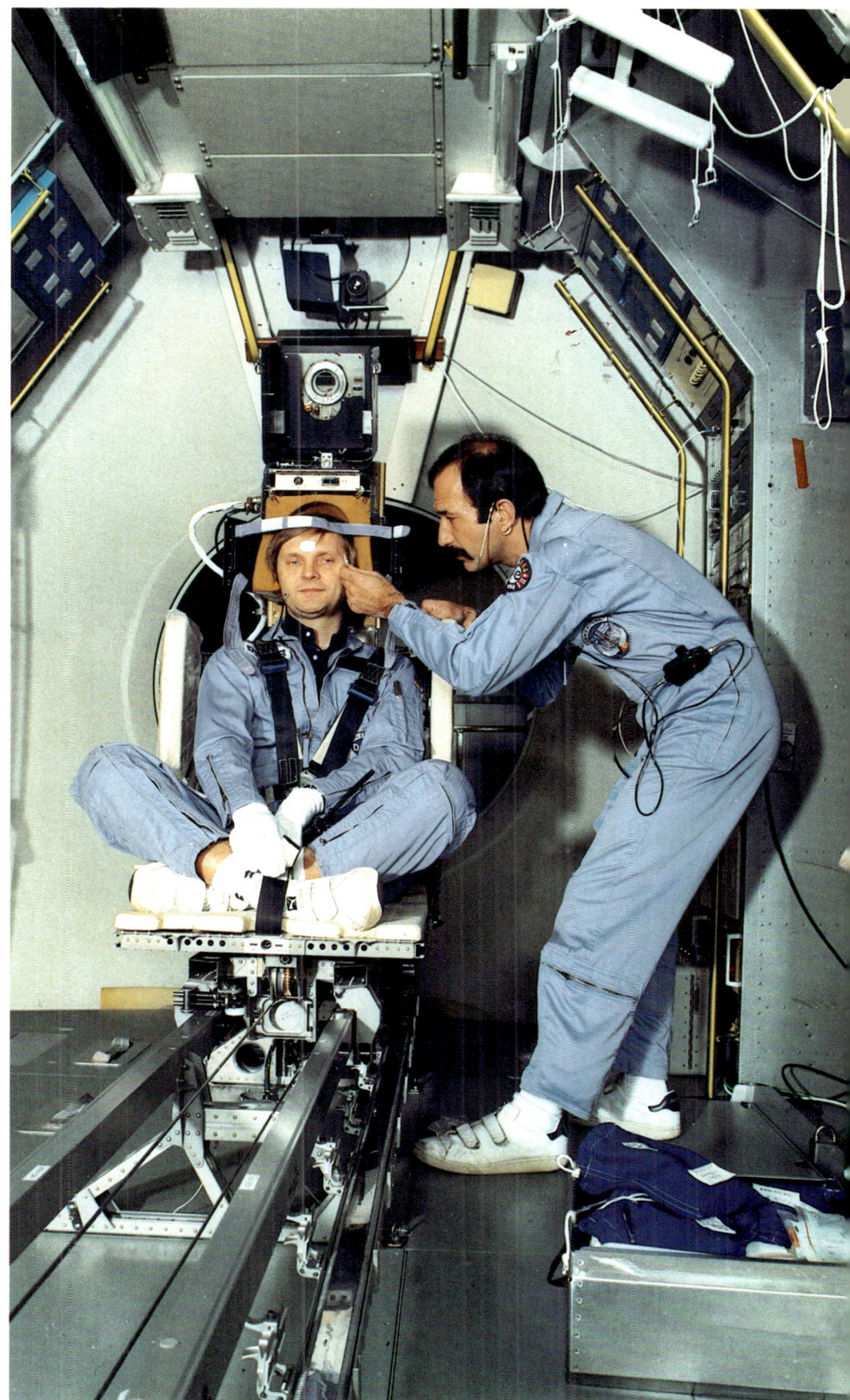

Im Raumschiff bleibt uns die optische Information weiterhin erhalten. Die Vestibularinformationen erweisen sich im Falle der Drehbeschleunigungen ebenfalls als verläßlich, während Angaben über Linearbeschleunigungen ganz ausbleiben oder in veränderter Intensität ankommen, wahrscheinlich sogar falsch sind. Das zentrale Nervensystem, das vorerst von der Schwerelosigkeit nichts »weiß«, wird zunächst einmal die ankommenden Daten in der gewohnten Weise mit der erprobten Wichtung auswerten und dabei Probleme schaffen, da die Widersprüche nicht zu lösen sind. Es gibt eine Theorie, nach der genau dies der Grund dafür ist, warum Astronauten »raumkrank« werden.

Der »Raumkrankheit« auf der Spur

Im strengen Sinne ist diese Erscheinung keine wirkliche Krankheit, und so spricht man unter Raumfahrtmedizinern vom Space Adaptation Syndrom. Bislang reagierte etwa jeder zweite Astronaut in der Frühphase seines Fluges auf diesen Informationswiderspruch mit Übelkeit, Schwindel und den typischen Symptomen von Bewegungskrankheit. Dennoch ist es bis heute noch nicht gelungen, Voraussagen über eine Empfindlichkeit dieser Raumkrankheit gegenüber machen, noch Vorkehrungen gegen sie ergreifen zu können. Auch ist kein Zusammenhang mit der Empfindlichkeit gegenüber Luft- oder Seekrankheit erkennbar geworden. Man weiß lediglich, daß die Symptome meist nach einigen Tagen abklingen und danach eine erstaunlich gute Anpassung an die Schwerelosigkeit gelingt. Probleme treten erst wieder mit der Rückkehr zur Erde auf.

Es erscheint daher nicht unvernünftig, anzunehmen, daß der Mensch im Weltall dazu übergeht, seine Vestibularinformationen anders zu bewerten. Vielleicht unterdrückt er sogar die Meldungen der linearen Beschleunigungsmesser völlig. Da er außerdem seine Beinmuskeln nicht mehr beansprucht und auch die übrigen taktilen Reize stark geschwächt sind, stehen eigentlich nur noch die optischen Eindrücke in unverfälschter Form zur Verfügung. Gestützt wird diese Annahme durch Anpassungsprobleme, die Astronauten nach ihrer Rückkehr zur Erde haben. Wenn ein Raumfahrer gleich nach der Heimkehr die Augen schließt, kann er nicht länger aufrecht stehen: Es vergehen nur Sekunden, bis er umfällt! Wer zuerst das Licht in seinem Hotelzimmer ausmacht, um anschließend ins Bett zu gehen, kommt in große Schwierigkeiten. Nach einigen Tagen kehrt die gewohnte Sicherheit jedoch wieder zurück, hat sich der Hirncomputer wahrscheinlich erneut umprogrammiert und funktioniert wieder wie gehabt.

Der Balanceakt des menschlichen Gehirns

Unter diesem Gesichtspunkt erscheinen die Experimente mit dem Weltraumschlitten auch noch in einem anderen Licht. Der Test darüber, wie das menschliche Gleichgewichtsorgan im Null-G-Zustand funktioniert, ist eine Sache, die Reaktion des menschlichen Gehirns auf die Ungereimtheiten der einzelnen Lage-Informationen eine andere. Der Zustand der Schwerelosigkeit stellt für derartige Untersuchungen eine neue Situation dar: Dadurch, daß in der Schwerelosigkeit wahrscheinlich die Information über »oben« und »unten« verlorengeht, ist eine experimentell »saubere« Voraussetzung geschaffen, die es gestattet, die Reaktion des Menschen auf die Veränderung dieses Parameters zu studieren. Im Verhältnis zur Komplexität des allgemeinen menschlichen Regelverhaltens mag die Wechselwirkung zwischen den Informationen von Auge und Vestibularsystem zwar nur als ein Aspekt von vielen erscheinen, doch kann

... und vor den Augen dreht sich alles *Der Blick in die mit bunten Punkten beklebte rotierende Trommel vermittelt das Gefühl einer Drehung des eigenen Körpers, das am Erdboden durch die »Meldung« des Gleichgewichtsorgans überlagert wird. Zwar fehlt im Weltraum das Gefühl für oben und unten, doch reagiert das Gleichgewichtsorgan noch immer auf Drehbewegungen des Körpers – was aber wird das Gehirn mit diesen veränderten Daten anfangen?*

Fallneigung

Mit zunehmendem Alter reagieren Kinder sehr unterschiedlich auf die durch die rotierende Kuppel vorgetäuschte Eigendrehung des Körpers: Während Säuglinge noch blindlings ihrem Gleichgewichtsorgan vertrauen, erkennen Kleinkinder sehr wohl die voneinander abweichenden Informationen und versuchen, ihnen durch eine Mittellage des Körpers auszuweichen.

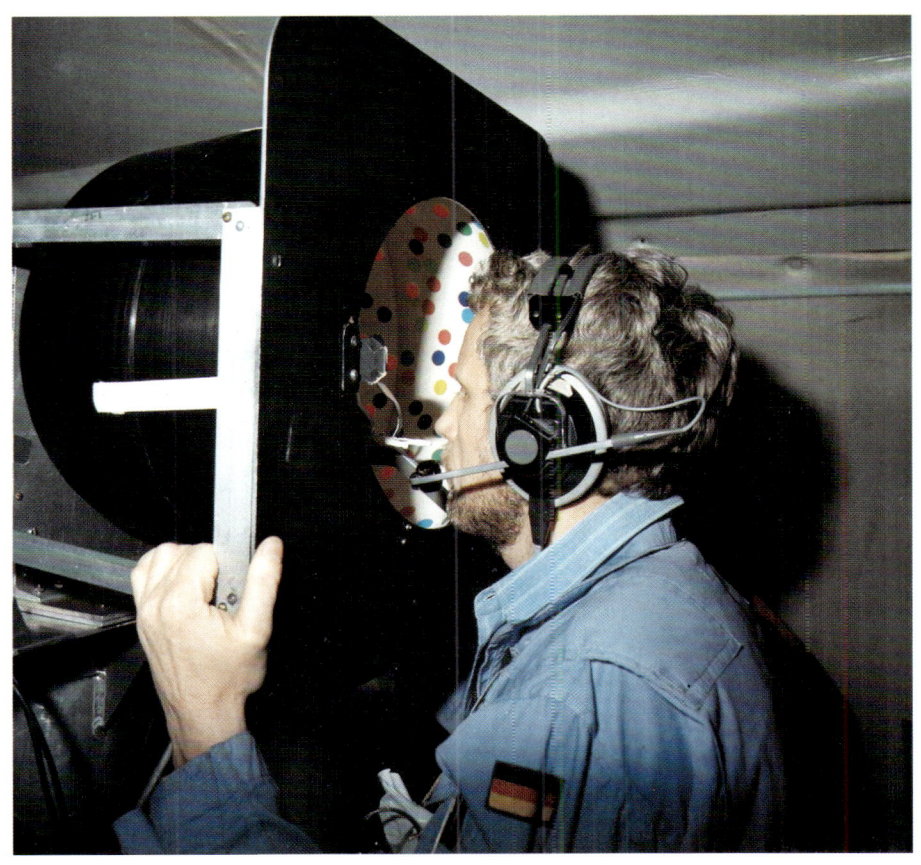

he. Die Illusion kann sich in diesem Fall nicht völlig ausbilden, und so meinen viele Versuchspersonen, seitlich gedreht in der Luft zu schweben.

Während der Spacelab 1-Mission in der Schwerelosigkeit eines Raumfluges hingegen rief ein entsprechendes Experiment auch beim »stehenden« Astronauten eine ähnliche Täuschung hervor wie bei der auf dem Rücken liegenden »irdischen« Versuchsperson.

Daß hierbei die Wichtung der verschiedenen Informationen auf einer hohen Ebene im menschlichen Gehirn stattfindet, zeigt ein Versuch, den man auf der Erde durchgeführt hat. Setzt man Kinder vor die rotierende Trommel, so reagieren sie je nach Lebensalter völlig unterschiedlich auf den visuellen Reiz. Unterhalb von einem Jahr bleiben die Kinder von der rotierenden Trommel ziemlich unbeeindruckt so sitzen, wie es Ihnen sie als Schulbeispiel dafür dienen, wie sich das menschliche Gehirn an seine veränderte Umwelt anpaßt.

Ein ähnliches Ziel wird von einem anderen Experiment während der D1-Mission verfolgt, das die Bezeichnung »rotating dome« (rotierende Kuppel) trägt: Liegt eine Versuchsperson auf der Erde auf dem Rücken unter einer rotierenden, innen mit bunten Punkten beklebten Trommel und schaut in diese hinein, so wird sie nach einiger Zeit empfinden, die Trommel bliebe stehen, während sie selbst in entgegengesetzter Richtung rotiere.

Wiederholt man das Experiment mit einer aufrecht stehenden Versuchsperson, die dann in eine sich vor ihrem Gesicht drehende Trommel mit bunten Punkten blickt, so wird sich zwar ebenfalls ein Bewegungseindruck einstellen, überlagert allerdings von der Meldung des Gleichgewichtsorgans, daß man »in Wirklichkeit« weiterhin mit beiden Beinen auf dem Boden ste-

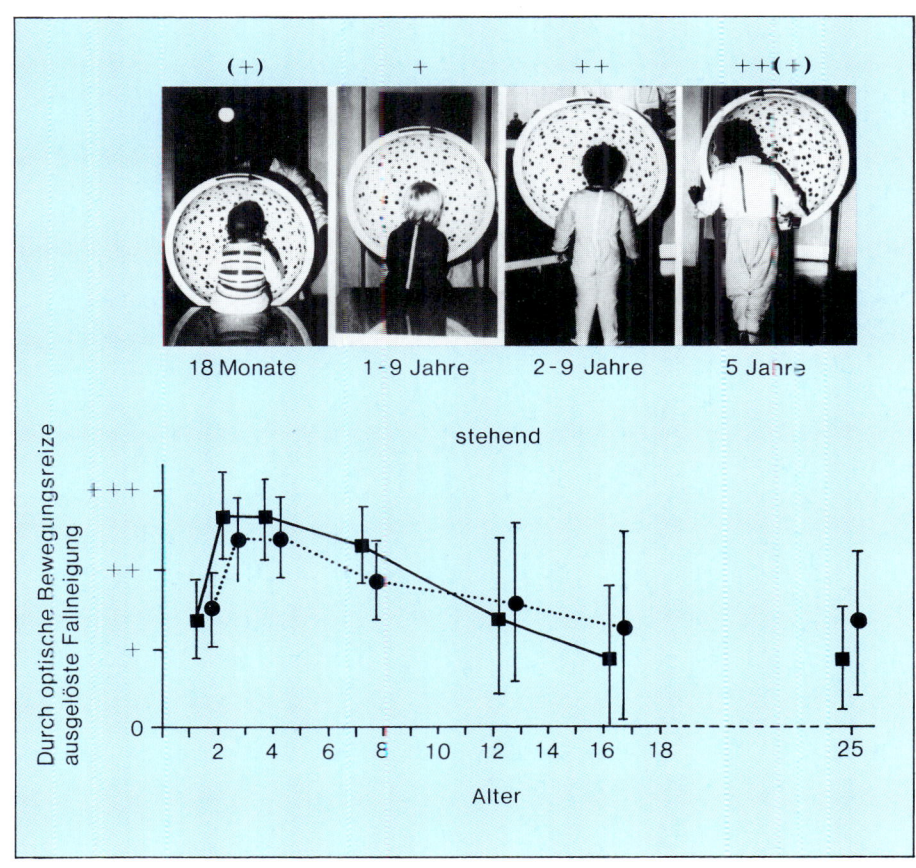

Berauschende Schwerelosigkeit *Sichtlich Spaß bereitet Ernst Messerschmid die vorübergehende Schwerelosigkeit während eines Parabelfluges. Kaum vorstellbar, daß dieser Schwebezustand so unangenehme Folgen wie die Raum»krankheit« auslösen kann.*

das bereits funktionierende Gleichgewichtsorgan diktiert. Sicherlich könnte das, was sie sehen, von einer eigenen Rotation herrühren, doch glauben sie lieber unbeirrt, daß dort »unten« ist, wo sie es fühlen. Ältere Kinder bis zu etwa zehn Jahren scheinen jedoch den bestehenden Widerspruch zu merken und reagieren darauf, indem sie versuchen, ihren Körper zu verdrehen. Sie halten ihn gewissermaßen in einer Mittellage zwischen beiden Möglichkeiten, die ihnen beide Sinne signalisieren. Jenseits dieser Alters-Grenze ist dagegen die Informationsverarbeitung im Gehirn inzwischen so souverän, daß die Täuschung anhand anderer Informationsquellen erkannt wird und die Kinder wieder gerade sitzen bleiben.

Nimmt man das Alter, das zum Erkennen der Täuschung benötigt wird, als Indiz für den Grad der Komplexität der Ebene, auf der die dazugehörige Informationsverarbeitung abläuft, dann sind die D1-Versuche in der Schwerelosigkeit des Alls Paradebeispiele zur Klärung des komplizierten Funktionierens unseres Gehirns.

Kein Oben und kein Unten – und trotzdem angepaßt?

Wir haben gesehen, daß der Mensch auf veränderte Informationen, die seine Sinne seinem Datensystem in der Schwerelosigkeit zuführten, reagieren kann. Das Studium solcher Anpassungsprozesse des Gehirns fällt in den Bereich der »Cognitive Science«, die den Menschen in seiner Eigenschaft als informationsverarbeitender Organismus zum Forschungsgegenstand hat.

Wenn aber das Ergebnis jeweils unterschiedlich wahrgenommener Informationen zu demselben Ergebnis führt, ist es nicht unvernünftig anzunehmen, daß gewisse kognitive Fähigkeiten unabhängig von spezifischen Reizen sind. Die »Repräsentation« von Sprache, z. B. das geistige Sprachempfinden gewissermaßen, bildet sich unabhängig davon aus, ob ein Kind hören kann oder taub geboren wurde. Wenn taubgeborene Kinder im Verlaufe ihrer Entwicklung mit einer Zeichensprache konfrontiert werden, entwickeln sie die gleichen Sprachprinzipien wie ein sprechendes Kind. Ebenso bleibt die »interne Idee« des Raumes unabhängig davon, ob ein Kind sehen kann oder blind geboren wurde. Sofern es sich frei bewegen kann, entwickelt es eine Repräsentation des Raumes, die der unsrigen entspricht. Mit anderen Worten bilden sich die geistigen Darstellungen für Sprache und Raum unabhängig von der Art der jeweiligen zur Verfügung stehenden Information aus.

Sicher kann der Sinn einer solchen kognitiven Repräsentation nur darin liegen, von den Besonderheiten spezifischer Meßgrößen unabhängig zu machen und die Beurteilung einer Information von den Eigenheiten einzelner Daten zu lösen. So gesehen wäre kognitive Repräsentation als die höchste Form von Abstraktion zu verstehen, mit der das Gehirn arbeitet.

Wir haben gesehen, daß der Mensch nach einer Anpassungsphase an die Schwerelosigkeit lernen kann, sich über seine Bewegung im Raum klar zu werden und so ganz offensichtlich eine Neugewichtung der ihm zur Verfügung stehenden physikalischen Meßgrößen vorgenommen hat. Dies könnte als Hinweis auf einen derart hohen Abstraktionsgrad gelten. Andererseits haben wir aber auch gesehen, daß für diese Anpassung Zeit erforderlich ist, sowohl zu Beginn des Raumfluges als auch nach seinem Ende.

Normalerweise läuft das Verarbeiten von Einzeldaten auf einer Ebene mit hohem Automationsgrad ab. Solche automatischen Prozesse laufen schnell ab. Eine plötzliche Änderung des »Gewichtes« von Meßgrößen führt daher zunächst immer zu einer fehlerhaften Interpretation einer wahrgenommenen Information, bis das kognitive System eine veränderte Umsetzung (»Abbildung«) dieser Information auf einer höheren Ebene vorgenommen hat; dazu ist Zeit nötig und eine Erhöhung des Prozeßaufwandes. Danach erfolgt die weitere Analyse erneut automatisch und schnell.

Neue Maßstäbe?

Dennoch bleibt die Frage nach der Unabhängigkeit kognitiver Repräsentation im menschlichen Gehirn von der Natur und der Bewertung physikalisch/physiologischer Meßparameter noch offen. Was ist zum Beispiel, wenn die Erdanziehung und damit unser Wissen, was oben und unten ist, notwendig gewesen sein sollte, um die Repräsentation der physikalischen Größen Masse, Raum, Zeit oder unserer eigenen Bewegung im Raum aufzubauen – was geschieht denn dann mit diesem geistigen Abbild im Zustand der Schwerelosigkeit, wo die Gleichgewichts-Information über oben und unten entfällt? Sind wir in der Lage, auf eine so massive Änderung, wie sie der Wegfall der Erdanziehungskraft bei einem Raumflug darstellt, zu reagieren, um letztlich zur selben Repräsentation dieser Größen in unserem Gehirn zu gelangen?

Während der D1-Mission gibt es einige Experimente aus diesem Gebiet der »Cognitive Science«, die darauf abzielen, herauszufinden, ob der Mensch wirklich im Stande ist, auf der Basis abstrakter kognitiven Repräsentationen zu handeln. Die Versuche konzentrieren sich verständlicherweise auf die Repräsentation derjenigen Größen, die ursprünglich das Gravitationsfeld unserer Erde als Information genutzt haben, also Masse, Raum und Bewegung im Raum.

Bei einem der Experimente soll versucht werden, die Größe einer Masse abzuschätzen, wenn sie nichts mehr wiegt. Wir erinnern uns, daß Masse gleichermaßen »schwer« und »träge« ist und zwischen beiden Qualitäten kein quantitativer Unterschied besteht. Auf der Erde schätzen wir die Masse eines Körpers jedoch ausschließlich nach dessen Gewicht ab, benutzen also zur kognitiven Repräsentation von Masse die physikalische Meßgröße Gewicht. Im Weltall, wo Masse nichts mehr wiegt, könnte dieselbe Information durch die Eigenschaft »träge« gewonnen werden: Der Astronaut bräuchte nur den Gegenstand schnell hin und her zu bewegen und das dabei entstehende »Trägheitsempfinden« zur Analyse zu benutzen. Bleibt seine Repräsentation von Masse dadurch unverändert?

In einem anderen Experiment wollen wir versuchen herauszufinden, ob sich unsere Repräsentation des Raumes ändert, wenn die Begriffe oben und unten keinen Sinn mehr haben. Durch einen Vergleich unserer Analyse von geometrischen Anordnungen in der Schwerelosigkeit des Alls mit derjenigen, die wir später unter dem erneuten Einfluß der Schwerkraft auf der Erde vornehmen, werden wir erste Daten sammeln.

Schließlich geht es um die Frage, inwieweit zwei Untersysteme der Kommunikation, nämlich Sprache und Gestik, von der Präsenz der Schwerkraft abhängen. Normalerweise trifft das zeitliche Ende einer sprachverstärkenden Geste immer mit dem Ende eines entsprechenden Wortes zusammen. Wer aber schon einmal Fernseh- oder Filmaufnahmen von einem Raumflug gesehen hat, weiß, daß sich die Astronauten in der Schwerelosigkeit nur sehr langsam und vorsichtig bewegen. Wirkt sich das auch auf die sprachbegleitende Gestik aus, und ändert sich dadurch das Sprechtempo, um die Synchronisation von Wort und Geste beizubehalten?

Die sicher nicht repräsentative Auswahl von Experimenten der D1-Mission sollte zeigen, daß die Schwer-

kraft, an die wir uns im Verlaufe unserer langen Evolution gewöhnt haben und die wir am Erdboden daher oft gar nicht mehr richtig wahrnehmen, nicht nur unsere physikalische Umwelt prägt, sondern auch unsere biologischen Systeme und unser geistiges Verhalten beeinflußt. Vor allem die letzten Beispiele dürften deutlich gemacht

haben, daß die Fragen, die sich in einem Weltraumlabor unter Schwerelosigkeit auftun, unendlich viel weiter gehen als Roboterautomaten sie jemals stellen könnten.

Gewichtslos, aber träge *Auf der Erde vergleicht man die Massen zweier Kugeln anhand ihres Gewichtes – Wubbo Ockels »wiegt« sie mit den Händen. In der Schwerelosigkeit hingegen fehlt das Gewicht, braucht das Gehirn einen neuen Maßstab, muß man die Massen nach ihrer Trägheit einordnen, dem Widerstand, den sie einer Beschleunigung entgegensetzen. Gelingt diese »Umstellung«?*

Biowissenschaften

WUBBO OCKELS

Ein befreiender Schritt

In der Sprache der Phillipinos gibt es kein Wort für »Wetter« – warum auch, denn dort herrscht immer dasselbe schöne Wetter! Bei uns dagegen spricht jeder mindestens einmal am Tag über das Wetter: Wir wissen, welchen Einfluß es auf unser Leben hat, und wir haben gelernt, seine Veränderungen zu verstehen und, wenn auch in Grenzen, vorauszusagen. Hinsichtlich der Schwerkraft sind wir alle in gewisser Weise Phillipinos: Wir kennen zwar den Begriff der Schwerkraft, doch bleibt sie in aller Regel für uns unverändert. Das Leben hat sich auf der Erde im Verlaufe von Jahrmilliarden entwickelt und war dabei immer der gleichen Schwerkraft ausgesetzt. Daher haben wir bislang kaum Zeit verschwendet, über den Einfluß der Schwerkraft auf unser Leben nachzudenken – es war ja auch nicht nötig, hätten wir doch die Schwerkraft ohnehin nicht verändern können. Jetzt, dank der Raumfahrt, aber sind wir in der Lage, das Leben auch ohne Schwerkrafteinwirkung zu beobachten.

Dabei stellt sich natürlich sofort die Frage, welchen Einfluß die Erdschwere auf das Leben und seine Evolution genommen hat. Wir wissen, daß das Leben eine nahezu unglaubliche Fähigkeit zur Anpassung an neue Situationen besitzt: Wir haben Lebewesen in Ölfeldern (wo man zunächst keine Nahrung für sie vermuten würde) und am Boden der Tiefsee, wo der gewaltige Wasserdruck eigentlich jedes Lebewesen zermalmen sollte, entdeckt. Wird sich das Leben auch an die Schwerelosigkeit in der Erdumlaufbahn anpassen und eventuell neue Entwicklungswege einschlagen?

Heute wird allgemein angenommen, daß das Leben auf der Erde im Wasser der Ozeane entstand. Wie gewaltig muß der Schritt gewesen sein, als die ersten Lebensformen auf das Festland übersiedelten! Am (vorläufigen) Ende dieser Entwicklung haben wir heute die Möglichkeit, unsere Umwelt zu verändern, sei es nun positiv gestalterisch oder zerstörend. Gewiß, bis zu uns waren noch weitere elementare Entwicklungs»sprünge« notwendig, so zum Beispiel der »Abstieg von den Bäumen« und die »Einführung des aufrechten Gangs«. Einen ähnlich entscheidenden Schritt vollziehen wir derzeit, wenn wir das Leben aus dem beschränkenden Einfluß der Schwerkraft herausführen.

Das europäische Biorack

Die biologische Forschung im All befaßt sich also mit der Frage, wie sich das Leben im Weltraum verhält. Für die D1-Mission sind verschiedene Experimente entwickelt worden, mit denen wir beobachten wollen, inwieweit sich einfache Zellen und höhere Lebensformen im Weltraum anders verhalten als auf der Erde. Diese Experimente sind in zwei Gruppen eingeteilt: Das sogenannte Biorack wurde am europäischen Zentrum für Weltraumforschung und -technologie (ESTEC) in Holland im Auftrag der Europäischen Weltraumagentur ESA gebaut, das Rack für Biowissenschaften bei der DFVLR entwickelt.

Das Biorack enthält vier Temperaturkammern sowie eine »Handschuhbox«, in der man unter sterilen Bedingungen mit den Proben hantieren kann. Die Temperaturkammern werden automatisch auf verschiedenen Temperaturen gehalten: 37 °C für »normale« Wachstumsphasen der Tier- und Bakterienzellen, 22 °C für Pflanzenwachstum, 4 °C für das Aufbewahren der Zellen vor dem Experiment und –15 °C

Biowissenschaften unter Dach und Fach

Das Biorack mit Kühl- und Brutkammer sowie der Handschuhbox, in der steril mit den Proben hantiert werden kann.

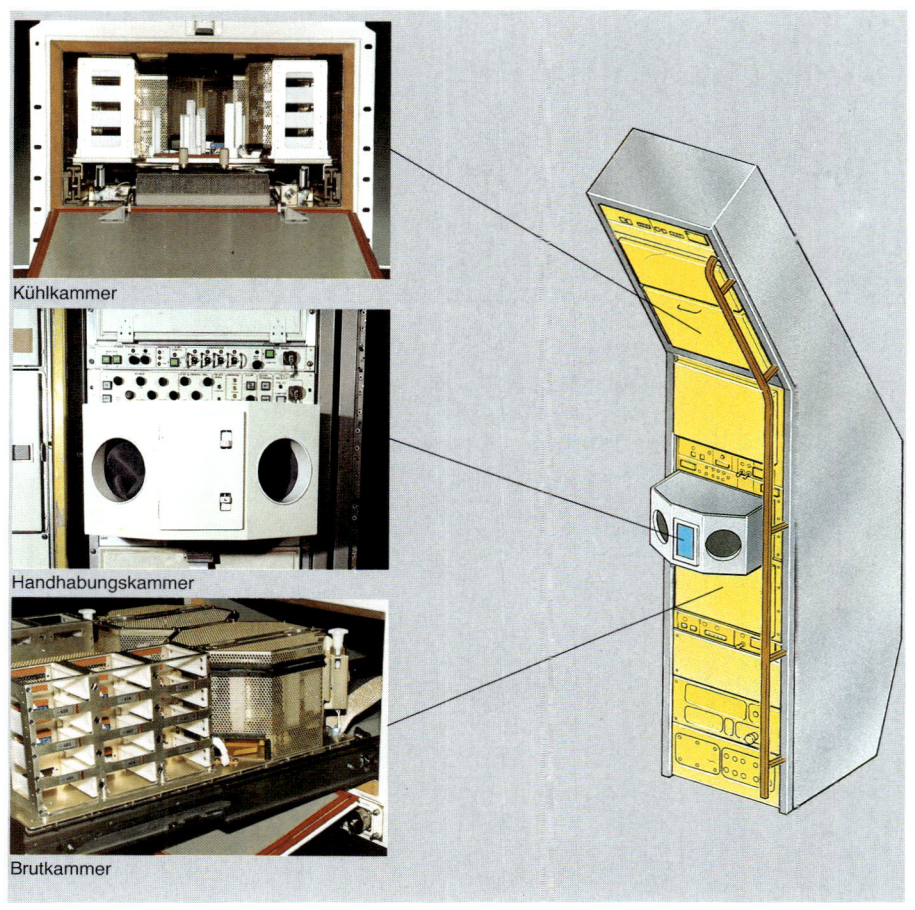

Kühlkammer

Handhabungskammer

Brutkammer

für die Konservierung der Zellen nach dem Experiment.

Unmittelbar vor dem Start (maximal sechs Stunden vorher) werden die verschiedenen Zellproben in das Shuttle gebracht – rund 80 kleine Behälter müssen in einem Schrank im Mitteldeck verstaut werden.

Sobald wir die Umlaufbahn erreicht haben und das Spacelab von unseren amerikanischen Kollegen aktiviert worden ist, verteilen wir diese Behälter auf die einzelnen Temperaturkammern. Die verschiedenen Experimente laufen dann während des gesamten Fluges weitgehend unabhängig von unseren Eingriffen ab, wir müssen jedoch in manchen Fällen auch konkrete Beobachtungen und Messungen im Raumlabor vornehmen.

Nerven auf Bedarf?

So weiß man beispielsweise schon länger, daß Pflanzenwurzeln offenbar über eine Art Schweresinnesorgan verfügen, denn sie wachsen immer »nach unten«. Eine wesentliche Rolle dabei spielen kleine »Steinchen«, die sogenannten Statolithen, in den Zellen an der Spitze der Wurzel: Sie werden von der Schwerkraft angezogen und üben dadurch einen Druck auf die Zelle aus. Die Frage bleibt aber, wie die Zelle diesen Druck der Steinchen spürt.

Wir besitzen Nerven in unserer Haut, die uns einen äußeren Druck melden. Zwar verfügen die Wurzelzellen über etwas Vergleichbares, aber entwickeln sich deren »Nerven« auch unter Schwerelosigkeit, wo sie ja eigentlich nicht gebraucht werden?

Der Zeitplan des Experimentes sieht vor, daß die Zellen zunächst eine Weile in der Schwerelosigkeit wachsen sollen, ehe sie in einer mitgeführten Zentrifuge für eine bestimmte Zeit beschleunigt werden. Wir sollen dann beobachten, ob die Zellen diese Beschleunigung spüren und entsprechend ihre Wachstumsrichtung verändern. Bleibt eine solche Reaktion aus, dann liegt der Verdacht nahe, daß der pflanzliche »Schwerkraft-Nerv« nur dann angelegt wird, wenn die Zelle von Anfang an der irdischen Anziehungskraft ausgesetzt ist.

Trennt die Schwerkraft Kopf und Schwanz?

Die Schwerelosigkeit könnte das Zelleben auch noch in anderer Weise beeinflussen. Die einzelnen Zellfunktionen hängen zum Teil von der gegenseitigen Lage der sogenannten Organellen ab, die ihrerseits von der jeweiligen Zellform mitbestimmt wird. Man kann sich leicht vorstellen, daß bei fehlender Schwerkraft die Zelle eine andere Form annimmt, weil Gewichtsunterschiede innerhalb der Zelle keine Rolle mehr spielen. Um dies zu untersuchen, lassen wir bestimmte Zellen unter Schwerelosigkeit wachsen und frieren sie vor der Rückkehr zur Erde ein, damit die entstandenen Strukturen und Formen erhalten bleiben. Nach der Landung werden diese Proben dann mit Mikroskopen untersucht, um solche möglichen Veränderungen als Folge der Schwerelosigkeit zu erkennen.

Bei der Reifung von Froscheiern scheint die Schwerkraft ebenfalls eine Rolle zu spielen. Wohl jeder kennt die großen Froschlaichkolonien, in denen die weiblichen Eizellen von einer gallertartigen Masse umgeben sind. Wird eine solche Eizelle befruchtet, so löst sich die Wand der Eizelle von dieser Gallertmasse, um sich frei drehen zu können, und diese Drehung führt immer zum selben Ergebnis: Die Eizelle besitzt nämlich eine leichtere und eine schwerere Hälfte und dreht sich daher im Erdschwerefeld stets so, daß die schwerere Hälfte nach unten zeigt. Was aber geschieht, wenn diese Steuerung durch die

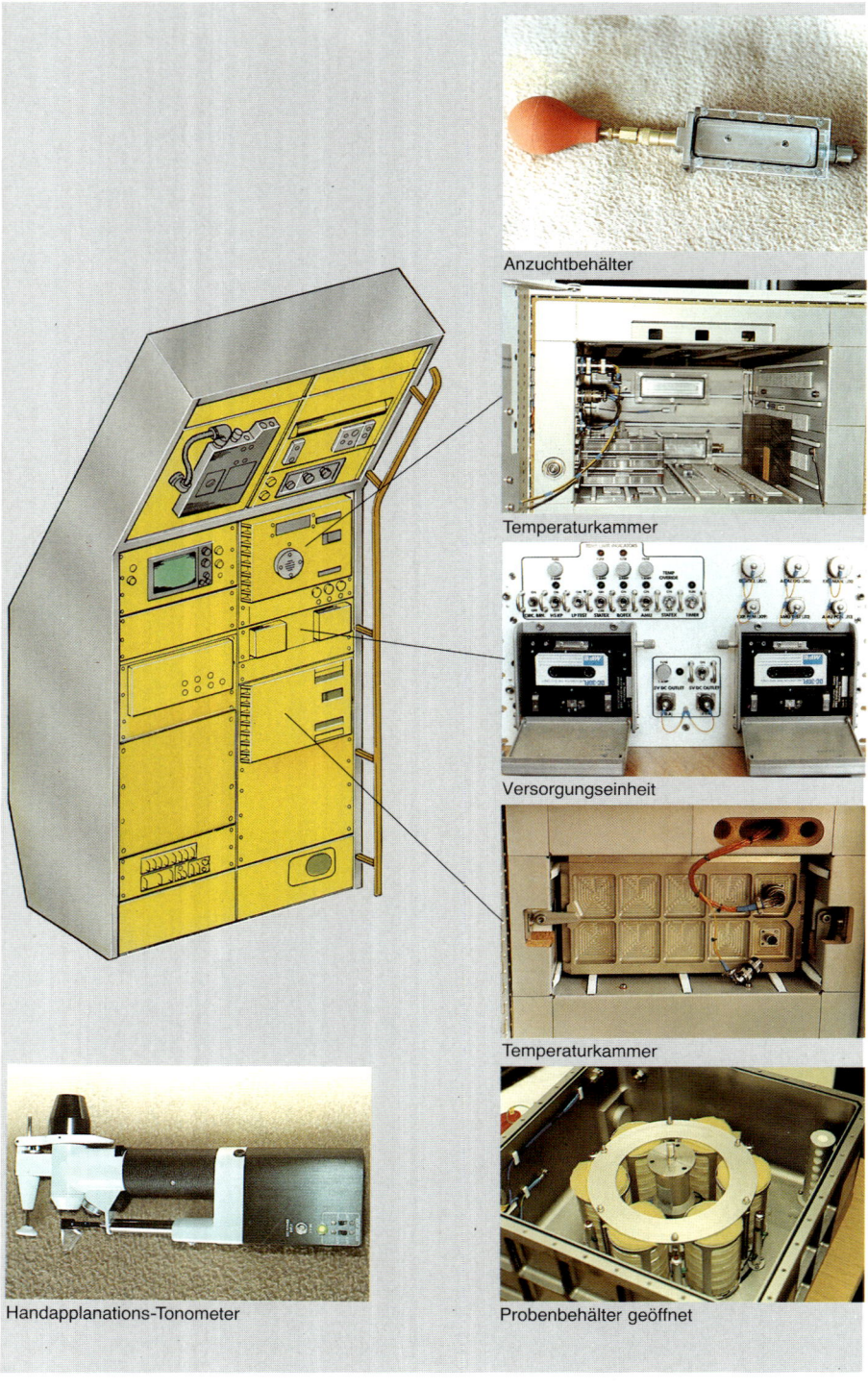

System-Rack

Geräte für biologische Experimente und Life-Science-Messungen sind auch im Systemschrank des Spacelab untergebracht.

Schwerkraft ausbleibt? Wird sich die Kaulquappe »normal« entwickeln, oder bestimmt am Ende die räumliche Lage der Eizelle über die Entwicklung von Kopf und Schwanz?

Daß die Schwerkraft in der Evolutionsgeschichte eine gewichtige Rolle gespielt hat, ist unumstritten. Schon bei so grundlegenden Fragen wie der Größe eines Lebewesens oder seiner Masse setzt die Erdschwere unüberschreitbare Grenzen; sie verhindert auch, daß Elefanten fliegen können (erst unserer Generation von Ingenieuren und Technikern war es vorbehalten, auch fliegende Jumbos zu entwickeln).

Aber nicht nur das Wachstum wird von der Schwerkraft beeinflußt, sondern offenbar auch die Differenzierung der Zellen – wie sonst könnten sich Wurzel- und Stammzellen voneinander trennen und unterschiedliche Aufgaben übernehmen. Unbekannt ist aber noch, inwieweit auch der Ablauf von sogenannten Lebensgrundprozessen, z. B. die Zellteilung selbst, von der Schwerkraft beeinflußt wird. Erste Hinweise auf eine solche Steuerung hatte ein früheres Weltraumexperiment ergeben, das mit Pantoffeltierchen durchgeführt worden war: Die meisten von uns erinnern sich bestimmt noch an ihren Biologieunterricht in der Schule, in dem dieses urtümliche Lebewesen behandelt wurde – als schönes Beispiel für einen ziemlich komplizierten und dennoch einzelligen Organismus. Diese Pantoffeltierchen hatten sich bei dem früheren Versuch im Weltraum schneller als »normal« geteilt und waren außerdem größer geworden als am Erdboden. Wir werden bei der D1-Mission noch einmal herauszufinden versuchen, welche Ursache dieser Effekt haben könnte. Wenn es einen Schwerkrafteinfluß auf diese Lebensgrundprozesse gibt, sollte er vielleicht auch schon in noch früheren Entwicklungsstadien erkennbar sein, zum Beispiel unter den Bakterien. Werden Bakte-

Lagerverwaltung
71 Probenbehälter müssen unmittelbar nach der Inbetriebnahme des Spacelab auf die einzelnen Kammern verteilt und vor der Rückkehr zur Erde wieder verstaut werden.

Fütterung der Fruchtfliegen

Die mitgeführten Fliegen müssen täglich gefüttert werden. Auf dem Futterbrett bleiben befruchtete Eier zurück, die dann eingefroren und nach der Rückkehr am Erdboden untersucht werden.

Sterilität als oberstes Gebot

Viele Experimente am Biorack sind auf eine keimfreie Umgebung angewiesen; die Handschuhbox mit ihrem großen Sichtfenster bietet hierfür die erforderlichen Arbeitsbedingungen.

rien von der Nahrungszufuhr abgeschnitten, so können sie sich in eine Art Winterschlaf versetzen: Sie wandeln sich in scheinbar leblose Sporen um. Die Rückführung in den Bakterienzustand wird erst dann wieder eingeleitet, wenn die »Umweltbedingungen« eine solche Wiederbelebung sinnvoll erscheinen lassen.

Hier interessiert nun, ob der Prozeß der Sporenbildung im Weltraum unter Mikrogravitation ähnlich abläuft wie auf der Erde, ob also in vergleichbaren Zeiträumen entsprechend viele Sporen entstehen. Dabei läßt sich die Zahl der gebildeten Sporen an Bord des Raumlabors messen, indem man beobachtet, wie sehr ein den Behälter durchdringender Lichtstrahl beeinflußt wird.

Damit wir auch den möglichen Einfluß der Schwerkraft auf die grundlegenden Funktionen höherer Lebewesen herausfinden können, führen wir außerdem eine Reihe von Fruchtfliegen mit an Bord. Die müssen jeden Tag von uns in der Handschubox gefüttert werden. Dabei bleiben ihre Eier dann in dem täglichen Futterbrett stecken, so daß wir sie zusammen mit dem Futterbrett einfrieren können. Da es auch männliche Fliegen in den Behältern gibt, werden die Eier befruchtet sein und bereits Embryonen enthalten. Ziel des Experimentes ist es, herauszufinden, ob diese Weltraum-Embryos der Fruchtfliegen sich von denen irdischer Fruchtfliegen unterscheiden.

Geschwächtes Immunsystem

Daß die Schwerelosigkeit an Bord eines Raumschiffes auch an den Astronauten nicht spurlos vorübergeht, zeigt die regelmäßig auftretende »Raumkrankheit«, die offenbar auf einander widersprechende Informationen über die räumliche Lage an das Gehirn ausgelöst wird. Auch die Umverteilung der Körperflüssigkeit muß genauer untersucht werden, um sicher zu sein, daß sie keine Gefahr für die Astronauten darstellt.

Offenbar wird aber auch das menschliche Immunsystem, das zur Abwehr von Krankheitserregern dient, durch die Schwerelosigkeit beeinträchtigt; dies jedenfalls zeigte ein Experiment während der ersten Spacelab-Mission: Damals wurde menschliches Blut in einer Ampulle mit einer Substanz (Mitogen) versetzt. Am Erdboden nimmt daraufhin die Zahl der weißen Blutkörperchen (Lymphozyten) stark zu, damit genügend Antikörper zur Abwehr produziert werden können. Im Weltraum dagegen blieb die Zahl der weißen Blutkörperchen nahezu unverändert, obwohl sie funktionstüchtig geblieben waren. Allerdings hatte man die Blutproben bereits vor dem Start gewonnen und daher konservieren müssen. Dieses Mal wollen wir das Experiment noch realistischer durchführen und uns während des Fluges gegenseitig Blut abnehmen, das wir dann auf seine Fähigkeit hin untersuchen, Krankheitserreger abzuwehren.

Gestärkte Bakterien

Gefahr droht den Astronauten von solchen Krankheitserregern aber auch noch aus einem anderen Grund, wie unser französischer Kollege Jean Loup Cretien bei seinem Besuch an Bord der sowjetischen Raumstation Saljut 6 beobachten konnte. Er stellte nämlich fest, daß man im Weltraum offenbar die doppelte Menge Antibiotikum als auf der Erde benötigt, um Bakterien abzutöten. Noch ist unklar, worauf dieser Unterschied zurückzuführen ist, und daher werden wir dieses Experiment wiederholen. Um sicher zu sein, ob wirklich die Schwerelosigkeit als Ursache in Frage kommt oder vielleicht die stärkere kosmische Strahlung, werden wir einen Teil der Zellen in der mitgeführten Zentrifuge so beschleunigen, daß sie eine »künstliche Erdschwere« erfahren. Kommt man bei ihnen mit

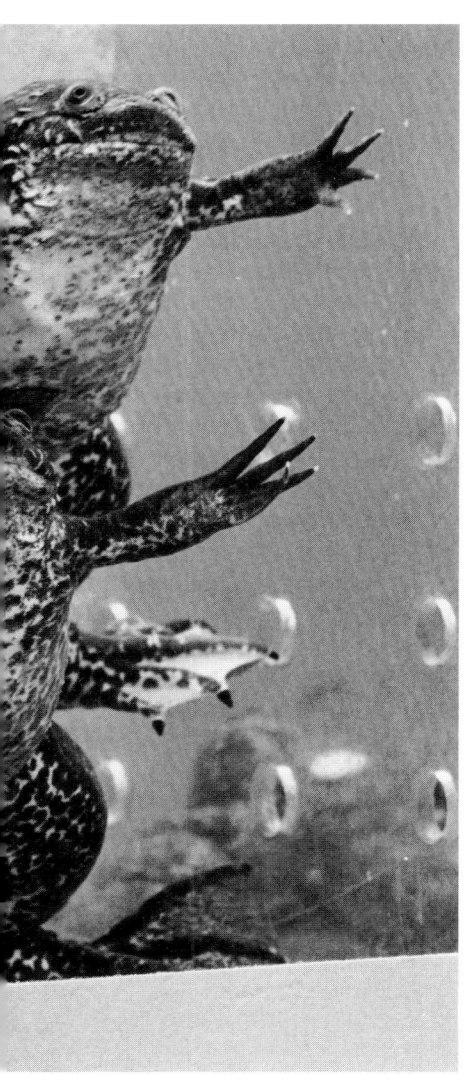

Versuchskaninchen

Während der D1-Mission mitgeführte befruchtete Froscheier sollen Aufschluß darüber geben, welchen Einfluß die Schwerelosigkeit auf ihren Reifungsprozeß nimmt.

Haben Astronauten dickes Blut?

Die Rasterelektronenmikroskop-Aufnahme menschlichen Blutes zeigt, daß die roten Blutkörperchen in der Überzahl sind. Wie verändert sich die Zusammensetzung in der Schwerelosigkeit, wie die Form der Blutkörperchen? Die D1-Astronauten sollen eine Antwort finden.

der normalen Menge an Antibiotika aus, so könnte die fehlende Schwerkraft tatsächlich das auslösende Moment sein.

Frösche als Versuchskaninchen

Weitere Experimente im Biorack sollen klären, wie die »biologische Uhr« im Innern eines Organismus auf die veränderten Bedingungen im Raumschiff reagiert. Was geschieht zum Beispiel mit Algen, die sich tagsüber nach dem Sonnenlicht ausrichten und dafür Lichtreize während der Nachtzeit ignorieren, wenn sie an Bord von Spacelab alle 90 Minuten einen Tag-Nacht-Rhythmus erleben?

Daneben gibt es Rhythmen, die offenbar nicht vom Lichtwechsel abhängen. Ein klassisches Beispiel dafür sind die sogenannten Pendelströmungen beim Schleimpilz Physarum: Er zeigt absolut rhythmische Kontraktionen der Zellhüllen, die als Aderwände anzusehen sind – nach jeweils rund 90 Sekunden wechselt die Strömungsrichtung der Körperflüssigkeit. Denkbar ist, daß dieser »Puls« von der Schwerebeschleunigung der Erde angeregt wird. Bodenversuche mit schnell rotierenden Probenkammern, in denen die Wirkung der Schwerkraft teilweise kompensiert werden konnte, ließen jedenfalls eine Änderung des Rhythmus erkennen. Wir sollen die Strömungen im Mikroskop beobachten, das in die Handschuhbox des Bioracks integriert ist – vielleicht gelingt es uns, sie mit dem Spacelab-Fernsehsystem sogar zur Erde zu übertragen, damit die Wissenschaftler dort den Verlauf des Experimentes direkt mitverfolgen können.

Ähnliche Fragen wie innerhalb des Bioracks auf europäischer Ebene wollen bundesdeutsche Wissenschaftler in den beiden Temperaturkammern klären, die unter den Bezeichnungen BOTEX und STATEX in einem anderen Regalschrank untergebracht sind. Auch hier hofft man, durch Untersuchungen bei verringerter Schwerkraft den Einfluß der Erdschwere auf Wachstum und Entwicklung von Pflanzen und Tieren besser zu verstehen.

Bei den botanischen Experimenten (BOTEX) müssen wir den Fortgang der Entwicklungen in regelmäßigen Zeitabständen fotografieren und zum Schluß konservieren, damit im Labor mögliche strukturelle Veränderungen aufgespürt werden können, während das STATEX lediglich als geschlossener Kasten mitgeführt wird: Die in diesem Behälter eingeschlossenen Froscheier und Kaulquappen unterschiedlichen Alters sollen während des Fluges einzig der Schwerelosigkeit ausgesetzt werden, um den Einfluß reduzierter Erdschwere auf die Entwicklung des Schweresinnesorgans zu studieren. Auch dies ist in gewisser Weise eine Ergänzung zu unseren Versuchen mit dem Weltraumschlitten, die uns Aufschluß über Funktion und Reizschwellen unseres eigenen Schweresinnesorgans liefern sollen.

Überleben im All?

Während es bei all diesen Experimenten im wesentlichen darum geht, den Einfluß der Schwerkraft auf irdische Lebewesen zu untersuchen, kann man in der Erdumlaufbahn auch eine Antwort auf die Frage suchen, inwieweit Lebensformen außerhalb der Erde existieren können. Daraus ergeben sich möglicherweise neue Aspekte im Hinblick auf den Ursprung des Lebens überhaupt. Immerhin haben durchaus ernstzunehmende Wissenschaftler lange die Frage diskutiert, ob die Erde in weit zurückliegender Vergangenheit vielleicht von außen mit Lebenskeimen »infiziert« worden ist (wenn man auch nicht unbedingt gleich so weit gehen muß wie Fred Hoyle, der die Grippe-Epidemien auf »verseuchte kosmische Niederschläge« zurückführt).

Kann also ein Virus oder irgendein anderer Organismus die in unseren Augen lebensfeindlichen Umwelt-

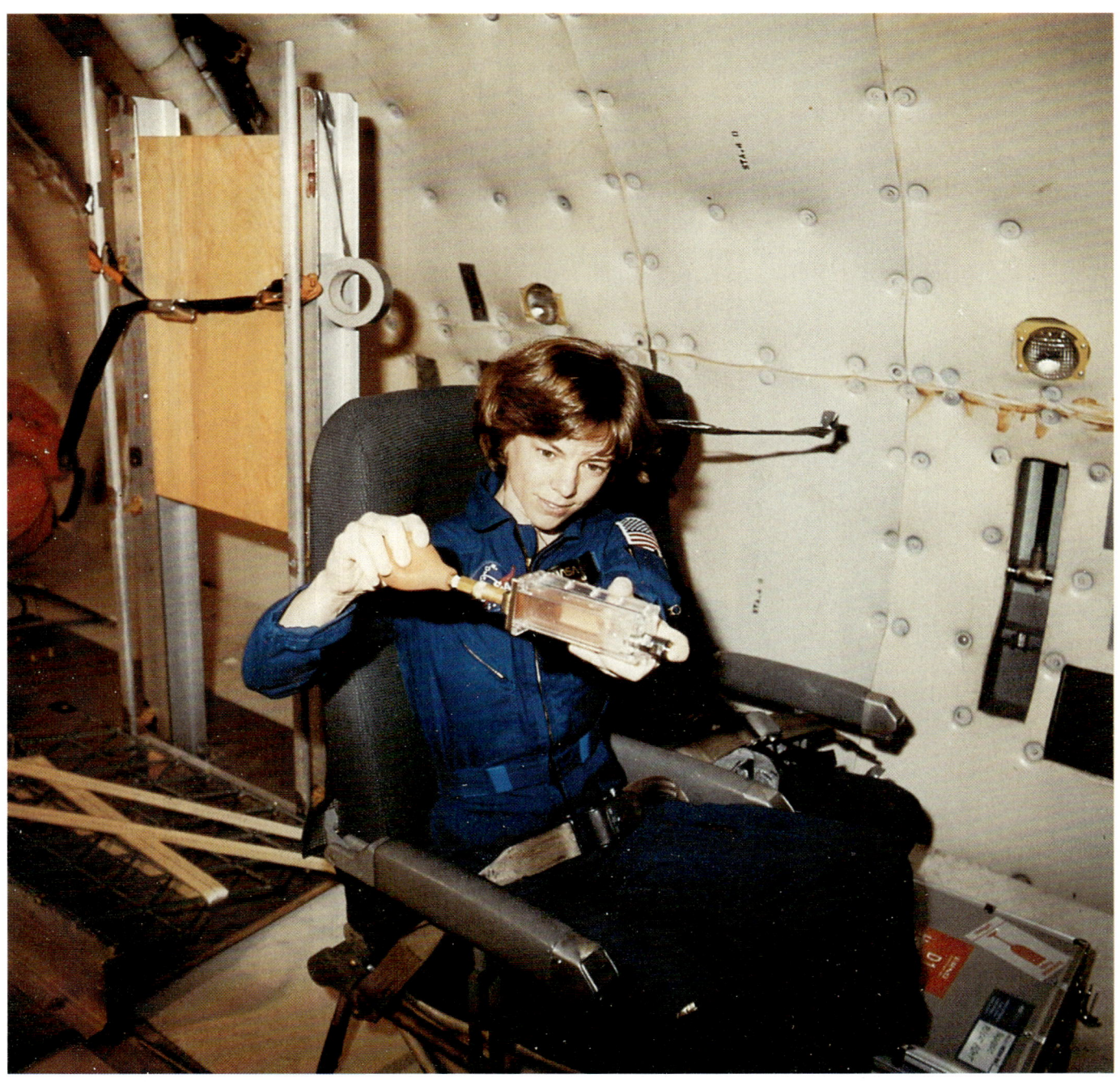

bedingungen im Weltraum überstehen, ohne lebensnotwendige Luft, bei extremer Kälte, unter starker Ultraviolettstrahlung, dort, wo die Partikel der kosmischen Strahlung eine tödliche Dosis übertragen?

Erste Experimente, die diese Frage klären sollten, sind vor vielen Jahren mit hochfliegenden Forschungsballonen vorgenommen worden. Bei einigen Apollo-Missionen zum Mond wurden dann sogenannte Biostacks mitgeführt, Probenkammern, die zum Beispiel Maissamen und Plastikfolien als Strahlungsdetektoren enthielten. Bei weitem nicht alle Maissamen, die von kosmischen Strahlungsteilchen getroffen wurden, starben ab – in manchen Fällen wurden auch Mutationen beobachtet, zeigten die aus diesen getroffenen Samen heranwachsenden Pflanzen beispielsweise gelbgestreifte Blätter.

Bei D1 gehen wir einen Schritt weiter und untersuchen den Einfluß der kosmischen Strahlung auf die Entwicklung tierischer Zellen; als »Versuchskaninchen« dienen Eier der Stabheuschrecke, die sich in verschiedenen Entwicklungsstadien befinden. Nach der Rückkehr zur Erde wird ihre weitere Entwicklung bis zum Schlupf verfolgt, aber auch ihre Nachkommenschaft beobachtet, um Veränderungen im Erbgut erkennen zu können.

Materialforschung im Spacelab

ERNST MESSERSCHMID

Der »Schwerkraftschalter«

Wenn ein Wissenschaftler am Ende seines Arbeitstages das Labor verläßt, schaltet er normalerweise den Strom ab; dazu gibt es zumeist einen Hauptschalter, der die gesamte Stromversorgung unterbricht. Damit erlöschen plötzlich nicht nur die Leuchtanzeigen seiner Instrumente, sondern es verschwinden auch sämtliche Kräfte und Erscheinungen, die irgendwie stromabhängig sind und mit denen sich der Forscher kurz vorher noch beschäftigt hat. Ein Elektromagnet zum Beispiel, der eben noch ein Eisen angezogen hat, kann dies nicht länger festhalten.

Gäbe es darüber hinaus noch einen Schalter, mit dem sich die Schwerkraft zum ersten Mal ausschalten ließe – unser Wissenschaftler würde garantiert noch nicht nach Hause gehen. Übermütig wie die Astronauten bei ihren ersten Parabelflügen würde er sich zuerst mit sich selbst und seinem schwerelosen Zustand befassen: Er müßte lernen, sich anders als bisher fortzubewegen, sich neu zu orientieren und Gegenstände wie etwa seine Experimentiergeräte, die zuvor von der Schwerkraft an ihrem Platz gehalten wurden, auf geeignete Weise zu befestigen. Dann aber dürfte die Lust am Experimentieren durchbrechen, denn eine Fülle von aufregenden physikalischen Erscheinungen würde sich vor seinen Augen ausbreiten.

Er käme rasch dahinter, daß vor allem beim Hantieren mit Flüssigkeiten das Fehlen der Schwerkraft besonders auffällig wird.

Gerade die Untersuchung von Flüssigkeiten und Strömungen liefert aber auch unter Einwirkung der Schwerkraft wesentliche Voraussetzungen zum Verständnis komplizierter physikalischer, materialwissenschaftlicher, biologischer und medizinischer Prozesse.

Die »Insel der Schwerelosigkeit«

Leider gibt es diesen Schwerkraftschalter nicht, und so bleiben dem Forscher am Erdboden wichtige Erkenntnisse einfach verborgen. Erst die Raumfahrt erlaubt uns heute, die Schwerewirkung mit einem physikalischen »Trick« aufzuheben: Ein Raumschiff, das sich in einer Erdumlaufbahn befindet, wird zwar als Ganzes von der Erdanziehungskraft »festgehalten«, bewegt sich aber gleichzeitig im »freien Fall« um die Erde herum und bildet damit eine Art »Insel der Schwerelosigkeit«.

Was anfangs als bizarre Beigabe eines bemannten Raumfluges angesehen wurde und ungläubiges Staunen bei den Erdenbürgern hervorrief, die Filme oder Fernsehbilder aus den Raumkapseln sahen, ist inzwischen zum Forschungsgegenstand ersten Ranges geworden. So gibt es zwar am Erdboden noch immer kein Labor mit Schwerkraftschalter, jedoch ein Labor in der Schwerelosigkeit einer Erdumlaufbahn: das europäische Weltraumlabor Spacelab, das erstmals im Spätherbst 1983 eingesetzt wurde und nun unter bundesdeutscher Federführung zur D1-Mission startet. Einen wesentlichen Anteil am Experimentierprogramm stellen auch diesmal Versuche aus dem Bereich der Materialwissenschaften dar. Am Erdboden spielt die Schwerkraft nämlich bei allen Vorgängen, die nicht auf bloß atomarer Ebene ablaufen, eine so dominierende Rolle, daß sie alle anderen möglichen Kräfte weit in den Schatten stellt und entsprechend kaum zum Zuge kommen läßt. Ein Beispiel dafür ist nachfolgend beschrieben, viele andere lassen sich nennen.

Proben für den Weltraum

Bonnie Dunbar übt mit dem für biowissenschaftliche Experimente eingesetzten Anzuchtbehälter unter kurzzeitiger Schwerelosigkeit während eines Parabelfluges.

Formgebende Kräfte

Eine reine Flüssigkeit setzt sich aus sehr vielen gleichen Teilchen – zum Beispiel Molekülen – zusammen, von denen jedes eine anziehende Kraft – die sogenannte van-der-Waals-Kraft – auf alle anderen Teilchen ausübt. Die Summe dieser Kräfte wird als Kohäsion bezeichnet; sie hält die Flüssigkeit zusammen und sorgt dafür, daß deren Oberfläche möglichst klein bleibt – man spricht in diesem Zusammenhang auch von minimierter Oberflächenenergie.

Kommt eine Flüssigkeit mit einem festen Körper in Berührung, so tritt eine weitere Erscheinungsform der van-der-Waals-Kräfte auf: Die Adhäsion zwischen den Flüssigkeitsteilchen und den Teilchen des festen Körpers. Die Wirkung der Adhäsionskraft hat jeder schon einmal an einem gefüllten Wasserglas beobachtet: Während die Flüssigkeit in der Mitte eine weitgehend ebene Oberfläche aufweist, wölbt sie sich am Rand leicht nach oben auf. Dabei muß sie gegen die (äußere) Schwerkraft und die (innere) Kohäsion gleichermaßen ankämpfen; das kostet Energie. Erstaunlicherweise wird sie aus der bloßen Tatsache der zusätzlichen Benetzung des Glases gewonnen, aus der Adhäsion zwischen Glas und Flüssigkeit also: Je größer diese Adhäsion ist, desto stärker ist die beobachtete Aufwölbung.

Wird anstelle eines üblichen Glases ein mit Teflon beschichtetes Gefäß benutzt, so wölbt sich die Flüssigkeitsoberfläche am Rand nach unten. Dies ist auf die schlechte Benetzbarkeit von Teflon zurückzuführen: Ein Flüssigkeitsteilchen am oberen Rand versucht den größtmöglichen Abstand zur Teflonwandung einzunehmen.

Im ersten Fall spricht man von Benetzung zwischen Flüssigkeit und festem Material (Benetzungswinkel kleiner als 90 Grad), im zweiten Fall von Nichtbenetzung (Benetzungswinkel größer als 90 Grad).

Da die Schwerkraft die Adhäsionskraft überlagert, kann man sich vorstellen, daß die Form der Flüssigkeitsoberfläche anders aussieht, wenn man die Beobachtung bei fehlender Schwerewirkung anstellt. Die Oberfläche nimmt dann für den vorgegebenen Benetzungswinkel stets diejenige Form an, bei der sie möglichst klein wird (dadurch wird die Oberflächenenergie auf den kleinstmöglichen Wert gebracht).

Eine einfache Überlegung zeigt, daß diese – bei konstantem Volumen – kleinste Oberfläche zur Kugeloberfläche führt, so daß die Flüssigkeitsoberfläche zwischen den Gefäßwandungen eine Kugelkappe bildet. Während ihre Form unter irdischen Bedingungen durch das Gleichgewicht von potentieller Energie und Benetzungsenergie bestimmt ist, spielt bei Abwesenheit der Schwerewirkung (und entsprechend »fehlender« potentieller Energie) das Gleichgewicht zwischen Oberflächen- und Benetzungsenergie die entscheidende Rolle.

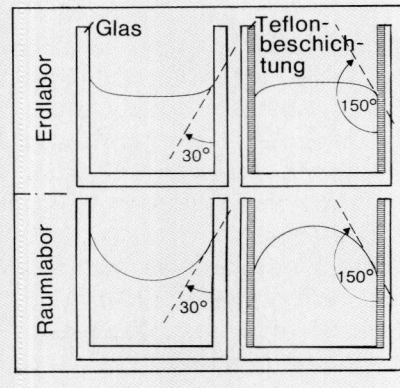

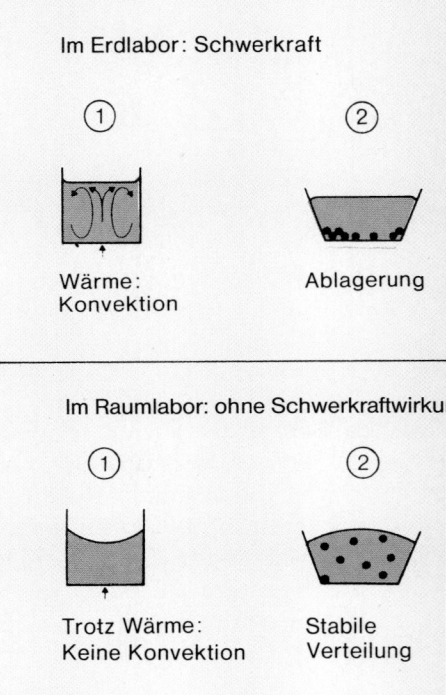

Wunderwelt der Mikrogravitation

Zahlreiche Alltagserfahrungen im Zusammenhang mit Flüssigkeiten sind eine Folge der Schwerkraft: Temperaturunterschiede führen zu Konvektionsströmungen, Gewichtsunterschiede zu Ablagerungen, Oberflächenspannung und Adhäsion reichen nicht aus, um große Flüssigkeitsmengen zusammenzuhalten (oben). Bei stark reduzierter Schwerkraft (Mikrogravitation, unten) verhalten sich die Flüssigkeiten daher ganz anders.

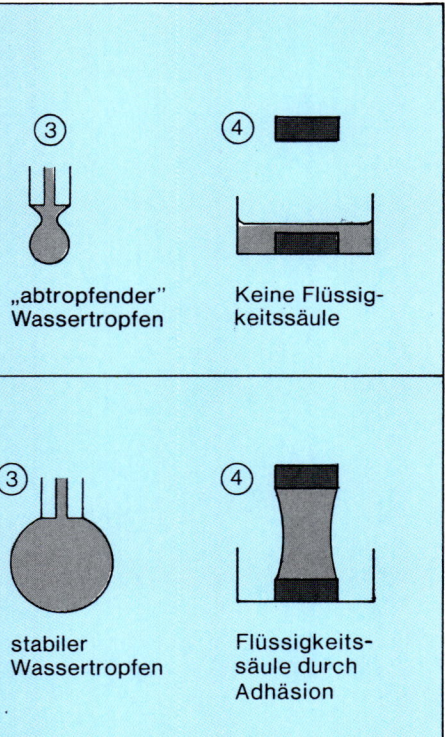

③ „abtropfender" Wassertropfen
④ Keine Flüssigkeitssäule

③ stabiler Wassertropfen
④ Flüssigkeitssäule durch Adhäsion

In einem Wasserbehälter etwa steigen Gegenstände nach oben, die spezifisch leichter sind als Wasser, also auch wärmeres Wasser. Erhitzt man daher einen Wasserbehälter von unten, so steigt das erwärmte Wasser nach oben, während das kältere Wasser seitlich nach unten absinkt. Es entsteht eine Strömung, die als natürliche oder freie Konvektion bezeichnet wird. Konvektionsströmungen treten auch in Gasen auf, etwa in Form von Winden innerhalb der irdischen Atmosphäre.

Spezifisch schwerere Objekte hingegen sinken im Wasserbehälter nach unten, weil ihr Auftrieb kleiner ist als ihr Gewicht. Man spricht dann von Ablagerung oder Sedimentation.

Da im Weltraumlabor die Schwerkraftwirkung aufgehoben ist und alle Gegenstände gewichtslos sind, gibt es dort entsprechend weder Konvektion noch Sedimentation.

Eine weitere Besonderheit in der Schwerelosigkeit: Eine Flüssigkeitsmenge nimmt eine Form ein, wie wir sie von unserer Erfahrung auf der Erde her nicht kennen. Der aus einer Pipette gedrückte Wassertropfen ist nahezu kugelförmig. Entfernt man mit einem plötzlichen Ruck die Pipette vom Wassertropfen, so nimmt er nach dem Ausklingen der angeregten Schwingungen (die mathematisch noch nicht genau beschreibbar sind und deswegen bei der Spacelab 1-Mission ebenso wie bei der im Mai 1985 durchgeführten amerikanischen Spacelab 3-Mission auch untersucht wurden) eine ideale Kugelgestalt an. In der Schwerelosigkeit kann man sehr große Wasserkugeln erzeugen, wohingegen jeder von uns auf der Erde die Erfahrung gemacht hat, daß Wassertropfen beim Erreichen einer bestimmten Größe eben vom Wasserhahn abtropfen und weder kurz davor noch danach eine Kugelgestalt haben.

Bringt man im Raumlabor die einmal erzeugte Flüssigkeitskugel in Berührung mit zwei runden Scheiben, so nimmt die Flüssigkeit dazwischen eine zylindrische Form an. Durch ständiges Auseinanderziehen der stützenden Scheiben wird die Flüssigkeitssäule in der Mitte immer dünner und bricht erst dann auseinander, wenn der Abstand der Scheiben etwa gleich dem Umfang ist. Auf der Erde reißt durch die »störende« Schwerkraft die Flüssigkeitssäule bei einem sehr viel kleineren Scheibenabstand auseinander.

Solche und andere Effekte, die auf das Fehlen der Schwerewirkung im Raumlabor zurückgehen, spielen beim Experimentieren während der D 1-Mission eine entscheidende Rolle:

● Die Abwesenheit der natürlichen Konvektion wird vor allem dort ausgenutzt, wo sich eine Flüssigkeitsmenge, die nicht auf konstanter Temperatur gehalten werden kann bzw. einen Temperaturunterschied erfordert, nicht durchmischen darf, zum Beispiel bei der Herstellung von Kristallen.

● Die Abwesenheit von Sedimentation und Auftrieb ermöglicht bei der Herstellung von Legierungen eine gute Durchmischung von Substanzen unterschiedlicher spezifischer Dichte im aufgeschmolzenen und daher flüssigen Zustand. Man hofft, auf diese Weise schwere Metallatome in einem leichteren Metall oder umgekehrt einlagern zu können.

● Die Bildung von bestimmten Flüssigkeitsformen in Kontakt mit festen Materialien (Festkörpern) und Gasen ohne Einfluß des hydrostatischen Druckes ist dazu geeignet, Kräfte zwischen Flüssigkeiten und ihrer Umgebung zu untersuchen.

Formenreiche Flüssigkeiten

Wir haben bereits gesehen, daß Festkörper Flüssigkeiten stark anziehen können. Es ist bekannt, daß die Adhäsionskräfte von der Festkörperoberfläche in die Flüssigkeit hineinwirken, dort aber sehr schnell kleiner werden; für Flüssigkeitsmoleküle im Abstand von nur einem tausendstel Millimeter zur Wand lassen sich diese Kräfte auf der Erde nicht mehr messen.

Im Weltraum hingegen konnte die Wirkung der Adhäsionskräfte schon beobachtet werden. Während des ersten Skylab-Fluges (1973) war ein Eiswürfel, dessen Umgebungstemperatur Null Grad überstieg, schon nach kurzer Zeit von einer dünnen Wasserschicht umgeben, deren Oberfläche (Grenzfläche Wasser/Luft) deutlich von der Adhäsionswirkung des Eises gekennzeichnet war. Diese Beobachtung brachte einen Wissenschaftler der Firma Kodak auf die Idee, die schwachen Adhäsionskräfte in einem Experiment bei der Spacelab 1-Mission zu untersuchen. Zusammen mit den Wissenschaftsastronauten Ulf Merbold und Byron Lichtenberg ist es ihm gelungen, diese Van-der-Waals-Kräfte durch Messung der Oberflächenverformung qualitativ nachzuweisen, weil die erzielte Meßempfindlichkeit rund tausendmal höher war als bei einem entsprechenden Versuch am Erdboden.

Bei der D1-Mission möchte Dr. John Padday diese Nachweisempfindlichkeit noch weiter steigern und damit die Van-der-Waals-Kräfte an der Grenzfläche zwischen fester und flüssiger Materie erstmals quantitativ bestimmen. Das Experiment wird im Flüssigkeitsphysik-Modul (FPM) durchgeführt, einem Teil des in der Bundesrepublik Deutschland entwickelten Werkstofflabors. Statt der Abkürzung benutzen wir auch gerne die Umschreibung »Fiat-Motor« – weniger als Hinweis auf die italienische Herstellerfirma als vielmehr aufgrund der Ähnlichkeit der Form und der Verwendung vieler Einzelteile eines Kleinmotors. Dafür müssen wir eine Flüssigkeit so lange durch ein Loch in einer Kreisscheibe einfüllen, bis sie eine zweite, gegenüberliegende Scheibe berührt und sich zwischen beiden in Form einer zylindrischen Flüssigkeitsbrücke verteilt.

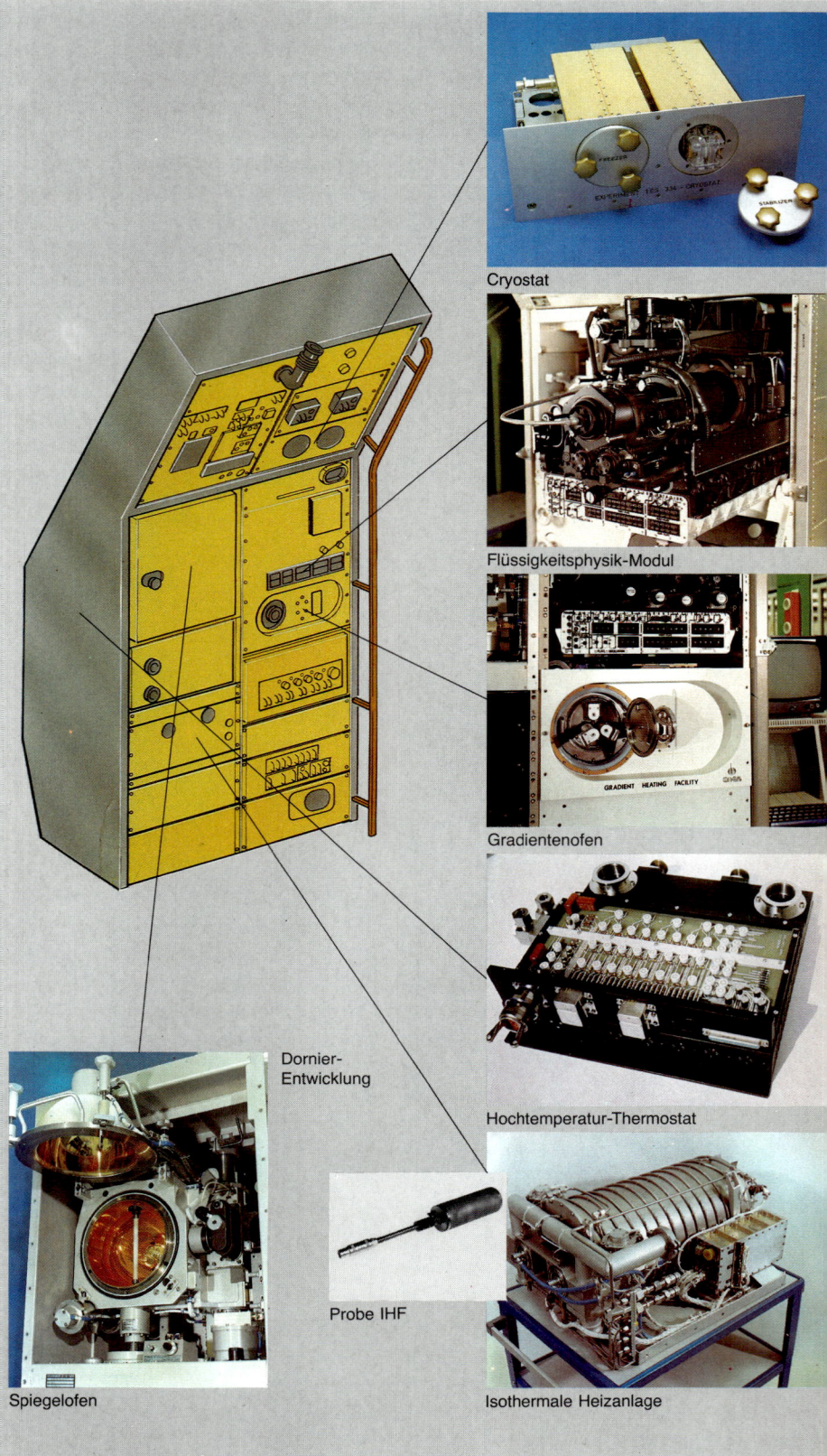

Weltraumerprobt – das Werkstofflabor *Das Werkstofflabor mit seinen Öfen, der Kühleinrichtung und eine Apparatur zur Untersuchung von Flüssigkeiten in der Schwerelosigkeit i bereits bei der Spacelab 1-Mission erfolgreich eingesetzt worden.*

Durch Veränderung des Scheibenabstandes oder des Flüssigkeitsvolumens entstehen ganz bestimmte Formen der Flüssigkeitszone: Bei großen Flüssigkeitsmengen erhält man Kugelzonen; verringert man dann den Scheibenabstand, verformt sich die Flüssigkeit zu einem Nodoid mit einer starken Ausbuchtung der Oberfläche. Mit kleineren Flüssigkeitsmengen ergeben sich die abgebildeten Zonenformen mit einer eingebuchteten Oberfläche. Interessant für das Experiment ist nun genau die Form, bei der an jeder Stelle der Oberfläche die Einbuchtung den gleichen Krümmungsradius hat wie die Flüssigkeitssäule an dieser Stelle. Man spricht dann von einem Catenoid, bei dem der Druck entlang der Oberfläche zu Null wird. Kleinste Störungen oder Erschütterungen führen zu sichtbaren Abweichungen von der Catenoidform, und so eignet sich eine solche Flüssigkeitszone als sehr empfindliches Instru-

Inspektion zum Kennenlernen Wubbo Ockels läßt sich Funktionsweise und Bedienung des Flüssigkeitsphysik-Moduls erklären. Die Untersuchung von Flüssigkeiten in der Schwerelosigkeit enthüllt viele physikalische Phänomene, die am Erdboden von der Schwerkraft überdeckt werden.

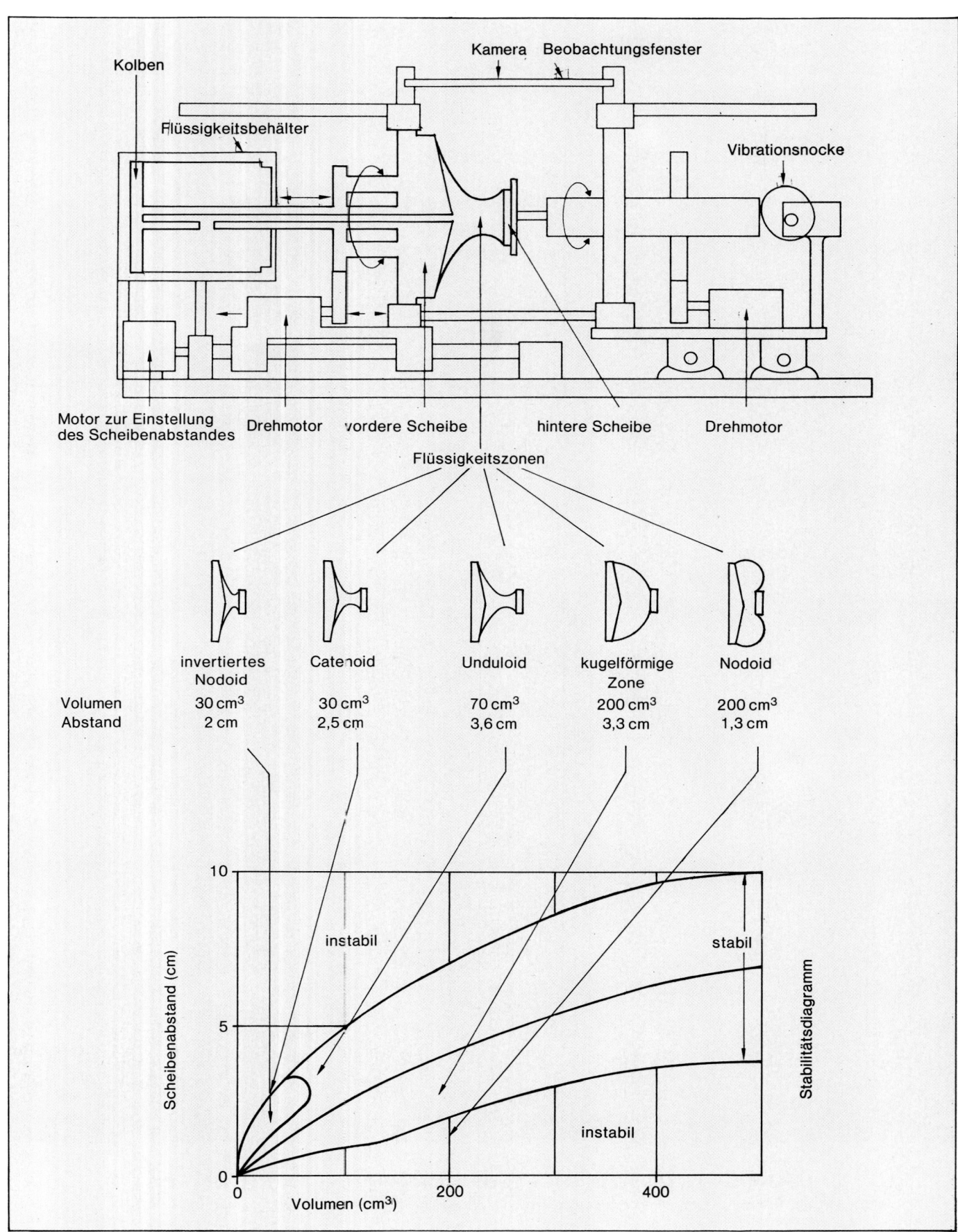

Querschnitt durch den »Fiat-Motor«

In der Schwerelosigkeit wird die Form einer Flüssigkeit von Kräften zwischen den Molekülen bestimmt, deren Stärke man mit dem Fluid Physics Module messen möchte. Die Form der Flüssigkeitszone (oben Mitte) hängt vom Abstand der beiden Platten und der Flüssigkeitsmenge ab (mittlere Zeile); sie wird von den Astronauten anhand des Stabilitätsdiagramms (unten) durch Verschieben des Kolbens im Flüssigkeitsbehälter (oben links) verändert.

ment für die Messung von Drücken und Kräften.

Mit Augenmaß und »Stillgestanden«

Wie aber lassen sich damit die Adhäsionskräfte messen? Das Prinzip ist einfach und genial zugleich, funktioniert aber eben nur bei fehlender Schwerkraftwirkung. Zunächst bauen sich an der Grenze zwischen der großen Titanscheibe und dem Siliconöl als gut benetzender Flüssigkeit Adhäsionskräfte auf, die einen mehr oder minder dicken Siliconfilm über der ganzen Scheibe entstehen lassen: Je größer die Tiefenwirkung der Adhäsion, desto dicker wird dieser Film, und desto weniger Siliconöl bleibt für die Flüssigkeitssäule übrig. Mit anderen Worten ist – bei gleichbleibender Flüssigkeitsmenge – die Form der Flüssigkeitssäule ein Maß für die Dicke des Films und damit für die Stärke der Adhäsionskräfte. Die Form der Flüssigkeitssäule wird fotografisch festgehalten und auf der Erde mit vom Computer erzeugten Bildern verglichen.

Würde das Experiment auf der Erde durchgeführt – die sehr viel stärkere Gravitationskraft würde die Flüssigkeitszone von vornherein so deformieren, daß es unmöglich wäre, eine ausreichend große Flüssigkeitssäule herzustellen, geschweige denn, die gesuchten Kräfte zu messen.

Während der D1-Mission hängt es nun von unserem Geschick und Augenmaß ab, wie gut die Catenoid-Zone angenähert werden kann. Ein bißchen zuwenig an Flüssigkeit oder ein zu großer Abstand der beiden Scheiben läßt die Zone in zwei Teile zerreißen. Durch langsames Herantasten an die Stabilitätsgrenze werden die besten Ergebnisse erzielt. Als Hilfe bei der Experimentdurchführung dient ein Stabilitätsdiagramm, in dem wir für jedes Volumen den Scheibenabstand ablesen können, bei dem die Flüssigkeitssäule auseinanderreißt.

Für große Zonenlängen ist die Grenze zwischen Catenoidform und Instabilitätsbereich fließend. Wird sie erreicht, heißt es für die übrigen Besatzungsmitglieder »stillgestanden«, damit nicht eine unvorsichtige Bewegung eines Astronautenkollegen oder ein Lagemanöver des Shuttle zu einer Erschütterung und einem vorzeitigen Bruch der Flüssigkeitssäule führt. Man hofft, auf diese Weise eine hunderttausendmal größere Empfindlichkeit zu erreichen als bei einer entsprechenden Messung am Erdboden.

Das erwähnte »Augenmaß« wird in vielen Trainingssitzungen mit einer Methode erworben, die nach ihrem Erfinder, dem blinden Physiker Plateau benannt wird. Damit lassen sich die erwähnten Flüssigkeitszonen herstellen, wobei von großem Vorteil ist, daß der sehr erfahrene Experimentator und Flüssigkeitsphysiker Padday korrigierend eingreifen kann.

Während des Raumfluges muß man sich auf seine eigenen Augen verlassen, ist nach einer möglichst exakten Beschreibung der Flüssigkeitsform allenfalls über die Funkverbindung eine Hilfestellung seitens des Experimentators zu erwarten. So etwas nennt man dann »interaktive Wissenschaft«, denn die Kommunikation während des Raumfluges zwischen uns Wissenschaftsastronauten und dem im Kontrollzentrum anwesenden Experimentator läßt diesen am eigenen Experiment teilhaben. Auch der blinde Plateau hat wohl auf diese Weise experimentiert.

Der Experimentator ist also vor allem an der Messung der Filmschichtdicke am Rande der Titanscheibe interessiert. Das ist wohl auch der Grund, daß eine Firma, die sich der Herstellung und dem Verkauf von Filmen widmet und modernste Filmschicht-Technologien entwickeln muß, ein solches Experiment im Raumlabor durchführen läßt und einen Großteil der Kosten dafür aus eigener Tasche bezahlt.

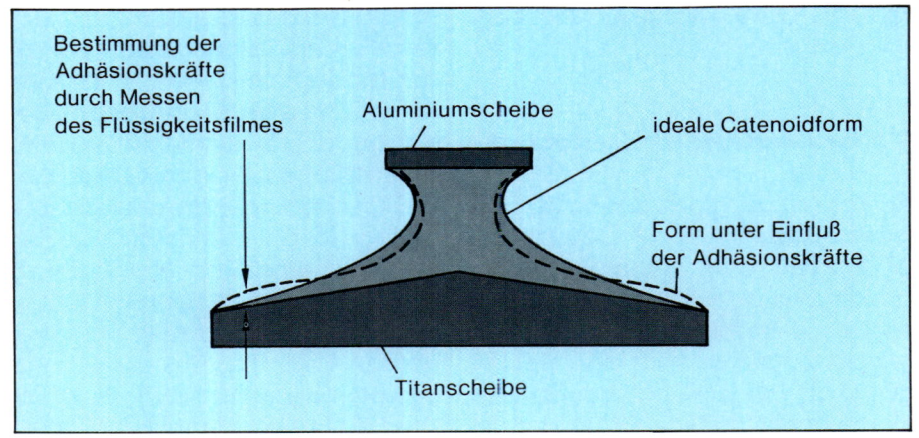

Die Schwerkraft überlistet

Ein sogenannter Plateau-Tank erlaubt auch am Erdboden gewisse Voruntersuchungen über die Form von Flüssigkeitssäulen: In ihm wird die Testflüssigkeit von einer zweiten Flüssigkeit genau gleicher Dichte umgeben, die so die Schwerkraftwirkung auf die Säule kompensiert; allerdings »erdrückt« dieser äußere Mantel auch die Adhäsionskräfte, so daß deren exakte Messung nur in der Schwerelosigkeit möglich ist.

»Cognac-Tränen«

Neben der schwerkraftbedingten »natürlichen« Konvektion – wärmeres Wasser steigt nach oben, kaltes Wasser sinkt nach unten –, die wir in den meisten Zentralheizungen unserer Häuser ausnutzen, gibt es eine zweite Konvektionsart – die Grenzflächenkonvektion –, die von der Schwerkraft unabhängig ist. Man kann sie zum Beispiel an einer brennenden Kerze beobachten, wenn Dochtreste, die in das flüssige Wachs gefallen sind, sich mit großer Geschwindigkeit an der Oberfläche zum Rand hinbewegen. Diese Konvektion entsteht, wenn die Oberflächenspannung an einer freien Grenzfläche nicht überall gleich groß ist. Bei der brennenden Kerze ist die Temperatur des flüssigen Wachses am Rande niedriger als in der Mitte, und so nimmt die Oberflächenspannung und damit die Oberflächenenergie von der Mitte zum Rand hin zu. Die Dochtreste bewegen sich deswegen nach außen, weil die dort größere Grenzflächenenergie Flüssigkeit aus dem Bereich niedriger Grenzflächenenergie abzieht – ähnlich wie bei einer kräftigen Gummihaut, die sich auf Kosten der Bereiche mit schwacher Gummihaut zusammenzieht. Auch die sogenannten Cognac-Tränen, die an der Glasinnenwand über der wohlriechenden Flüssigkeit beobachtet werden können, sind auf die Marangoni-Konvektion zurückzuführen: Wenn man das Cognacglas in der Hand stilgerecht etwas vorwärmt, entstehen Temperatur- und Konzentrationsunterschiede durch die Verdampfung von Alkohol. Dadurch wird sowohl die Benetzung zum Glas verändert als auch die Grenzflächenkonvektion hervorgerufen. Man beobachtet einen Cognacfilm an der Innenwand hochsteigen, bis sich die Flüssigkeit dort, wo die Oberflächenspannung der Schwerkraft nicht mehr weiter entgegenwirken kann, sammelt und wieder nach unten »tränt«.

Am Erdboden kann man diese Strömung kaum vermessen, da sie von der natürlichen Konvektion überlagert wird. Dabei wäre es außerordentlich hilfreich, die von ihr hervorgerufenen Einflüsse auf das Verhalten von Flüssigkeiten genauer zu kennen, da die Marangoni-Konvektion eine Züchtung hochreiner Einkristalle aus der Schmelze nachteilig beeinträchtigen kann; solche perfekten Kristalle aber braucht man für die Herstellung von Mikrochips, den Herzstücken aller modernen elektronischen »Zauberwürfel«. Welche Bedeutung dieser Konvektionsart beigemessen wird, mag man schon allein daran erkennen, daß bei der D1-Mission insgesamt 34 Experimente aus den materialwissenschaftlichen Disziplinen in irgendeiner Weise von Marangoni-Effekten beeinflußt werden und elf davon diese Effekte zum Hauptgegenstand der Untersuchungen haben.

Unter der Experimentbezeichnung »Marangoni-Konvektion in einem offenen Boot« (kurz: MKB) wird sie in einer offenen, rechteckigen Quarzglasküvette – das ist das Boot – mit einer vier Quadratzentimeter großen Oberfläche untersucht. Dabei wird eine Substanz zwischen zwei Heizblöcken unterschiedlicher Temperatur aufgeschmolzen und die Marangoni-Konvektion anhand von Schwebeteilchen unter besonderen Beleuchtungsverhältnissen sichtbar gemacht. Vornehmlich geht es darum, die Stromlinien, das Tiefenprofil und die Strömungsgeschwindigkeit an verschiedenen Stellen der Oberfläche in Abhängigkeit vom Temperaturunterschied zwischen den beiden Heizerblöcken zu ermitteln.

Bei diesem Experiment müssen wir den Ablauf sehr genau beobachten und durch Veränderung der Heizertemperaturen immer wieder »nachsteuern«. Die Marangoni-Konvektion, die ja durch den Temperaturunterschied entlang der Oberfläche angetrieben wird, baut diese Temperaturdifferenz nämlich ihrerseits ab, vor allem dann, wenn die Flüssigkeit die Wärme gut weiterleitet. So müssen wir die Intensität der Marangoni-Konvektion selbst verfolgen und gegebenenfalls den Temperaturunterschied vergrößern, um sie wieder in Gang zu bringen. Die dabei entstehenden Änderungen von Strömungsgeschwindigkeit und Temperatur können im MKB-Experiment durch Filmaufnahmen und Sensoren festgehalten und später auf der Erde ausgewertet werden. Zu unseren Aufgaben gehört daher auch eine ständige Kontrolle der Bildschärfe, damit die Schwebeteilchen hinterher gut zu erkennen sind. Durchgeführt wird das Experiment in einer der drei Versuchsanlagen der Prozeßkammer (PK).

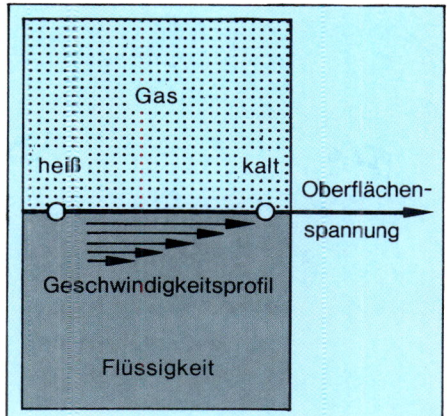

Spannung zwischen heiß und kalt

Temperaturunterschiede an einer freien Füssigkeitsoberfläche verändern die Oberflächenspannung, so daß eine Strömung von heiß nach kalt entsteht, die sich zum Teil auf tiefere Schichten überträgt (Marangoni-Konvektion, links). Sie wird im Spacelab gemessen, indem Markierungsteilchen mit einem Stroboskopblitz beleuchtet und fotografiert werden (unten): der

Heizblock 1, 350°C

Heizblock 2, 320°C

Abstand der einzelnen Bildpunkte einer Zehnerspur ist ein Maß für die Strömungsgeschwindigkeit, die nahe der Oberfläche wesentlich größer ist als die Rückströmung weiter unten.

Wandernde Moleküle

Salzschmelzen werden in der Technik in immer stärkerem Umfang verwendet, zum Beispiel bei der Herstellung von Aluminium aus Bauxit (Schmelzflußelektrolyse), zur Oberflächenvergütung von Metallen und Gläsern, aber auch als Katalysatoren für chemische Reaktionen bei hohen Temperaturen. Wichtig für einen optimalen Einsatz ist eine umfassende Kenntnis der Stoffdaten, die man natürlich nur aus exakten Messungen gewinnen kann – eine Bestimmung des sogenannten Diffusionskoeffizienten läßt sich jedoch unter normalen Laborbedingungen nicht mit der erforderlichen Genauigkeit erreichen. Dieser Diffusionskoeffizient gibt an, wie schnell sich zwei Flüssigkeiten ohne Einwirkung äußerer Kräfte durchmischen – in aller Regel läuft dieser Prozeß sehr langsam ab. Wenn man beispielsweise eine mit Kochsalz gesättigte und damit spezifisch schwerere Lösung in einem Becherglas vorsichtig unter »reines« Wasser schichtet, dauert es Stunden, bis die Kochsalzmoleküle weit in das »Süßwasser« vorgedrungen (diffundiert) sind. Die einzelnen Salzmoleküle stoßen auf ihrem zufälligen Weg immer wieder mit Flüssigkeitsmolekülen zusammen, so daß ihre Mobilität und damit der Diffusionskoeffizient sehr klein ist. Man kann sich vorstellen, daß Konvektionseinflüsse, wie sie durch kleinste Temperaturunterschiede ausgelöst werden können, einen sehr viel größeren Einfluß auf den Transport der Salzmoleküle haben als die Diffusion selbst. Zur Unterdrückung solcher Konvektionsströmungen benutzt man im Labor deswegen Kapillargefäße genannte dünne Röhrchen, läuft dann aber Gefahr, daß die Messung des Diffusionskoeffizienten durch die Wirkung der Adhäsion zwischen Wandung und Salzmolekülen verfälscht wird. An Bord des Raumlabors entfällt angesichts der fehlenden Erdschwere die durch die Schwerkraft angetriebene natürliche Konvektion, so daß wir hoffen, dort Präzisionsdaten der ungestörten Diffusion zu erhalten.

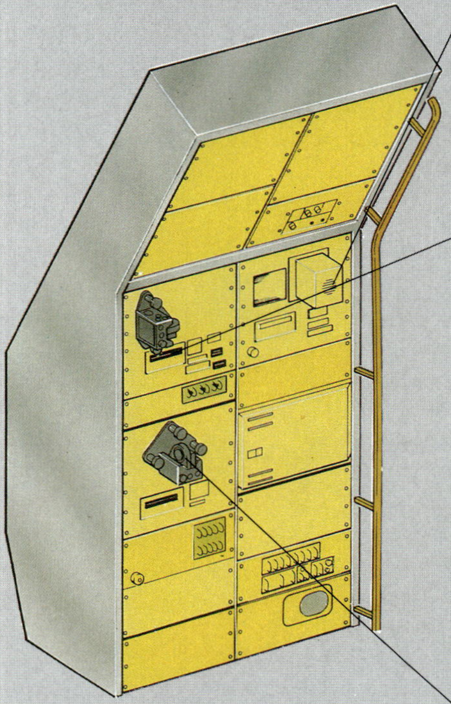

Mit dem Experiment »Interdiffusion von Salzschmelzen« (kurz: IDS) wird die Diffusion von Natriumnitrat und Silbernitrat studiert. Vor Beginn des Versuchsablaufes muß dazu ein möglichst idealer, aber nicht zu großer Konzentrationssprung zwischen den Salzschmelzen unterschiedlicher Zusammensetzung (Natrium- bzw. Silbernitrat) vorhanden sein. Er wird erreicht, indem man die bei-

Holografische Interferometrie-Anlage

Interdiffusion in Salzlösung

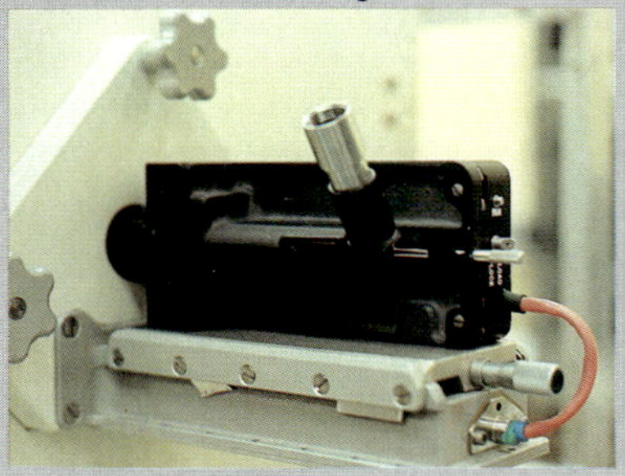

Beobachtungskamera

Marangoni Konvektion Boot

Strömung ohne Schwerkraft

Die Prozeßkammer enthält zwei Einzelexperimente sowie eine holografische Interferometrieanlage, die für vier verschiedene Versuche genutzt wird.

Salzschmelze

a) Salzmoleküle einer kochsalzhaltigen Lösung, die kurz zuvor unter reines Wasser geschichtet worden ist, sind in

b) nach einigen Stunden schon in das reine Wasser diffundiert. Am Übergang hat ein Konzentrationsausgleich stattgefunden, von dem der Diffusionskoeffizient abgeleitet wird.

c) zeigt die bei D 1 verwendete Meßzelle. Die Salzschmelzen strömen gegeneinander in die Meßzelle, wobei bis kurz vor Experimentbeginn die ständig entstehende Diffusionsgrenzschicht seitlich abgesaugt wird. So bildet sich nach einiger Zeit in Höhe der Abströmschlitze eine scharfe Grenzschicht aus. Die Konzentrationsverteilung der Silberionen ist in

den Salzschmelzen von oben und unten in eine quaderförmige Meßzelle einströmen und durch schmale Schlitze in der Mitte der Zelle abströmen läßt.

Wenn dann die seitlichen Abströmschlitze zugesperrt werden, wandern die bei der hohen Prozeßtemperatur ohnehin aufgelösten (zu Ionen dissoziierten) Salzmoleküle auch durch die anfänglich scharfe Grenzschicht und verwischen sie zusehends – es findet ein Konzentrationsausgleich statt.

Die Salz-Konzentration in der Grenzschicht wird mit einer sehr empfindlichen optischen Methode bestimmt. Dabei nutzt man die Tatsache aus, daß ein Lichtstrahl abhängig von der Salzkonzentration unterschiedlich schnell und daher auf jeweils verschiedenen Wegen durch die Grenzschicht hindurchtritt. Überlagert man sehr viele Lichtstrahlen, so entstehen Interferenzstreifen, deren gegenseitiger Abstand immer größer wird. Ihr Auseinanderwandern ist ein Maß für die wirksame Diffusionskonstante.

IDS wird während der D 1-Mission als Einzelexperiment in der Prozeßkammer durchgeführt. Damit wird es zum ersten Mal möglich sein, den Transportvorgang der Diffusion in Salzschmelzen ohne Verfälschung durch die schwerkraftgetriebene Konvektion zu messen. Da die Salzschmelze außerdem nirgends eine freie Oberfläche hat, wird erwartet, daß auch die Marangoni-Konvektion den Diffusionsprozeß nicht stört. Unsere wichtigste Aufgabe wird darin bestehen, die optische Einrichtung so zu justieren, daß die Streifenmuster symmetrisch zur anfänglichen Grenzschicht bleiben. Die Aachener Forschergruppe um Professor Richter, die das Experiment ausgedacht und vorbereitet hat, hofft auf ähnlich spektakuläre Ergebnisse wie jenes Team der Technischen Universität Berlin, das bereits an Bord der Spacelab-1-Mission ein Diffusionsexperiment fliegen konnte. Damals war die sogenannte Selbstdiffusion in schmelzflüssigem Zinn untersucht worden, wobei sich herausstellte, daß die (ungestörten) Diffusionskoeffizienten um bis zu 30 Prozent kleiner sind als am Erdboden. Es versteht sich von selbst, daß die Berliner Wissenschaftler unter der Leitung von Professor Wever bei D 1 auf dem einmal

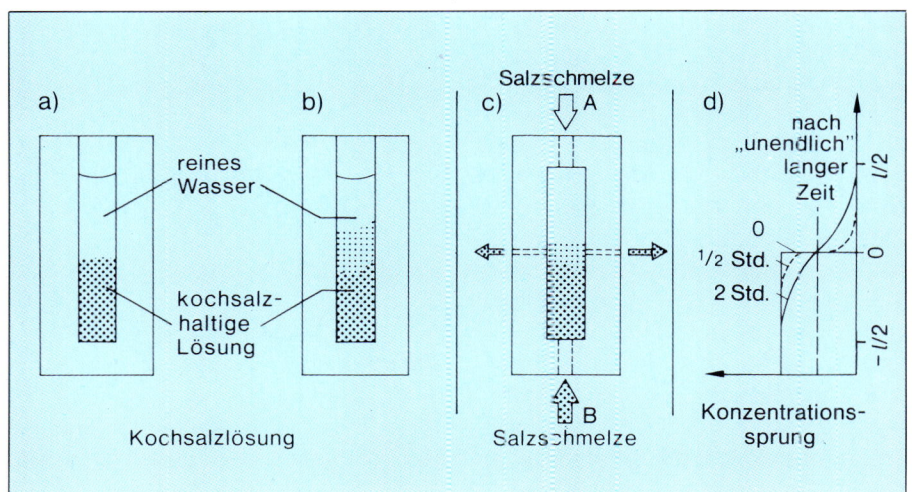

d) zu Beginn, nach einer halben bzw. 2 Stunden dargestellt. Die Nitrationenkonzentration kann man sich dazu spiegelbildlich zur Ebene der Ausgangsgrenzschicht vorstellen.

Zerfließende Grenzen

Je länger sich die Salzschmelzen durchmischen können, desto mehr verschwimmt die Grenze und desto breiter, »verwaschener« wird das Interferenzstreifenmuster.

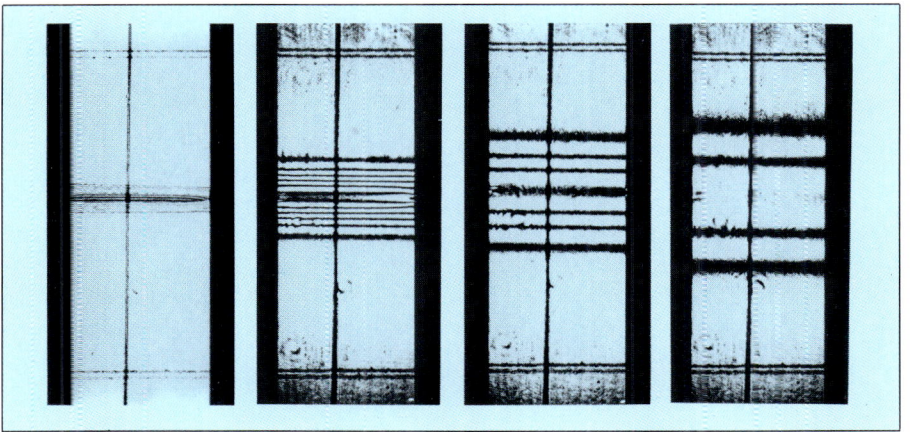

erfolgreich eingeschlagenen Weg weitermachen: Sie wollen im Hochtemperatur-Thermostaten (HTT) des Werkstofflabors (WL) Sekundäreffekte der Diffusion untersuchen, die unter irdischen Bedingungen noch nicht verstanden werden konnten.

In einem weiteren Experiment im Gradientenheizofen (GHF) des Werkstofflabors geht es darum, die Auswirkungen von Temperaturunterschieden auf die Trennung von Schmelzflüssigkeiten in ihre Einzelbestandteile zu untersuchen.

Es handelt sich bei den erwähnten D 1-Experimenten zwar im wesentlichen noch um Arbeiten aus dem Bereich der Grundlagenforschung, doch stehen die Interessenten für verbesserte Stoffdaten schon erwartungsvoll bereit: Die Aluminium-Industrie, Unternehmen, die sich mit der Energieumwandlung befassen, aber auch Produzenten von reinsten Metallen und speziellen Oberflächen.

Vom Quarzsand zum Computerchip

Jährlich werden weltweit 5000 Tonnen Einkristalle mit einem Marktwert von sechs Milliarden DM bei einer Wachstumsrate von 20% produziert. Am Rohstoff kann es nicht liegen, daß an Einkristallen soviel verdient wird, denn den gibt es buchstäblich wie Sand am Meer. Silizium beispielsweise ist nach dem Sauerstoff das zweithäufigste Element der Erdrinde und kommt in chemischen Verbindungen wie Quarz unter anderem auch im Sand vor.

Was macht eigentlich Silizium und andere kristalline Elemente zum vielgefragten Computer-Rohstoff? Um beim Silizium zu bleiben: Es ist ein Halbleiter und hat darum Eigenschaften, die eine gezielte Steuerung von Elektronenströmen erlauben. Jedes Siliziumatom teilt sich seine Elektronen mit vier gleichen Nachbarn. Dadurch erreicht es für sich und für seine Nachbarn eine günstige Elektronenzahl, die ihm nach außen eine besondere Stabilität verleiht. Durch diese gegenseitige Elektronenausleihe entsteht ein sehr festes Gefüge der Atome zueinander, ein sogenanntes Kristallgitter, in dem jedes Atom fest an seinem Platz sitzt und darauf achtet, daß die gemeinsamen Elektronen nicht aus seiner Reichweite entweichen. Erwärmt man jedoch einen Siliziumkristall, so lösen sich die Elektronen von ihrem angestammten Bereich und bewegen sich frei durch den Kristall hindurch. Die solchermaßen vagabundierenden Elektronen machen aus dem isolierenden Kristall einen passablen Stromleiter (Halbleiter). Dann erst tönt Musik aus dem Radio, spult die Waschmaschine ihr Programm ab und jongliert der Computer in Sekundenbruchteilen mit langen Zahlenkolonnen ...

Das heißt aber nicht, daß der Computer nur dann arbeitet, wenn er vorher aufgeheizt wird. Ganz im Gegenteil: Den Elektronen soll schon bei normaler Temperatur auf die Sprünge geholfen werden. Dazu wird das Silizium gezielt »verschmutzt«, werden geringe Mengen von anderen Stoffen in das Kristallgitter eingebaut und damit die elektrischen Eigenschaften verändert; der Fachmann spricht dann von Dotierung.

Dazu muß das Silizium zunächst einmal sehr rein vorliegen. Die Reinigung geschieht über eine chemische Verbindung zwischen Silizium und Chlorwasserstoff, die ähnlich wie ein Obstler destilliert werden kann und bei der hochreines Silizium ausgeschieden wird. Leider bildet sich dabei kein Einkristall; das Silizium ist nach wie vor »polykristallin«, weil nicht alle Atome exakt auf ihren vorgeschriebenen Plätzen sitzen. Solche Fehler im Kristall haben die unangenehme Eigenschaft, daß sie wie die Elektronen auf Wanderschaft gehen, diese aber stören und damit den Computer »unberechenbar« machen.

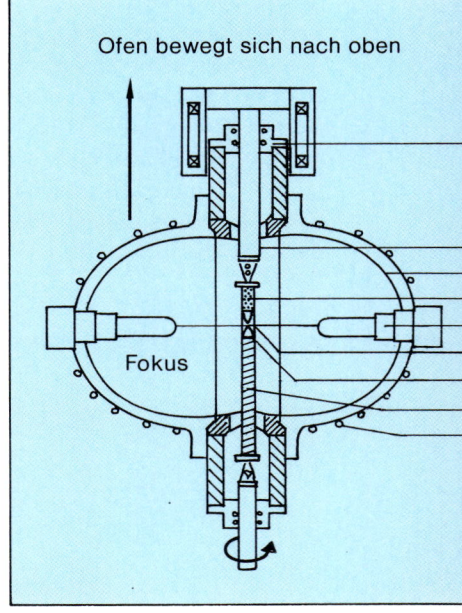

Gemeinsamer Brennpunkt

Der Vorzug eines Ellipsoid-Spiegelofens besteht darin, daß alle Energie, die in einem Brennpunkt (Fokus) der ellipsenförmigen Schmelzkammer freigesetzt wird, im anderen Brennpunkt gebündelt zur Verfügung steht. Kombiniert man zwei Ellipsoidkammern so, daß sie einen gemeinsamen Brennpunkt besitzen, läßt sich eine ziemlich gleichmäßige Aufheizung einer rotierenden Schmelzzone erzielen.

Schwierige Kristallzucht

Einkristalle lassen sich aus einer Schmelze des jeweiligen Materials »züchten«. Bei besonders hohen Anforderungen bezüglich der Reinheit und Homogenität werden sie mit dem sogenannten Zonenschmelzverfahren gewonnen. Dazu bringt man das Ausgangsmaterial, einen zylindrischen, polykristallinen Stab, durch die Schmelze mit einem »Keimkristall« in Kontakt und

— Dichtflansch

— Probenhalterung
— ellipsenförmige Ofenschalen
— polykristallines Ausgangsmaterial
— Lampe
— gemeinsamer Brennpunkt
— Schmelzzone
— wachsender Kristall
— Kühlleitung

schiebt ihn dann durch einen ringförmigen Heizer, in dem jeweils nur eine schmale Zone aufgeschmolzen wird. Sorgt man dabei für die richtige Wandergeschwindigkeit des Rohmaterials durch die Heizzone hindurch, so wächst der Kristallkeim in die Schmelze – ein großer Einkristall entsteht.

Doch was hat das mit D1 zu tun? Gleich in zwei Schmelzöfen, dem Spiegelofen des Werkstofflabors und der Ellipsoidofenanlage – von uns ELLI getauft – werden Kristalle produziert. Nicht, daß wir oder die Experimentatoren die Reinstkristalle hinterher verkaufen wollten: Sie sollen vielmehr Antwort darauf geben, warum auf der Erde trotz größter Anstrengungen die Kristallzüchtung immer noch nicht perfekt ge-

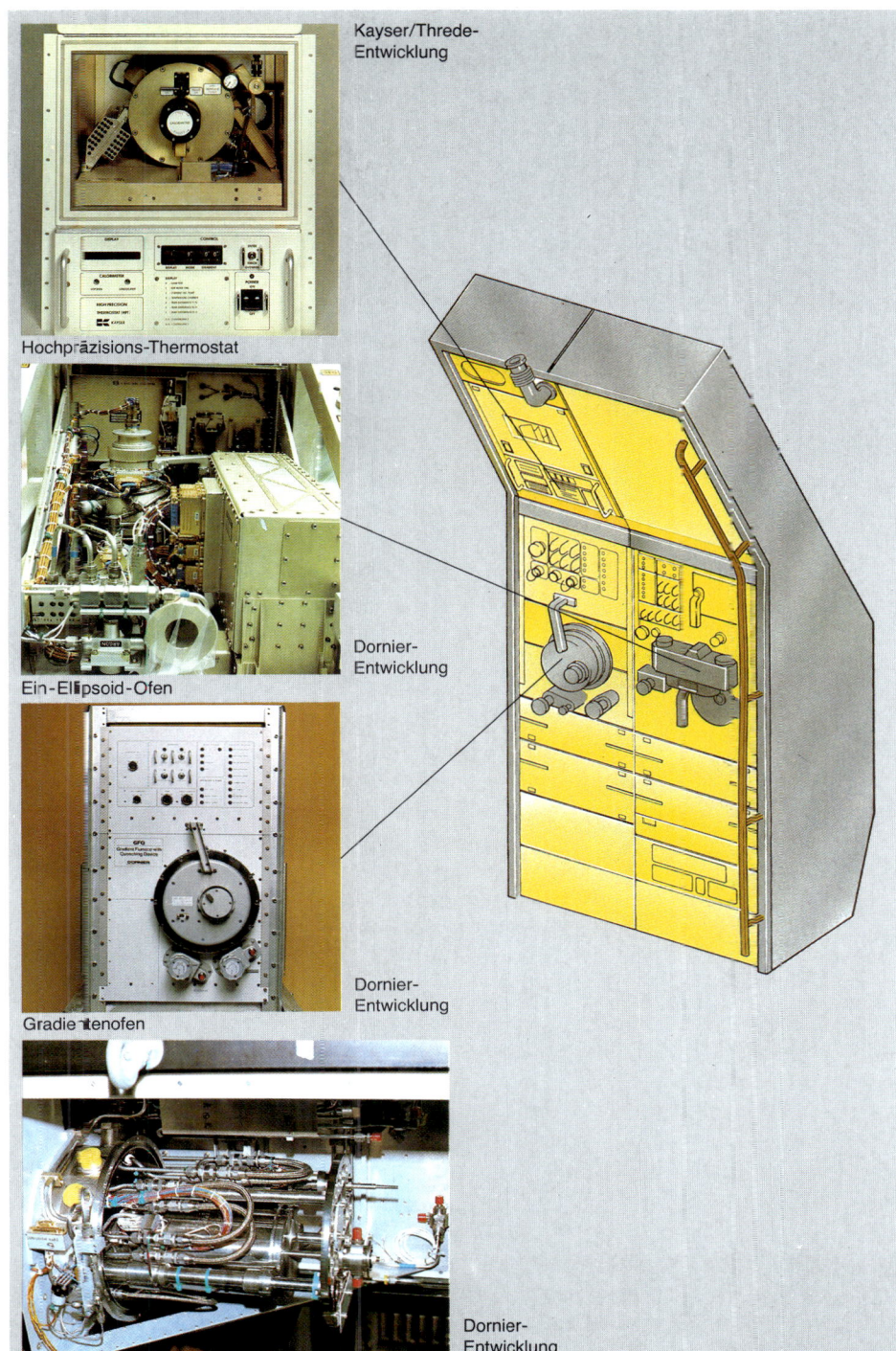

Hochpräzisions-Thermostat — Kayser/Threde-Entwicklung

Ein-Ellipsoid-Ofen — Dornier-Entwicklung

Gradientenofen — Dornier-Entwicklung

Gradientenofen — Dornier-Entwicklung

lingt. Obwohl inzwischen sehr differenzierte theoretische Modelle zu Detailproblemen vorliegen und obwohl man in der Lage ist, routinemäßig sehr große, fehlstellenfreie Einkristalle zu gewinnen, basiert die industrielle Kristallproduktion auch heute noch weitgehend auf Erfahrungswerten: Die Verhältnisse bei

Der Materialforschung zweiter Teil

Das Nutzlastelement MEDEA enthält drei weitgehend unabhängige Experimentanlagen, die alle in der Bundesrepublik entwickelt und gebaut wurden.

der Kristallzüchtung sind im allgemeinen so komplex, daß man System- oder Prozeßoptimierungen mit den theoretischen Modellen allein nicht vornehmen kann. Zeitlich und örtlich veränderliche Konvektionen in der Schmelze, die zu nicht erfaßbaren Schwankungen von Wärme und Materialtransport führen, tragen besonders dazu bei. Entsprechende Inhomogenitäten der Kristallzusammensetzung sind die Folge.

Durch Vergleich der im Raumlabor hergestellten Kristalle mit irdischen Produkten kann festgestellt werden, ob die schwerkraftgetriebene Konvektion oder die Marangoni-Konvektion die Kristallisation stört. So war zum Beispiel ein sehr wichtiges Ergebnis der Spacelab 1-Mission, daß die Marangoni-Konvektion, die beim Zonenschmelzverfahren wegen der freien Oberfläche der Schmelzzone natürlich nicht zu vermeiden ist, immer noch zu Störungen der Kristallstruktur führt.

Spacelab 1-Ergebnisse umgesetzt

Aufgrund dieser Erfahrung hat man das Zonenschmelzverfahren auf der Erde im Labor inzwischen etwas modifiziert, wird die freie Oberfläche und damit die Marangoni-Konvektion durch sogenanntes Coating (Ummanteln) des Kristalls vermieden. Dies ist ein Beispiel dafür, wie sich Ergebnisse aus der Forschung unter Mikrogravitation im Raumlabor in bessere Produktionstechniken auf der Erde umsetzen lassen könnten.

Aus dem gleichen Grund werden während der D1-Mission Kristalle nach dem Zonenschmelzverfahren nur noch ohne freie Oberfläche gezüchtet; daneben gibt es ein zweites Verfahren (nach Bridgman), das in einem der anderen drei Schmelzöfen (Isothermal-Heizanlage IHF, Gradienten-Heizanlagen GHF und GFQ) praktiziert werden kann. Dabei befindet sich die Schmelze in einem Tiegel, der langsam durch einen Gradientenofen

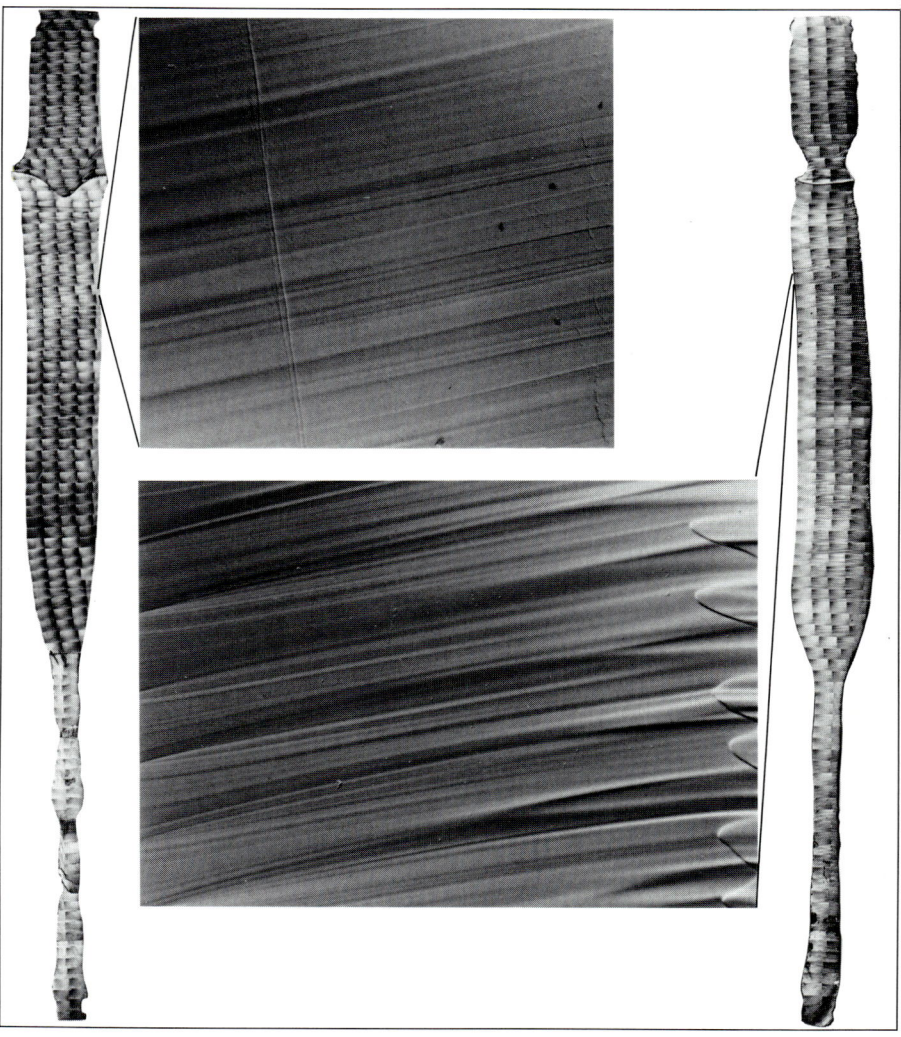

Züchtungserkenntnis

Der Vergleich zweier Siliziumkristalle macht den Qualitätsgewinn in der Schwerelosigkeit deutlich: die Wachstumsstreifen sind am Erdboden (unten und rechts) wesentlich stärker ausgeprägt als im Weltraum (oben und links). Mit einem D1-Experiment soll geklärt werden, ob sie durch Ummantelung des Kristalls vermieden werden können.

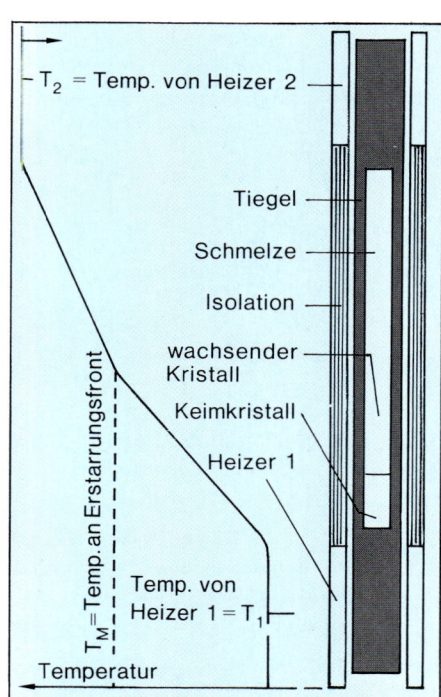

Züchtungsalternative 1

Kristallzüchtung läßt sich auch im geschlossenen Tiegel verwirklichen, wenn man den Behälter mit der Schmelze langsam durch ein Temperaturgefälle bewegt (Bridgman-Verfahren).

bewegt wird, so daß die Schmelze von einer Seite zur anderen im Tiegel erstarrt. Besonders wichtig ist diese Methode für die Grundlagenforschung, da sowohl die geometrischen als auch die thermischen Verhältnisse hier am übersichtlichsten sind.

Bei der D1-Mission wird noch ein weiteres Kristallzüchtungsverfahren praktiziert: Kristalle werden aus einer Lösung gezogen, und dabei wachsen sie sehr langsam; Züchtungsraten von einigen Millimetern pro Tag sind das Maximum; denn eine raschere Züchtung würde zu Kristallaufbaufehlern und zur Bildung neuer Keime und in ihrem Gefolge zu einem Gefüge zahlreicher, unregelmäßig orientierter Kristalle führen. Das Prinzip dieses Verfahrens mit wanderndem Heizer wird am Beispiel des Kochsalzes erläutert.

In Wirklichkeit gilt das Interesse vor allem Halbleitern mit so exotischen Namen wie Galliumantimonid, Indiumphosphid, Cadmiumtellurid und Galliumarsenid: Ein Gramm reines, extrem schwer herzustellendes versetzungsfreies Galliumarsenid kostet heute etwa 3000 DM. Hier würde es sich tatsächlich lohnen, in Spacelab-Versuchen ein Verfahren zu entwickeln, das es gestattet, dieses kostbare Material eines Tages in einer Raumstation oder vollautomatisch auf einer Raumplattform zu züchten.

entsteht ein Muster, aus dem man die räumliche Struktur des Kristalls rekonstruieren kann. Allerdings kann diese Analyse nur an gut gewachsenen und vor allem genügend großen Einkristallen vorgenommen werden.

Die Gewinnung von großen Einkristallen aus makromolekularem Material ist jedoch sehr kompliziert, da sie von vielen Faktoren beeinflußt wird. Besonders nachteilig wirkt sich die fast immer zu beobachtende Bildung mehrerer Keime aus, die zu vielen kleinen, für Strukturuntersuchungen unbrauchbaren Kristallen führt. Hauptursache dafür ist einmal mehr die Konvektion.

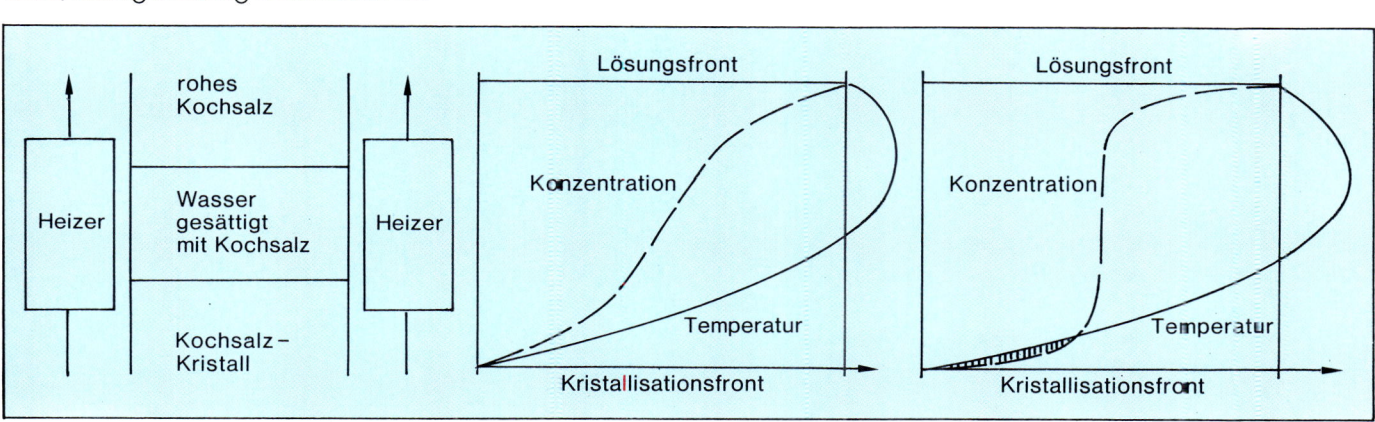

Züchtungsalternative 2

Am Beispiel einer Salzlösung wird die Rahmenbedingung für die Kristallzüchtung aus einer Lösung deutlich: Die beweglichen Heizblöcke dürfen nicht zu schnell gefahren werden, damit die Salzkonzentration vor der Kristallisationsfront in der wässrigen Lösung nicht zu hoch wird (Mitte); ansonsten kommt es zu einem Salz»stau«, bei dem sich viele Störkristalle bilden können (schraffiertes Gebiet rechts).

Riesenwuchs für Röntgenanalyse

Kristalle aus organischen Substanzen gedeihen unter den Bedingungen der Mikrogravitation besonders gut. Medizin und Pharmaforschung sind in immer stärkerem Maße an Daten über die Struktur von organischen Makromolekülen, insbesondere Proteinen, interessiert, um auf der einen Seite Stoffwechselstörungen besser zu verstehen und andererseits bessere Therapien für Patienten schaffen zu können.

Die bisher einzige Möglichkeit für eine einwandfreie Strukturaufklärung bietet die sogenannte Röntgeninterferenzanalyse, bei der Röntgenstrahlen durch den Kristall geschickt und an den einzelnen Atomen abgelenkt werden. Dabei

Im Falle des hochmolekularen Enzyms ß-Galaktosidase (Molekulargewicht 465 000) konnten der Freiburger Wissenschaftler Dr. W. Littke und andere zwar zeigen, daß bei der Kristallisation in konvektionshemmenden Gelen die Wachstumstendenz enorm gesteigert werden kann. Allerdings enthalten Proteine im kristallinen Zustand durchschnittlich 43 % Wasser und sind somit mechanisch sehr labil, so daß die Gelkörner ein räumlich ungehindertes Wachstum stören.

Den einzigen Ausweg bot eine Kristallzüchtung aus reiner Lösung unter Mikrogravitation, um die störende Konvektion umgehen zu können. So entwickelte Dr. Littke mit seinen Mitarbeitern eine Kristallisationsmaschine; sie wurde erstmals in dem vorbereitenden Raketenexperiment TEXUS 5 (für Technologie-Experimente unter Schwerelosigkeit) eingesetzt. Die sechs Minuten dauernde Schwerelosigkeit der TEXUS-Rakete führte zu Kristallgrößen, die auf der Erde nur innerhalb von Tagen zu erreichen waren. Im anschließenden Spacelab 1-Experiment wurde zur Gewißheit, was man vorher nur gehofft hatte: die Kristallisationsgeschwindigkeit unter Mikrogravitation ist nicht nur größer, sondern es können auch viel größere Kristalle gezogen werden. Das Volumen des Enzyms ß-Galaktosidase nahm gegenüber dem irdischen Vergleichsexperiment in derselben Apparatur um das 27fache zu, dasjenige des mituntersuchten Enzyms Lysozym (mit niedrigem Molekulargewicht von 14 307) gar um das 1000fache.

In der D1-Mission sollen nun Proteine mittlerer Molekulargewichte (Human-Hämoglobin A, Human-Cerulaplasmin und Katalase mit den Molekulargewichten 64 450, 159 100 und 221 600) hinsichtlich ihrer Kristallisationsfähigkeit untersucht werden.

Das Spacelab 1-Experiment von Dr. Littke hat überall Aufsehen erregt, auch in Japan und den USA, wo verschiedene Pharmazieunternehmen und zwei Universitäten der NASA angeboten haben, mit eigenen Mitteln Proteinkristalle nach der beschriebenen Methode im Weltraum zu züchten.

Legierungen nach Wunsch?

»Kupfer und Zink ergibt Messink«. Mit dieser Eselsbrücke hatte einst der Berufsschullehrer unserer Merkfähigkeit nachgeholfen, wenn auch auf Kosten der korrekten Schreibweise von Messing.

Daß Metallpaare wie Kupfer und Zink oder Kupfer und Zinn (ergibt Bronze) sich mischen lassen und Legierungen bilden, die meist bessere Eigenschaften haben als die Ausgangsmetalle, ist hinreichend bekannt. Es gibt aber auch Metallpaare, von denen man sich vorteilhafte technische Eigenschaften erhofft, die aber keine solche Legierung eingehen. Feinverteilte Mischungen aus Aluminium und Blei zum Beispiel böten sich als Gleitlagerwerkstoff an, Mischungen aus Mangan und Wismut würden wegen ihrer magnetischen Eigenschaften geschätzt. Bei sehr hohen Temperaturen sind diese beiden Metallpaare zwar mischbar, während der Abkühlung vor dem Erstarren aber entmischen sie sich wieder. Die Metallschmelzen sind demnach begrenzt mischbare Flüssigkeiten.

Werden derartige Schmelzen in der irdischen Gießerei abgekühlt, so sinkt – wie nicht anders zu erwarten – das schwerere Metall nach unten. Überraschend aber ist, daß auch in der Schwerelosigkeit eine nahezu vollständige Entmischung beider Komponenten eintritt, allerdings mit etwas anderer Verteilung.

Man kann mindestens ein Dutzend physikalischer Effekte aufzählen, die bei der Entmischung in der Schwerelosigkeit mitwirken. Einmal mehr ist die Marangoni-Konvektion im Spiel: Da eine geschmolzene Metallprobe von außen nach innen abkühlt, nimmt die Temperatur in der Schmelze nach innen zu. Tropfen der in geringer Konzentration vorhandenen Komponente wandern in Richtung niedriger Grenzflächenenergie, also nach innen. Ist außerdem an den Behälterwänden eine Komponente infolge guter Benetzung ohnehin angereichert, so ist dort zugleich die Bildung von Ausscheidungen dieser Komponente begünstigt. Eine gut benetzende Ausscheidung aber breitet sich auf der Tiegelwand aus und verursacht durch die lokale Strömung in der Schmelze einen weiteren Entmischungsvorgang.

Wesentlich zur Entmischung trägt auch die Abdrängung durch eine Erstarrungsfront bei. Zum einen können dabei einzelne Moleküle oder Atome abgedrängt werden, die nicht in das Gefüge der erstarrenden Phase passen. Die nichteingebaute Komponente wird an der Er-

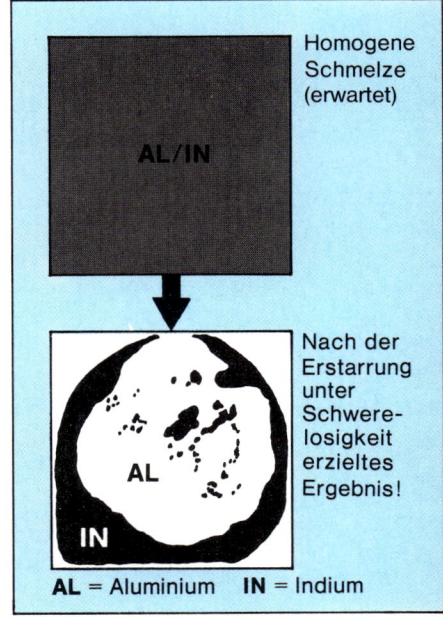

Überraschender Mißerfolg

Anders als ursprünglich erwartet lassen sich auch unter Schwerelosigkeit nicht so leicht Legierungen solcher Metalle herstellen, die bereits am Erdboden »nicht mischbar« sind. Zwar entfällt die Sedimentation, die den schwereren Anteil (bei diesem Versuch ist es Indium) nach unten absinken läßt, doch führen Effekte wie zum Beispiel Oberflächenspannung auch ohne »sortierende« Schwerkraft zu einer weitgehenden Entmischung.

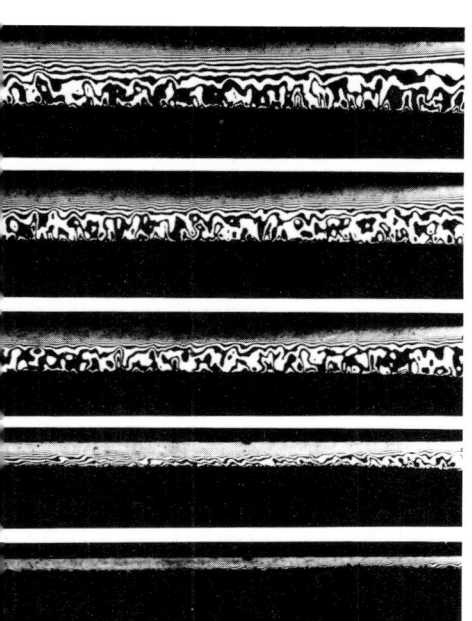

Fluchtversuch

Wenn ein geschmolzenes Legierungssystem erstarrt, werden die einzelnen Atome oder Moleküle fest in das entstehende Gefüge eingebaut. Verschiedene Effekte lassen jedoch in der Schmelze unmittelbar vor der Erstarrungsfront eine Strömung entstehen, die den reibungslosen Einbau der Teilchen stört. Auftrieb durch Dichteunterschiede, die man durch eine spezielle Beleuchtung sichtbar machen kann, wird unter Schwerelosigkeit nicht auftreten.

starrungsfront aufgestaut und daher dort angereichert; abgedrängt werden auch bereits entstandene Ausscheidungen oder feste Fremdteilchen.

In einem D1-Experiment dazu werden in einer metallischen Probe gleichverteilt eingelagerte Fremdteilchen zunächst gerichtet aufgeschmolzen und in umgekehrter Richtung wieder erstarrt.

Einbau oder Abschiebung

Es gibt metallurgische Reinigungsverfahren, die darauf abzielen, daß etwaige Fremdteilchen zur Erhöhung der Zähigkeit des Metalls vor der Erstarrungsfront hergeschoben werden. Umgekehrt kann man dafür sorgen, daß die Teilchen umwachsen werden und dann keine örtlichen Anreicherungen bilden, die den Werkstoff schwächen würden – so lassen sich dispersionsgehärtete Werkstoffe direkt aus der Schmelze gewinnen, deren Festigkeit höher sein könnte als bei der bisher üblichen pulvermetallurgischen Herstellung.

Als richtungsweisendes metallurgisches Modellsystem bietet sich die Verteilung von feinen Tonerdeteilchen (Aluminiumoxid) in Kupfer an, das sich unter normalen Schwerkraftbedingungen allerdings nicht untersuchen läßt, da die leichten Oxidteilchen sofort an die Oberfläche der Kupferschmelze steigen. Im Spacelab-Experiment hat man dieses Problem nicht.

Die D1-Mission soll zeigen, bei welcher kritischen Erstarrungsgeschwindigkeit die annähernd kugelförmigen Tonerdeteilchen gerade noch vor der Erstarrungszone ausweichen können.

Vom Wasser wissen wir, daß es bei vier Grad Celsius seine größte Dichte hat. Wird es unter diese Temperatur abgekühlt, dann dehnt es sich aus. Wie geborstene Wasserleitungen im Winter immer wieder eindrucksvoll bestätigen, gilt dies erst recht bei Minustemperaturen. Entsprechend schrumpft Eis beim Schmelzen. Dies gilt auch für einige Metalle wie Antimon und Wismut. Die meisten Metalle dehnen sich hingegen beim Schmelzen aus, Aluminium beispielsweise um etwa sechs Prozent. Der Fachmann spricht dann vom Volumensprung. Ausdehnen beim Schmelzen und Schrumpfen beim Erstarren begünstigen den Einbau von Ausscheidungen oder Fremdteilchen, Ausdehnen beim Erstarren dagegen begünstigt deren Abdrängung.

Zur Aufklärung der beschriebenen Entmischungsmechanismen werden bei der D1-Mission systematische Experimentreihen an den Systemen Zink–Blei, Zink–Wismut, Aluminium–Indium, Aluminium–Blei usw. durchgeführt. In erster Linie soll untersucht werden, wie sich die Größe der zuvor erwähnten Tropfen bei der Erstarrung auswirkt.

Werden Tropfen im Probenmaterial eingelagert und im Experiment nicht bis in den homogenen Zustand aufgeschmolzen, dann kann der Transport dieser Tropfen verfolgt und damit der Einfluß der Marangoni-Konvektion untersucht werden.

Die meisten dieser Experimente nehmen wir im Isothermal-Heizofen (IHF) des Werkstofflabors vor. Die Proben mit unterschiedlicher Legierungszusammensetzung werden in einem zylinderförmigen Graphittiegel aufgeheizt, dort zur guten Durchmischung für einige Zeit gehalten und dann abgekühlt. Die von der Mission zurückgebrachten Proben werden dann in den einzelnen Labors metallographisch analysiert. Weitere Untersuchungen zur Erstarrung von metallischen Schmelzen erfolgen auch im Gradientenheizofen mit Abschreckeinrichtung (GFQ) und in einem Experiment der Prozeßkammer (PK). Dabei wird eine transparente Schmelze verwendet, die es erlaubt, Konzentrationsprofil und Temperatur optisch durch holographische Interferenzbilder zu ermitteln.

Navigations-experimente (NAVEX)

ERNST MESSERSCHMID

Die Bestimmung der exakten Position eines Ortes auf der Erdoberfläche ist ein Problem, dessen Lösung heute für viele Anwendungsbereiche von großer Bedeutung ist. Dabei geht es nicht nur darum, wo sich etwa ein Schiff auf den Weltmeeren befindet oder ein Flugzeug über den Wolken, wiewohl solche Navigationsaufgaben schon seit langem Anreiz für eine ständige Weiterentwicklung der nutzbaren Methoden gewesen sind.

Navigation nach den Sternen

Einer der ersten, der die geographische Länge seines Standortes durch geeignete Messungen ermitteln konnte, war der Astronom Johann Werner von Nürnberg (1468–1522). Er bestimmte gleichzeitig die Höhe des Mondes und eines anderen Gestirns über dem Horizont sowie den Winkelabstand zwischen beiden Objekten. Diese Meßmethode, die den »natürlichen Erdsatelliten« Mond nutzte, hatte bereits vieles mit der heute modernsten Methode gemein, bei dem künstliche Satelliten als Navigationshilfen Verwendung finden.

Auf 10 Meter genau

Zur Erhöhung der Genauigkeit ist es allerdings erforderlich, die Satellitenbahn sehr exakt zu kennen, äußerst präzise Meßinstrumente einzusetzen und möglichst alle nur denkbaren Fehlereinflüsse zu berücksichtigen. Aus der ständigen Verbesserung dieser Teilbereiche wird noch vor dem Ende dieses Jahrzehnts eine globale Navigationstechnik verfügbar sein, die Positionsbestimmungen mit unglaublicher Präzision möglich machen soll: Ein beliebiger Standort wird in allen drei Koordinaten (geographische Länge, geographische Breite und Höhe über dem Meeresspiegel) bis auf zehn Meter genau bestimmt werden können, eine Geschwindigkeit genauer als 20 Zentimeter pro Sekunde. Mit einem sogenannten geodätischen Empfänger können sogar die Abmessungen dieses Buches bis auf Zentimeter genau gemessen werden.

Uhrenvergleich

Das Prinzip dieser Methode läßt sich mit einem kleinen Gedankenexperiment leicht verstehen. Nehmen wir einmal an, an Bord des Raumtransporters Space Shuttle befände sich eine äußerst genau gehende Uhr, deren Anzeige sich mit einem Fernrohr von der Erdoberfläche aus ablesen ließe; in das Fernrohr eingeblendet wird außerdem die Anzeige einer Uhr am Erdboden. Beide Uhren sollen vor dem Start synchronisiert worden sein, das heißt, gleiche Anzeige und gleiche Ganggeschwindigkeit besitzen. Wenn man nun eine digitale Anzeige beider Uhren mit hinreichend kurzer Belichtungszeit fotografiert, so wird man nach der Entwicklung des Bildes überrascht eine kleine Differenz zwischen den beiden Uhrzeiten feststellen. Überraschend ist die Sache aber nur auf den ersten Blick, denn schließlich braucht das Licht vom Shuttle bis zum Beobachter am Erdboden ja eine, wenn auch sehr kurze Zeit, so daß man die »Borduhr« immer ein bißchen »in der Vergangenheit« sieht. Der genaue Zeitunterschied hängt dabei natürlich von der jeweiligen Entfernung des Shuttle zum Beobachter ab – und der Lichtgeschwindigkeit. Fliegt der Raumtransporter zum Beispiel in einer Höhe von 300 Kilometern genau über dem Beobachter hinweg, so beträgt die Zeitdifferenz $1/1000$ Sekunde, scheint die »Borduhr« relativ zur »Bodenuhr« entsprechend nachzugehen.

Mit dieser Methode ließe sich allerdings so wenig anfangen, da sich daraus noch keine Positionsbestimmung auf der Erdoberfläche gewinnen läßt. Alles, was man in diesem Moment weiß, ist, daß man sich 300 Kilometer vom Shuttle entfernt befindet, und das kann rein theoretisch in jeder beliebigen Richtung zum Raumfahrzeug sein. Nimmt man dagegen noch zwei weitere Bezugspunkte zu Hilfe, also andere Satelliten mit synchronisierten Borduhren, so erlaubt die kombinierte Beobachtung aller drei Uhren und ihr Vergleich mit der Bodenuhr eine eindeutige Festlegung des eigenen Standortes, sofern man die Positionen der Satelliten kennt. Das ist dann so ähnlich wie bei der Lösung von Gleichungen mit drei Unbekannten: In aller Regel braucht man dazu eben auch drei Gleichungen (in unserem Falle sind geographische Länge, geographische Breite und der Abstand vom Erdmittelpunkt die drei Unbekannten, wobei man aus diesem Abstand zum Erdmittelpunkt gleich auch die Höhe über dem Meeresspiegel errechnen kann).

Die Uhr verrät den Ort

Was der Nürnberger Astronom Johann Werner vor rund 500 Jahren als Methode der Ortsbestimmung aus den Gestirnen vorwegnahm (wobei ihm die Position des Mondes als »Uhr« diente), wird an Bord der D1-Mission mit dem Uhrenvergleichsexperiment NAVEX in höchster Präzision wiederholt: Wenn man die Lichtgeschwindigkeit kennt, läßt sich aus der Messung der Signallaufzeit vom Space Shuttle zur Bodenstation die momentane Entfernung ermitteln und aus mehreren solcher Messungen die genaue Position relativ zur Umlaufbahn des Space Shuttle finden.

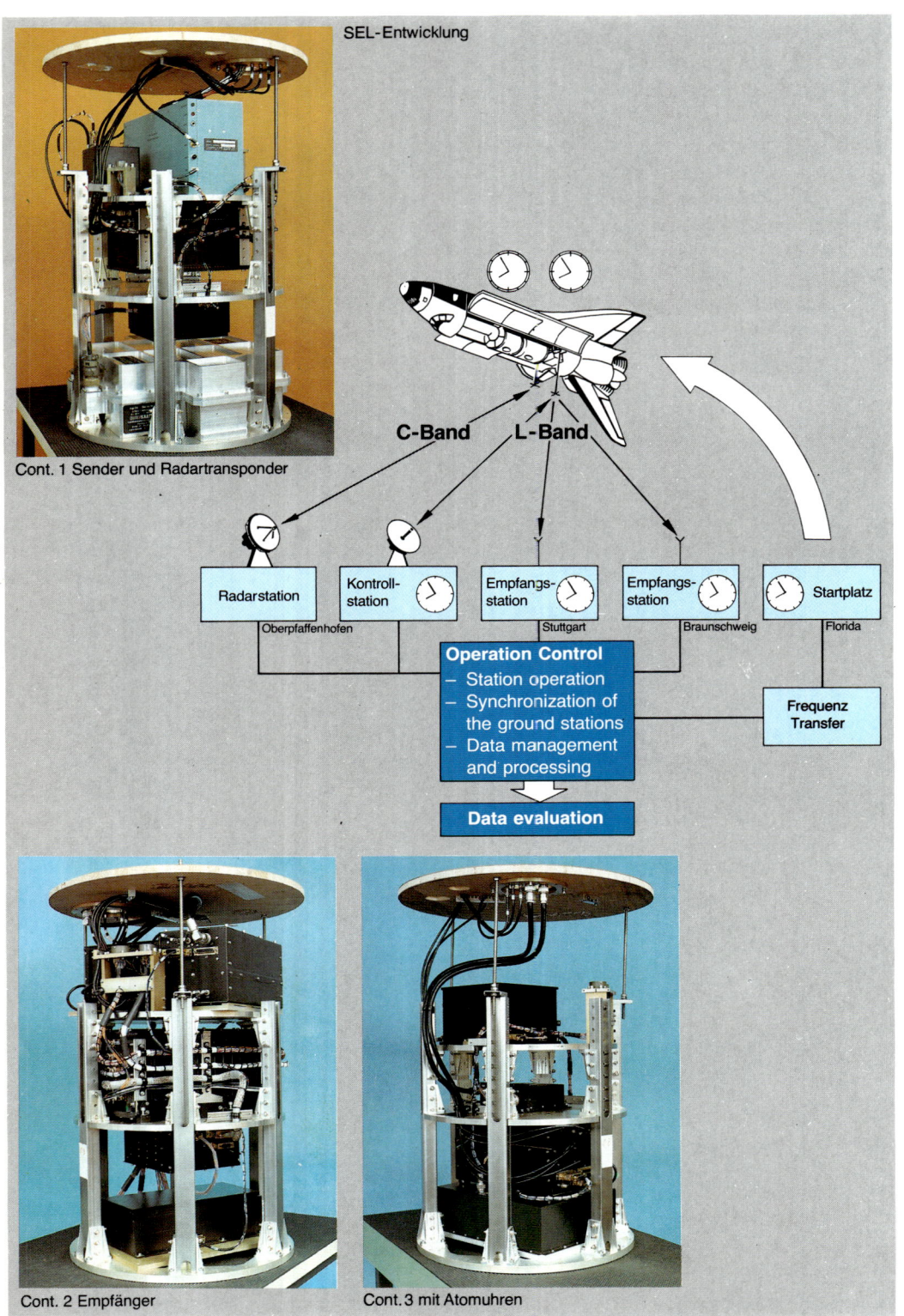

SEL-Entwicklung

Cont. 1 Sender und Radartransponder

Cont. 2 Empfänger

Cont. 3 mit Atomuhren

»Beim nächsten Funksignal ist es 23 Uhr, 22 Minuten, 21 Sekunden und 20 Milliardstel Sekunden«

Mit den Navigationsexperimenten (NAVEX) auf der offenen Trägerstruktur will man Atomuhren an Bord des Spacelab und am Boden bis auf wenige Milliardstel Sekunden miteinander synchronisieren, um ein Verfahren zu testen, das aus einem Zeitvergleich zwischen Bord- und Bodenuhr eine Positionsbestimmung mit einer Genauigkeit von 30 Metern möglich macht.

Den Anschluß nicht verpassen

Natürlich wird man selbst mit den besten Teleskopen der Erde kaum die Uhrzeit an Bord eines Satelliten ablesen können. Doch selbst, wenn der Uhrenvergleich auf diese Weise möglich wäre, bliebe ein solches optisches Verfahren viel zu unhandlich. Zur Übertragung von Satellitenzeit und -position benutzt man daher modernste Methoden der Nachrichtentechnik, denn schließlich sollen noch Gangunterschiede der Uhren bemerkt werden, die so klein sind, daß sie erst nach 100 000 Jahren zu einer gegenseitigen Abweichung von einer Sekunde führen würden.

Das D1-Navigationsexperiment NAVEX dient der Erprobung dieser Methoden und der dazu benötigten Funk- und Atomuhrentechnologie.

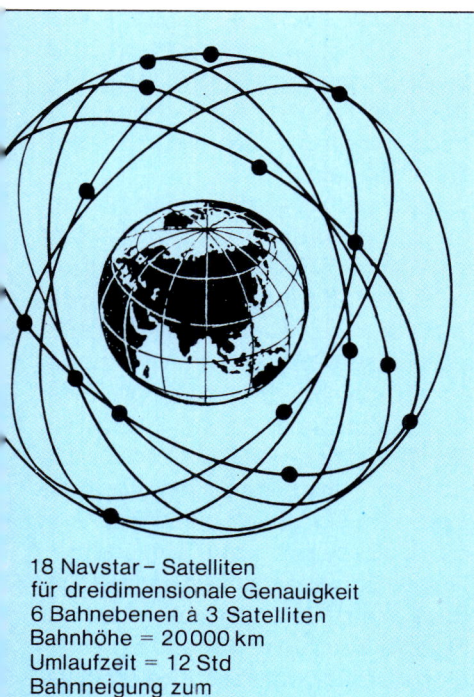

18 Navstar – Satelliten
für dreidimensionale Genauigkeit
6 Bahnebenen à 3 Satelliten
Bahnhöhe = 20000 km
Umlaufzeit = 12 Std
Bahnneigung zum
Äquator = 55°

Auf 10 Meter genau

Das amerikanische NAVSTAR-System soll militärischen Nutzern eine globale Positionsbestimmung auf 10 Meter genau ermöglichen.

Wie aber läuft das Experiment denn nun wirklich ab? Im Shuttle befinden sich zwei Atomuhren, ein Sende- und Empfangsgerät sowie ein sogenannter Radartransponder.

Die verschlüsselten Zeitsignale werden bei einer Frequenz von 1,5 Gigahertz (L-Band) ausgesendet und an drei Bodenstationen empfangen: Bei den beiden Experimentatoren in Oberpfaffenhofen (DFVLR) beziehungsweise Stuttgart (Firma SEL) sowie bei der Physikalisch Technischen Bundesanstalt (PTB) in Braunschweig.

Die Positionen dieser drei Stationen sind auf einen Meter genau gegeneinander vermessen, und die Uhren an diesen Stationen werden durch zusätzliche Maßnahmen bis auf wenige Milliardstel Sekunden (etwa ± 10 Nanosekunden) miteinander synchronisiert. Mit dieser Anordnung ist es möglich, Boden- und Borduhren nach dem Einwege-Verfahren in Verbindung mit einer Positionsbestimmung des Shuttle durchzuführen.

Der Zweiwege-Uhrenvergleich erfolgt durch Rücksendung des Signals von der Bodenkontrollstation in Oberpfaffenhofen zum Shuttle. Eine gleichzeitige Zweiweg-Laufzeitmessung bei einer anderen Sendefrequenz (bei etwa vier Gigahertz, also im C-Band), erlaubt schließlich die Bestimmung des Ionosphäreneinflusses auf die Signallaufzeit.

Da bei dieser Erprobung nur ein Satellit (der Raumtransporter) als Bezugspunkt zur Verfügung steht, muß man die restlichen Fixpunkte simulieren. Dies geschieht, indem die Uhrenvergleiche zu unterschiedlichen Zeiten wiederholt und so insgesamt vier Messungen durchgeführt werden.

Die vierte Beobachtung dient dazu, den Uhrenstand im Navigationsempfänger zu korrigieren, damit dieser später keine Atomuhr benötigt, sondern mit einer billigeren und handlicheren präzisen Quarzuhr auskommt.

Kurz vor dem Start und möglichst sofort nach der Landung des Shuttle werden die Borduhren mit der Uhr der Bodenkontrollstation über eine hochgenaue Satellitenübertragungsstrecke miteinander verglichen. Die an Bord anfallenden Meßdaten werden teils direkt zum Boden übertragen oder teils über die Spacelab-Datenstrecke via TDRSS zum Kontrollzentrum in Oberpfaffenhofen gebracht. Dort erfolgt auch die Überwachung und Steuerung des Experimentes sowie die Registrierung aller Meßdaten.

Ein erdumspannendes Netz

Zum Aufbau eines global verfügbaren Navigationssystems der erwähnten Genauigkeit braucht man also an jedem Punkt der Erdoberfläche jeweils mindestens vier Satelliten über dem Horizont und damit im »Sehbereich« des Navigationsempfängers. Eine solche Forderung läßt sich mit insgesamt 18 Satelliten erfüllen, wenn diese in einer Höhe von 20 000 Kilometer die Erde auf drei gegeneinander geneigten Bahnebenen umrunden. Ein solches System wird zur Zeit unter dem Kürzel GPS-NAVSTAR in den USA aufgebaut. Der Nutzer, der seine Position bestimmen möchte, benötigt bei einem solchen Einwegverfahren nur einen Empfänger, ist also ähnlich wie ein Rundfunkhörer »funkstill«. Das hat den Vorteil, daß er nicht aufgrund seiner bloßen Positionsbestimmung von anderer Stelle aus geortet werden kann, was für einen militärischen Einsatz sehr wichtig ist. Entsprechend wird das GPS-NAVSTAR-Projekt ausschließlich vom amerikanischen Verteidigungsministerium finanziert.

Es steht jedoch zu erwarten, daß es darüber hinaus ein weiteres System geben wird, das uneingeschränkt den zivilen Nutzern bereitstünde. Ganz ohne Frage würde dadurch nicht nur die Navigation zu Land, zu Wasser und in der Luft revolutioniert; Vielmehr würden dann zum

Beispiel Rettungsaktionen auf hoher See oder in unwegsamem Gelände wesentlich zielstrebiger ablaufen können, wenn die Hilfebedürftigen zunächst mit einem entsprechenden Empfänger ihre genaue Position ermitteln und über Funk bekanntgeben können.

Ob man eines Tages einen solchen Empfänger auch wie eine Armbanduhr mit sich herumtragen oder im Auto mitführen kann, um sich mit seiner Hilfe zurechtzufinden, wird die Zukunft zeigen – denkbar wäre dies auch.

Hingegen zeichnet sich schon jetzt die Verwendung der Satellitenpositionsmessung für geodätische und geophysikalische Anwendungen ab. Die Verschiebung der Kontinente und Bewegungen der Erdkruste in der Nähe von Erdbebenzentren ließe sich so mit großer Genauigkeit bestimmen, was vielleicht sogar eine Erdbebenvorhersage ermöglichen könnte.

Den an NAVEX beteiligten und teilweise aus der Industrie stammenden Experimentatoren bietet das D1-Experiment die Möglichkeit, rechtzeitig Vorarbeiten durchführen und experimentelle Erfahrungen sammeln zu können, um bei der Einführung eines solchen Navigationssystems technologisch konkurrenzfähig zu sein. Konkurrenzfähig kann aber nur heißen: Billig und genau.

Der Schlüssel zur Genauigkeit

Wie aber wird nun die unvorstellbare Genauigkeit erreicht, die Positionsbestimmungen in Sekundenschnelle mit nur wenigen Metern Fehler ermöglicht? Wie werden die Uhren an Bord der Satelliten und am Erdboden miteinander verglichen, um aus den verschiedenen Signallaufzeiten die Entfernung zu den einzelnen Bezugspunkten ermitteln zu können? Und woher weiß der Empfänger am Boden schließlich, wo genau diese Bezugspunkte sich befinden – die Satelliten umkreisen ja unseren Planeten und verändern dementsprechend ständig ihre jeweiligen Positionen am Himmel.

Im Prinzip werden die in der Nachrichtentechnik üblichen An/Aus-Impulse in sehr rascher Folge von den Satelliten übertragen, wobei die Dauer eines einzelnen Impulses zum Beispiel eine Millionstel Sekunde betragen kann.

Natürlich wird man diese An/Aus-Impulse nicht in ständigem Wechsel aussenden, sondern in codierter Form. Dies erlaubt bei der Auswertung im Navigationsempfänger durch den Vergleich mit eigenen, in gleicher Weise codierten Impulsfolgen eine extrem genaue Bestimmung der Signallaufzeit und damit der Entfernung zum Satelliten.

Darüber hinaus kann man in einer zweiten Codierung neben den Zeitsignalen auch noch Informationen über die Satellitenposition, Daten zur Berechnung der Satellitenbahn, Korrekturwerte für die zugrundegelegte Atomuhrzeit und dergleichen mehr zum Navigationsempfänger am Boden übermitteln. Wenn dann Sender und Empfänger absolut synchron die gleiche Codefolge erzeugen, kann im Empfänger die zeitliche Verschiebung zwischen dem ankommenden und dem selbst erzeugten »Referenzsignal« ermittelt und daraus die Signallaufzeit vom Satelliten bis zum Navigationsempfänger bestimmt werden. Dies geht mit Hilfe eines mathematischen Verfahrens, das als Autokorrelationsfunktion bezeichnet wird. Es erlaubt eine äußerst präzise Bestimmung der Signallaufzeit, in unserem Falle auf eine Hundertmillionstel Sekunde, was einer Ortsgenauigkeit von plus/minus drei Metern entspricht.

Man kann sich ausmalen, daß dem Navigationsempfänger einiges an Arbeit zugemutet wird. Die Anforderungen an die verwendeten Mikroprozessoren sind um so größer, je genauer die Entfernungsmessung sein soll. Hier stößt man schon bald an die Grenze des physikalisch Machbaren auf dem Gebiet hochintegrierter Prozessorbauweise. Für ihre Überwindung benötigt man unter anderem auch fehlstellenfreie Siliziumkristalle, deren Erzeugung unter Mikrogravitation an Bord der D1-Mission ebenfalls studiert werden soll.

Das Erbe Einsteins

Die so gewonnene Positionsbestimmung bliebe jedoch fehlerhaft, würde man nicht auch Effekte berücksichtigen, die sich aus der Relativitätstheorie Albert Einsteins ergeben – schon daran mag man erkennen, in welch ungewohnten Genauigkeitssektor man mit dieser Methode vorstößt. Nach der Relativitätstheorie Einsteins können Uhren nur dann »fehlerfrei« und ohne Korrekturen miteinander verglichen werden, wenn ihre relativen Geschwindigkeiten klein im Verhältnis zur Lichtgeschwindigkeit – und beide Uhren etwa gleich weit vom Erdmittelpunkt entfernt sind. Beide Voraussetzungen werden jedoch im Falle eines Uhrenvergleiches zwischen Erdboden und Satellit nicht erfüllt.

Der Raumtransporter beispielsweise rast mit einer Geschwindigkeit von 28 000 Kilometer pro Stunde über die Empfangsstation hinweg. Aus der Relativitätstheorie ergibt sich entsprechend eine Verlangsamung der Shuttle-Uhr gegenüber der stationären Uhr am Erdboden: Die Sekunden an Bord des Shuttle dauern (wenn auch für »normale Verhältnisse« unwesentlich) länger als die Sekunden am Erdboden. Dieser Effekt der Speziellen Relativitätstheorie wird aber – wohl zur Freude Einsteins – durch einen Effekt der Allgemeinen Relativitätstheorie überlagert, der sich genau umgekehrt bemerkbar macht: Je weiter eine Uhr vom Zentrum eines Schwerefeldes entfernt ist, desto weniger wird ihr Gang von diesem Schwerefeld gebremst, und desto kürzer dauern »ihre« Sekunden im Vergleich zu einer Uhr näher zum Zentrum (in unserem Falle dem Erd-

mittelpunkt). Da gleichzeitig mit wachsender Bahnhöhe die Satellitengeschwindigkeit abnimmt – der Mond in 384 000 Kilometer Entfernung zur Erde bewegt sich rund achtmal langsamer als der Raumtransporter in 300 Kilometer Höhe –, überwiegt dieser Effekt der Allgemeinen Relativitätstheorie oberhalb einer bestimmten Höhe (etwa 3200 Kilometer). An Bord des Raumtransporters werden die Astronauten allerdings pro Tag relativ zu den Menschen am Erdboden um 0,026 Millisekunden weniger altern, und das macht bei einer Missionsdauer von sieben Tagen immerhin ein Fünftel einer Millisekunde aus. Wollten wir auf diese Weise einen ganzen Tag gegenüber den Erdbürgern gewinnen, so müßten wir mehr als neun Millionen Jahre in der Erdumlaufbahn verbleiben...

Raumschiff als Zeitmaschine

Weil in geringen Höhen über der Erdoberfläche die hohe Geschwindigkeit zu einer Zeitverzögerung an Bord führt, »gewinnen« die Astronauten gegenüber den Bewohnern am Erdboden geringfügig an Zeit und kehren »verjüngt« zurück. Oberhalb von 3200 Kilometer Höhe »altern« sie dagegen schneller.

KONTAKT ZUR ERDE

»Der Raum im Kontrollzentrum ist abgedunkelt, von draußen dringt kein Licht herein. An der Vorderwand – überdimensional eingeblendet – eine Weltkarte mit geschwungenen Linien und einem leuchtenden Punkt: Der Standort des Orbiters, im Augenblick gerade über der Südspitze des afrikanischen Kontinents.«

Datenstrom auf Umwegen

HERMANN-MICHAEL HAHN

Kontaktschwierigkeiten

Die Vielzahl der Experimente an Bord des Raumlabors führt zu einer ständigen Datenflut von mehr als 50 000 Informationseinheiten (50 Kbit) pro Sekunde, die nach Möglichkeit auf schnellstem Wege an die Bodenstationen weitergeleitet werden müssen, damit die Wissenschaftler dort den Ablauf ihrer Versuchsreihen in »Echtzeit« verfolgen können. Aufgrund der vergleichsweise niedrigen Bahnhöhe des Raumtransporters ist eine direkte Verbindung zum Erdboden jedoch stets nur für maximal neun Minuten gegeben, wenn das Shuttle genau über eine Empfangsstation hinwegfliegt: Funkkontakt ist ja nur dann möglich, wenn gleichzeitig »Sichtkontakt« zwischen Sender und Empfänger besteht, und das heißt, daß sich das Shuttle in einem Umkreis von knapp 2000 Kilometer zur Empfangsantenne befinden muß. Da sich die Erde jedoch unter der Shuttle-Bahn weiterdreht, wird der Raumtransporter beim nächsten Umlauf eine Gegend rund 23 Grad weiter westlich überfliegen, und das macht in unseren Breiten knapp 1600 Kilometer aus. Man kann sich ausmalen, wie viele Bodenstationen notwendig wären, um einen lückenlosen Kontakt zu erreichen. Das vorhandene Netz jedenfalls erlaubt lediglich während rund 15 Prozent der Flugzeit einen Kontakt mit der Erde.

Der Eintritt in die Phase einer zunehmenden Nutzung jener Experimentiermöglichkeiten, die ein Raumlabor bietet, wäre jedoch schlecht vorbereitet, wenn man die Datenübermittlung auf diesem »vorsintflutlichen« direkten Weg abwickeln wollte. Schließlich bietet die Raumfahrttechnik eine eigene Alternative an, die längst für andere Zwecke des täglichen Lebens genutzt wird: Nachrichtensatelliten, geostationäre Relaisstationen in knapp 36 000 Kilometer Höhe über dem Erdboden.

Schon früh wurde daher ein Satellitensystem entwickelt, das in seiner Leistungsfähigkeit auf die Kapazität des Raumtransporters samt Spacelab zugeschnitten ist: Unter dem Kürzel TDRS (Tracking and Data Relay Satellite) wollte man zunächst zwei je 2,5 Tonnen schwere Verbindungsstationen mit dem Space Shuttle in den Weltraum befördern und mit einem »Nachbrenner« dann auf die geostationäre Bahn bringen – einen zu einem Punkt über dem Atlantik, den anderen über den östlichen Pazifik. Ein solcher TDRS vermag 37 Mbit pro Sekunde aufzunehmen und an die Bodenstation in White Sands (US-Bundesstaat New Mexico) weiterzuleiten. Für die Übermittlung des Textinhaltes dieses Buches würde er lediglich etwa $1/50$ Sekunde benötigen!

Der Start des ersten TDRS im Frühjahr 1983 wurde jedoch zu einem Debakel. Zunächst mußte der ursprünglich für Ende Januar vorgesehene Starttermin für den Jungfernflug der Raumfähre Challenger auf Anfang April verschoben werden. Dann brannte die zweite der beiden Feststoffraketen nicht lange genug, die den Satelliten in die geostationäre Bahn hochhieven sollten.

In einer dramatischen Rettungsaktion gelang es den Raumfahrttechnikern in Houston schließlich doch noch, den auf einer Ellipsenbahn unbrauchbar umherirrenden TDRS mit dem Lagekontrollsystem auf die erforderliche Höhe von 36 000 Kilometer anzuheben, so daß die erste Spacelab-Mission nicht noch weiter verschoben zu werden brauchte.

Vorsichtshalber sagte man den Start des zweiten Satelliten, der im Sommer 1983 erfolgen sollte, zunächst einmal ab. Zuerst galt es, den Fehler genau zu lokalisieren, damit sich durch entsprechende Kontrollen am zweiten Satelliten die Gefahr einer Wiederholung verringern ließ.

Die Fluglage geht vor

Für die D1-Mission wollte die NASA den zweiten TDR-Satelliten auf jeden Fall parat haben, nicht zuletzt auch deswegen, um im Falle einer Panne bei TDRS-1 den Erfolg des Fluges nicht zu gefährden. Angesichts der zahlreichen Pannen, die beim bisherigen Shuttle-Betrieb aufgetreten sind, geriet die NASA jedoch zunehmend in Zeitnot, so daß sie lange Zeit auf eine Verschiebung des Starttermins drängte. Die DFVLR als Projektträger hingegen hielt unbeirrt am Spätherbst 1985 fest. Sie hatte eine Studie erstellt, die zum Ergebnis hatte, daß die Datenübertragung auch mit nur einem Satelliten bewältigt werden konnte – wenngleich die Astronauten dann vermehrt anfallende Daten auf Bändern aufzeichnen müßten, um sie zum geeigneten Zeitpunkt mit Übertragungsraten von bis zu 32 Mbit pro Sekunde zum Boden überspielen zu können. Wunder dürfe man von dem zweiten TDRS auch nicht erwarten, da durch die spezielle Fluglage des Space Shuttle selbst bei zwei Satelliten lediglich während 45 Prozent der Flugzeit eine direkte Fernseh-Verbindung vom Raumlabor zur Bodenstation möglich wäre: Die Nutzlastbucht muß aus thermischen Gründen möglichst ständig nach Norden ausgerichtet sein, das heißt, von der Sonne weg, damit sich das Raumlabor nicht zu sehr aufheizt und Teile der NAVEX-Antennen zu schmelzen beginnen. Diese »Abwendung« von der Sonne führt über weite Teile der Bahn aber auch dazu, daß das Space Shuttle »sich selbst im Weg ist«, der TDRS also gewissermaßen im »Funkschatten« der Shuttle-Antennen steht.

Die Fluglage des Shuttle wird von der Nutzlast vorgegeben. Zum einen brauchen die Versuche zur Materialforschung unter Mikrogravitation ein möglichst kräftefrei daherfliegendes Labor, das auch nicht durch Zündung der Steuertriebwerke »erschüttert« werden

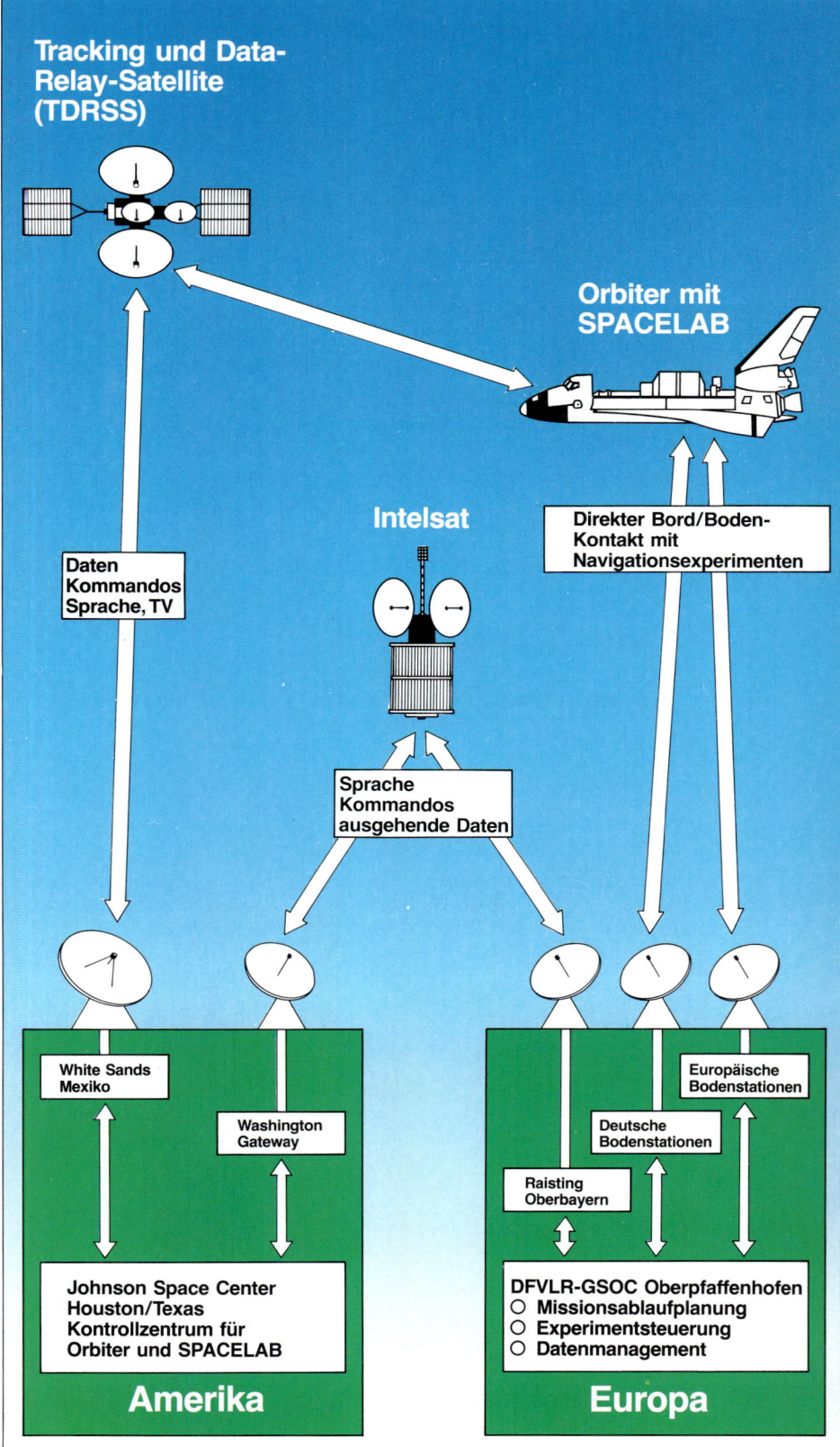

Kontakte   Das Nutzlastbetriebszentrum in Oberpfaffenhofen kann die Daten vom Spacelab nur auf dem »Umweg« über Amerika empfangen und in umgekehrter Richtung mit den Wissenschaftsastronauten Kontakt aufnehmen.

darf. Die beste neutrale Fluglage aber ist jene, bei der entweder stets die Nase oder das Heck des Shuttles zum Erdmittelpunkt zeigt – es ist dies der sogenannte »gravity gradient mode«.

Zusammen mit der thermischen Vorgabe, die Nutzlastbucht stets nach Norden auszurichten, führt der gravity gradient mode jedoch zu einem anderen thermischen Risiko: Die »Dachfenster« des Space Shuttle würden zu wenig vom Sonnenlicht erwärmt und könnten entsprechend vereisen, was ihre Lebensdauer drastisch reduzieren dürfte.

Für die Navigationsexperimente muß die Nutzlastbucht aber ohnehin genau zur Erdoberfläche zeigen, damit die Funkantennen eine saubere Verbindung zum Erdboden aufbauen können. Diese »Rückenlage« ihrerseits ist jedoch nicht stabil, sondern erfordert ständige Lagekorrekturen, die die Experimente unter Mikrogravitation beeinträchtigen.

Da die Rückenlage nur während jener Erdumkreisungen notwendig ist, bei denen das Raumlabor den Empfangsbereich der Antennen in der Bundesrepublik Deutschland überfliegt, wird es jeden Tag einen vorübergehenden, möglichst »weichen« Wechsel aus dem gravity gradient mode zur NAVEX-Position und zurück geben.

Der Datenfluß nach O'hofen

Anders als bei allen bisherigen Shuttleflügen ist es jedoch nicht damit getan, die Daten aus dem Orbit über die Bodenstation White Sands zum Missionskontrollzentrum im Johnson Space Center (JSC) nach Houston weiterzuleiten. Beim Flug Nummer 61-A der Raumfähre Challenger mit der D1-Nutzlast liegt die Verantwortung für den Nutzlastbetrieb, für die Arbeiten im Raumlabor also, vollkommen im Verantwortungsbereich der DFVLR.

Für die Betreuung dieser Mission wurde im Satellitenkontrollzentrum der DFVLR in Oberpfaffenhofen ein eigenes Nutzlastbetriebszentrum (Payload Operations Center, POC) eingerichtet, und das heißt, daß die Daten aus dem Spacelab ungefiltert nach Oberpfaffenhofen gelangen müssen und von dort eine direkte Sprechfunkverbindung zum Raumlabor erforderlich ist.

Die »Datenauslese« in Houston besorgt ein von der DFVLR entwickelter elektronischer Baustein, die Data Selection Unit (DSU). Über den »inneramerikanischen« Nachrichtensatelliten DOMSAT gelangen diese Signale zum Goddard Space Flight Center der NASA in Greenbelt (US-Bundesstaat Maryland), werden von dort via Kabel zur benachbarten INTELSAT-Bodenstation weitergeleitet und dann über einen INTELSAT-Nachrichtensatelliten zur Erdefunkstelle Rastings in Oberbayern übermittelt, ehe sie schließlich noch einmal durch Kabel im POC des GSOC (German Space Operations Center) vorliegen. Mit anderen Worten sind die Daten auf ihrem Weg vom Spacelab zum Kontrollzentrum in Oberpfaffenhofen mehrfach zwischen Erde und Weltraum hin und her gelaufen und haben dabei eine Strecke von knapp 300 000 Kilometer zurückgelegt – rund Dreiviertel des Weges bis zum Mond! Entsprechend lange sind die Sprechpausen im Funkverkehr mit den Astronauten, wird es nach dem Ende einer Frage jeweils minde-

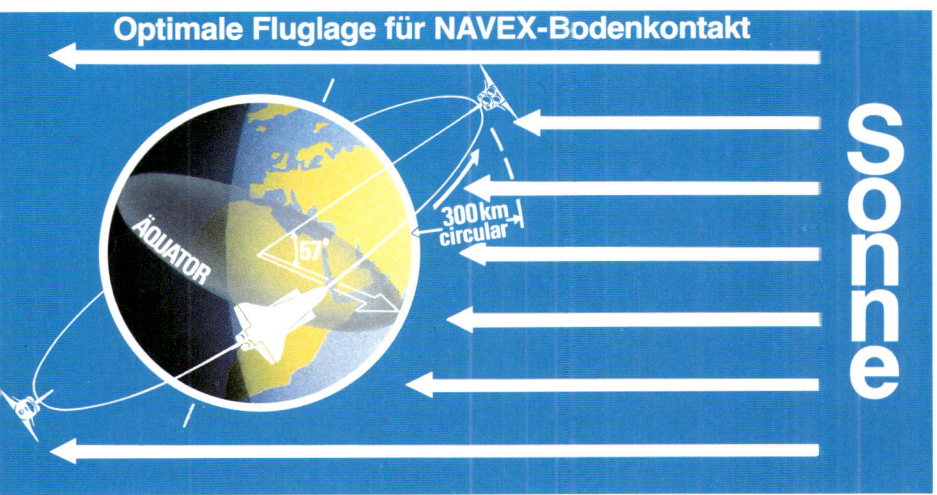

Sanfte Übergänge

Die Fluglage des Space Shuttle wird von den jeweiligen Versuchen vorgegeben.

stens zwei Sekunden dauern, ehe die Antwort in Oberpfaffenhofen eintrifft.

Von hier aus wird der gesamte Nutzlastbetrieb während der D1-Mission überwacht und gesteuert: Hier werden die ankommenden Daten der Experimente empfangen (in einer ersten Ausbauphase, die bis zur D1-Mission abgeschlossen ist, mit einer Übertragungsrate von 56 kbit/s), gespeichert, aufbereitet und einer ersten Auswertung zugeführt, werden die Betriebsdaten der Nutzlastelemente auf Sichtgeräten und Druckern angezeigt, werden schließlich auch Signale zur Steuerung automatisch ablaufender Experimente zum Spacelab abgesetzt.

Das Nutzlastbetriebszentrum umfaßt einen Missions-Kontrollraum, einen Planungsraum sowie Plätze für die Experimentatoren. Außerdem ist ein großes Rechenzentrum der DFVLR angeschlossen. Man mußte anbauen, um die notwendigen Räumlichkeiten bereitstellen zu können.

In Oberpfaffenhofen versammeln sich daher während der D1-Mission nahezu alle beteiligten Wissenschaftler, um den Ablauf der Versuche im Orbit auf den bereitgestellten Terminals verfolgen und gegebenenfalls beratend eingreifen zu können. Lediglich die Experimentatoren für das Biorack und den Vestibularschlitten überwachen ihre Daten in Amerika: Die einen im Kennedy Space Center, wo sie ihre Experimentproben unmittelbar vor dem Start aufbereiten können, die anderen in Houston.

Kontaktmann zur Crew

Im Nutzlastbetriebszentrum sitzt auch Ulf Merbold, der vierte der D1-Astronautenriege – von der ESA abgestellt als Crew Interface Coordinator (CIC), als Kontaktmann zwischen den Astronauten im Orbit und den Wissenschaftlern am Boden. Bei der Spacelab 1-Mission hatte Wubbo Ockels diese Aufgabe im Nutzlastkontrollzentrum in Houston übernommen, als Ulf Merbold die Experimente im Raumlabor bediente. Diesmal agieren beide mit vertauschten Rollen.

Natürlich kann Ulf Merbold nicht während der gesamten Mission sieben Tage hindurch rund um die Uhr Dienst schieben, und so hat die DFVLR zu seiner Entlastung zwei zusätzliche CIC's ausgebildet. Einer von ihnen, Hans Stromeyer, schildert seine Arbeit im POC nach den Erfahrungen während der Joint Integrated Simulation wenige Wochen vor dem Start so:

»Der Raum im Kontrollzentrum ist abgedunkelt, von draußen dringt kein Licht herein. Vor mir ein Gewirr roter, grüner und weißer Lämpchen, die in wechselnder Folge aufleuchten. An der Vorderwand – überdimensional eingeblendet – eine Weltkarte mit geschwungenen Linien und einem leuchtenden Punkt: der Standort des Orbiters, im Augenblick gerade über der Südspitze des afrikanischen Kontinents. »CIC, this is Spacelab« – der, der mich gerade anruft, heißt Ernst Messerschmid, ist einer der Astronauten an Bord von D1 und kommt gerade im Spacelab-Simulator der DFVLR ins Schwitzen. »Roger, Spacelab, go ahead.«

An einem Schmelzofen läßt sich die gewünschte Arbeitstemperatur nicht einjustieren. Die Astronauten sind durch alle Prozeduren durch, das Ding funktioniert aber nicht, wie es soll, es ist Hilfe gesucht.

Ein Tastendruck – der Kommunikationscomputer stellt die Verbindung für mich her. In einem anderen Raum sitzen sie, jene Wissenschaftler und Techniker, die »dieses Ding« in jahrelanger Entwicklungsarbeit erfunden und hergestellt haben. Auch sie haben das Problem vernommen, arbeiten fieberhaft an Lösungsmöglichkeiten. Da sonst im Moment nichts läuft, schalte ich sie auf direkten Kontakt mit den Astronauten, damit sie die Lösung gemeinsam ausarbeiten können. Daß dies schließlich auch gelingt, zeigen die ECOS-Daten an, die vom Computer für den Experimentbetrieb (Experiment Computer Operations System) nach Oberpfaffenhofen gefunkt werden. Die Gradientenheizanlage hat die gewünschte Temperatur jetzt erreicht.

Auch wir müssen schließlich trainieren für die Mission; denn dann sitzen wir sieben Tage hindurch in wechselnden Zwölf-Stunden-Schichten im POC und tun am Boden das, was die Astronauten in 324 Kilometer Höhe da oben auch tun. Nur sind unsere einzigen Partner das Mikrophon, endlose Checklisten der einzelnen Versuche und unsere Phantasie. Unsere Aufgabe: Der Crewinterface, der Mannschaftskontakt – ein Flaschenhals, durch den alle hindurchmüssen, die etwas von der Crew wollen.

Da vieles in diesen sieben Tagen läuft, vor allem vieles zur gleichen Zeit, kann es sehr schnell hektisch werden. Dann, wenn zwei Anlagen einschließlich Computer ausrasten, zum Beispiel! Jeder will dann etwas von den Astronauten, sieht sein Experiment gefährdet, das ist sehr verständlich.

Nervosität kommt auf. Jetzt ist es wichtig, Nerven zu behalten, in erster Linie um der Crew willen, denn der Affekt ist ein schlechter Partner bei der Lösung von Problemen. Entscheidend ist es dann, ohne Zeitverlust zu erkennen, welcher Versuch im kritischen Stadium steht, wo sofortiges Handeln erforderlich ist. Nachdem der betreffende Wissenschaftler mit der Crew seine Lösungsversuche durchgespielt hat, kommen die anderen an die Reihe. Bei allen Gesprächskontakten ist eines zu berücksichtigen: Jeder Anruf lenkt ab, unterbricht den Denkprozeß des Angesprochenen, stört die Kontinuität, fordert Zeit. Dies ist jedesmal zu bedenken, wenn man die Mikrophontaste drückt. Da gerade der Faktor Zeit eine so ungeheuer wichtige Rolle spielt, wurden eine Menge Abkürzungen und Vereinfachungen in den Gesprächsablauf eingeführt. Sie kommen aus

Das Tor zu D1

Das deutsche Satellitenkontrollzentrum der DFVLR in Oberpfaffenhofen wird während der D1-Mission zum Nutzlastbetriebszentrum, von dem aus die Systeme des Spacelab überwacht und die Aktivitäten der Wissenschaftsastronauten gesteuert werden.

der Luftfahrt. Hier nützt die Tatsache, daß sämtliche Astronauten wie ihre CIC's Piloten sind: Luftfahrer haben gelernt, äußerst geizig mit Funkkontakten umzugehen, Entscheidungen in kürzester Zeit zu treffen, Mehrfachaufgaben gleichzeitig durchzuführen.«

Zur Vorbereitung auf ihre Aufgabe haben die CIC's den Astronauten bei ihrem Training sehr oft über die Schulter geblickt, aber auch eigene Trainingszeiten absolviert. So konnten sie einen möglichst umfassenden Eindruck von den Experimenten bekommen, sowohl in wissenschaftlicher als auch in operationeller Hinsicht, wissen jetzt um die Mucken der einzelnen Versuchsanlagen, die in der Regel an ganz bestimmten Stellen auftreten. Ihre große Kunst besteht darin, solche Mucken während der Mission bereits im Ansatz mitzuerkennen, um augenblicklich reagieren, und das heißt, die richtigen Leute in den Entscheidungsprozeß einbeziehen zu können: Wissenschaftler, Zeitplan-Ingenieure, Computerspezialisten oder auch den Kontaktmann bei der NASA. Sie alle bilden das große Team, von dessen Zusammenarbeit das Gelingen der Mission abhängt.

Das deutsche Houston

Das Forschungszentrum Oberpfaffenhofen der DFVLR enthält neben der Hauptabteilung Raumflugbetrieb mit dem GSOC noch die Hauptabteilung Flugbetrieb, den Forschungsbereich Nachrichtentechnik und Fernerkundung, das Institut zur Dynamik von Flugsystemen sowie das Rechenzentrum.

ZUKUNFT MIT NEUEN ZIELEN

Blick in die Zukunft
Der von der Boeing Aerospace Company vorgelegte Entwurf einer Raumstation zeigt verschiedene Module, die als Unterkunft für die Astronauten dienen, Forschungslaboratorien und Kleinkraftwerke enthalten.

Raumstationen und Mondbasen

GÜNTER SIEFARTH

»Die Träume von gestern sind die Hoffnungen von heute und die Realitäten von morgen«
Robert H. Goddard

1992 wird man diesseits und jenseits des Atlantiks an ein Ereignis erinnern, mit dem 500 Jahre zuvor ein neuer Abschnitt der Geschichte begonnen hat: die Entdeckung Amerikas durch Christoph Kolumbus. Zu diesem Jubiläum wollen die Raumfahrtplaner der westlichen Welt eine neue Phase der Astronautik einleiten.

»Wir können unsere Träume vom Flug zu den Sternen, vom Leben und Wirken im Weltraum für friedliche, ökonomische und wissenschaftliche Ziele in die Tat umsetzen«, so der amerikanische Präsident Ronald Reagan in seinem Lagebericht am 25. Januar 1984, in dem er die NASA anweist, innerhalb eines Jahrzehnts eine Weltraumstation zu errichten, die ständig bemannt werden soll.

Die Szene erinnert an den Auftritt eines anderen US-Präsidenten mehr als zwanzig Jahre vor diesem Appell. Damals hat John F. Kennedy mit ähnlicher Deutlichkeit gefordert, »noch vor dem Ende dieses Jahrzehnts einen Menschen zum Mond und gesund wieder zur Erde zurückzubringen.« Es ist der Auftakt zum Apollo-Programm gewesen, das im Juli 1969 mit der Landung im lunaren »Meer der Ruhe« seinen Höhepunkt gefunden hat.

Labor und Bauplatz

Der Plan einer ständig bemannten Station im Kosmos ist die konsequente Weiterentwicklung der Projekte Skylab und Spacelab.

Das 90 Tonnen schwere amerikanische Himmelslabor, in dem in den siebziger Jahren Astronautenmannschaften bis zu 84 Tagen die Erde umkreisen, gilt noch als experimentelle Station, die helfen soll, Erkenntnisse über Langzeitaufenthalte in der Schwerelosigkeit zu gewinnen. Darüberhinaus umfaßt das Programm einen umfangreichen Katalog von Versuchen und Beobachtungen, die sich von der Biologie bis zur Erderkundung, von der Kometenforschung bis zur Medizin erstrecken. Die dabei gewonnenen Erkenntnisse geben zehn Jahre später wichtige Hinweise für die Vorbereitung des ersten Spacelab-Unternehmens, wobei die Bedingungen für die Arbeit des Menschen in der Schwerelosigkeit bereits wesentlich verbessert werden.

Auch die 1971 zum erstenmal in eine Erdumlaufbahn gebrachte sowjetische Station Saljut ist als eine deutliche Abkehr von früheren Plänen zu sehen, mit bemannten Raumschiffen immer weiter in den Weltraum vorzudringen. Statt des »Fluges zu den Sternen« wird die »erdgebundene« Raumfahrt das neue Ziel unter dem Motto »Zurück zur Erde«. Den Sowjets gelingt es, in ihrer 1982 gestarteten Station Saljut 7 den Aufenthalt der Mannschaften immer länger auszudehnen, bis schließlich im Oktober 1984 mit 237 Tagen eine bis vor wenigen Jahren noch als unmöglich bezeichnete Rekordmarke erreicht wird. Es kann nicht ausbleiben, daß nach solchen Versuchen Spekulationen über einen Marsflug der Russen angestellt werden. Wer jedoch die Logik beachtet, mit der die Sowjetunion ihr Raumfahrtprogramm seit vielen Jahren verfolgt, kann in solchen Unternehmungen nur ein Ziel sehen: die ständige Präsenz im Weltraum durch einander abwechselnde Kosmonautenmannschaften.

Erste Ideen von Raumstationen in der Erdumlaufbahn finden sich in der Literatur schon ein Jahrhundert bevor Menschen den Mond betreten. Sie kehren wieder bei den Vä-

Power Tower
nennen die amerikanischen Raumfahrtplaner das Skelett, das, mit Solarzellen und Antennenanlagen ausgestattet, als zentrales Element einer großen Raumstation vorgesehen ist. In den neunziger Jahren soll damit eine neue Möglichkeit geschaffen werden, Forschung im Weltraum zu treiben.

tern der Raumfahrt, bei Konstantin Ziolkowski und Hermann Oberth. Zumindest in Ansätzen sind dabei auch schon jene Ziele erkennbar, die nun mit dem Bau einer amerikanischen Großstation erreicht werden sollen. Demnach plant man für das Projekt folgende Funktionen:
- Weltraumlabor für Forschung in der Schwerelosigkeit,
- Beobachtungsstation für Astronomie und Erderkundung,
- Basis für weiterreichende Raumflüge,
- Reparatur-, Wartungs- und Lagerungsstation für Satelliten und Raumplattformen,
- Bauplatz für große Strukturen in der Erdumlaufbahn und
- Fabrikationsanlage für die Herstellung neuer Produkte.

Skelett mit Röhren

Auch wenn der endgültige Bauplan der amerikanischen Orbitalstation noch einige Zeit auf sich warten läßt – die Art und Weise, wie sie errichtet wird, steht fest. Ihre einzelnen Teile werden mit dem Raumtransporter in die Umlaufbahn gebracht und dort nach dem Baukastenprinzip, das spätere Änderungen und Ergänzungen erlaubt, zusammengefügt.

Grundelement ist eine Skelettstruktur – im Fachjargon Power Tower genannt –, an der riesige Solarzellenflächen und Parabolantennen für die Nachrichtenverbindung zur Erde ebenso befestigt werden wie die röhrenförmigen Gehäuse, die als Aufenthalts- und Arbeitsräume der sechs bis acht Astronauten dienen.

Die Konstrukteure einer sowjetischen Raumstation, die einmal Saljut ablösen soll, folgen nach Meinung von Experten einem ähnlichen Bauprinzip. Zentrales Element könnte dort ein großes Modul sein, das mit sechs Andockstellen für Mannschafts- und Matrialtransporter sowie für zusätzliche Bauteile zur Erweiterung der Station ausgerüstet ist. Wenn man die dürftigen Informationen, die darüber vorliegen, richtig deutet, ist das Hauptmodul größer und schwerer als alle Nutzlasten, die die Russen bisher in den Weltraum gebracht haben, denn sie arbeiten seit langem am Bau einer Riesenrakete, die sogar die amerikanische Saturn V an Größe und Leistung überbieten und Lasten von 150 bis 200 Tonnen in Erdumlaufbahnen transportieren soll. Wie sehr sich die Pläne in Ost und West ähneln, wird auch deutlich, wenn man erfährt, daß die Sowjets ebenfalls Flüge mit Raumtransportern vorbereiten. Sie sollen einmal den Fährdienst zwischen Erde und Raumstation für Mannschaften und Nachschub übernehmen.

Amerikas Station wird in 400 km Höhe errichtet werden. Ihre Umlaufzeit beträgt 90 Minuten. Die Neigung zum Äquator wird bei 28 Grad liegen, weil der Raumtransporter wegen der Lage des Startplatzes Cape Canaveral besonders schwere Lasten auf diese Bahn transportieren kann. Anders als Spacelab, das Gebiete der Erde zwischen Norwegen und Feuerland überfliegt, beschränkt sich die amerikanische Station im wesentlichen auf die Tropenregionen, womit die Möglichkeiten der Erderkundung erheblich eingeschränkt sind. Für die astronomische Forschung ist die vorgesehene niedrige Umlaufbahn ebenfalls ungünstig.

Daß die Amerikaner mit dem Raumtransporter Space Shuttle eine wesentliche Voraussetzung für den Bau ihrer Station und für den Transport der Mannschaften besitzen, muß nicht mehr betont werden. Auch für die Montagearbeiten im Weltall haben sie inzwischen Erfahrungen sammeln können. Die verschiedentlich erfolgten »Freiflüge« ihrer Astronauten, die zur Bergung von Satelliten den Frachtraum des Space Shuttle verlassen und sich mit Hilfe eines Düsenrucksacks im Weltraum bewegen, dürfen als Training für die Arbeiten betrachtet werden, die in wenigen Jahren zum kosmischen Alltag gehören.

Europa will nicht abseits stehen

Für das nach den Mondlandungen technisch und finanziell aufwendigste zivile Weltraumunternehmen der USA ist zunächst ein Finanzrahmen von 8 Milliarden Dollar vorgesehen. Verständlich, daß die Amerikaner Teilhaber suchen, um die eigene finanzielle Last zu mindern, ohne das umfangreiche Projekt schmälern zu müssen. Die Einladung an die Europäer zur Zusammenarbeit kann aber auch als Anerkennung der Erfolge gewertet werden, die die Länder diesseits des Atlantiks auf dem Gebiet der Weltraumtechnik inzwischen erzielt haben. Nicht zuletzt der Einsatz des europäischen Weltraumlabors dürfte die Amerikaner davon überzeugt haben, daß man damit nach schwierigen Lehrjahren mehr als ein Gesellenstück erbracht hat.

Europa hat auch gelernt, Fehler, die in den Anfangsjahren aus verschiedenen Gründen unvermeidlich waren, nicht zu wiederholen. Dazu gehört der Wille, bei internationaler Zusammenarbeit eigene zuweilen abweichende Interessen nicht aus dem Auge zu verlieren. Es ist darum kein überzogenes Selbstbewußtsein, wenn deutsche und italienische Raumfahrtplaner unter dem Projektnamen Columbus eine Lösung suchen, die neben der Kooperation mit den USA langfristig den Weg zu einer autonomen europäischen Raumstation öffnen. So soll Columbus, dessen Laborsegmente den Spacelab-Bauteilen auffallend ähneln, nicht nur als Anhängsel der amerikanischen Station die Erde umrunden, sondern auch unabhängig operieren können.

Darum sieht der erste Entwurf ein Vielzweckgerät vor, das den vielen Anforderungen, die man in Zukunft an die bemannte wie an die unbemannte Raumfahrt stellt, gerecht werden kann. Grundelement ist eine Versorgungseinheit, die unter anderem die benötigte Energie erzeugt. Mit ihr wird das geschlossene bemannte Labor gekoppelt. Weitere Systemteile sind freifliegende unbemannte Plattformen, die, von der Zentralstation versorgt und gesteuert, auf eigene Umlaufbahn gebracht werden können. Als viertes Element ist schließlich ein Fahrzeug vorgesehen, das die Verbindung zwischen den Columbus-Elementen sowie mit anderen Satelliten ermöglicht.

Auf einer Ratstagung der Europäischen Weltraumbehörde, zu der sich die Fachminister der Mitgliedsländer Ende Januar 1985 in Rom treffen, fällt die Entscheidung für dieses Projekt. Zwei Wochen zuvor hat die Bundesregierung nach monatelangen Verhandlungen zur Sicherung der Finanzierung ihre Zustimmung gegeben. Die Bundesrepublik Deutschland beteiligt sich mit einem Anteil von 37,5 % an den Gesamtkosten – das sind etwa 2,8 Milliarden DM für einen Zeitraum von elf Jahren. Zunächst ist eine Ent-

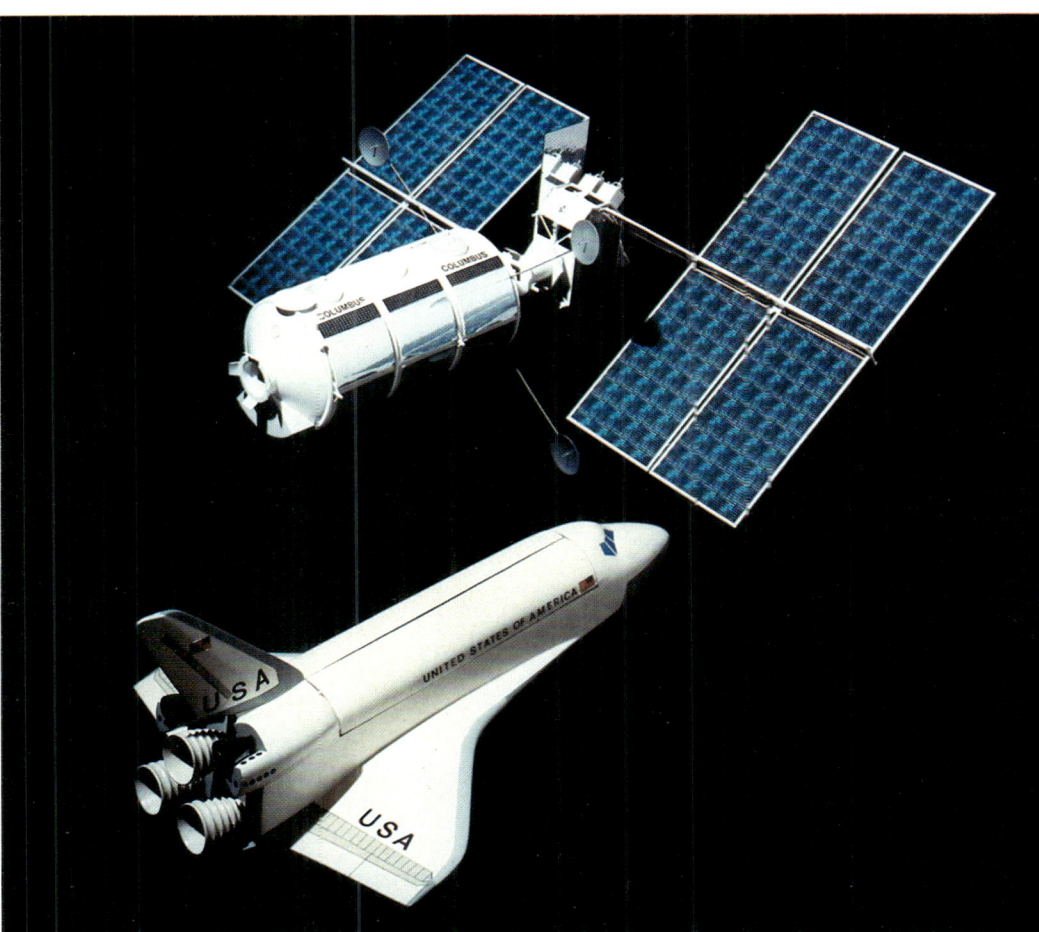

Europa plant Columbus

Von deutschen und italienischen Konstrukteuren stammt der erste Entwurf von Bauteilen, mit denen sich die Europäer an der geplanten amerikanischen Raumstation beteiligen wollen. Später soll das Labormodul ebenso wie unbemannte europäische Plattformen auf eigenen Umlaufbahnen unabhängig operieren.

Nach dem Vorbild des US-Raumtransporters

soll ein Euro-Shuttle mit Namen Hermes den Mannschafts- und Materialtransport zwischen der Erde und der europäischen Raumstation übernehmen. Aus finanziellen Gründen wird das von Frankreich vorgeschlagene Projekt vorerst zurückgestellt.

Kamikazeflug zum Kometen Halley

Ein doppelter Schutzschild soll die europäische Raumsonde Giotto auf ihrem Weg am Kometen Halley vorbei vor der Zerstörung durch Staubkörner bewahren. Aus der Untersuchung dieser Staubteilchen und der ebenfalls aus dem Kometenkern austretenden Gase erhoffen sich die Wissenschaftler Rückschlüsse auf die Zusammensetzung jener Materie, aus der vor rund 4,5 Milliarden Jahren Erde, Sonne und Planeten entstanden.

wicklungsphase vorgesehen, die Ende 1986 abgeschlossen sein soll. Erst dann fällt die endgültige Entscheidung über den Bau von Columbus. Der deutschen Industrie wird wie bei Spacelab die Leitung des Firmenkonsortiums übertragen, das die Entwicklung und den Bau der Station übernimmt.

Weitere nicht unerhebliche Mittel sind für die Fortentwicklung der erfolgreichen europäischen Ariane-Rakete vorgesehen. Der von den Franzosen geförderte Plan eines europäischen Raumtransporters unter der Bezeichnung Hermes wird darum zunächst nicht weiter verfolgt, obwohl ein solcher Euro-Shuttle für den geplanten Betrieb einer eigenständigen Raumstation eines Tages unentbehrlich sein wird.

Rendez-vous mit dem Kometen

Die Absicht der Europäer, in der bemannten Raumfahrt endgültig die Rolle des Zuschauers aufzugeben, findet neben dem Beifall auch kritische Stimmen. Vor allem die Mitarbeiter wissenschaftlicher Institute, deren Forschung mit Hilfe unbemannter Satelliten und Raumsonden vorangetrieben wird, fürchten eine finanzielle Ebbe für ihre Zukunftspläne.

Sie bereiten sich gegenwärtig auf ein Projekt vor, das von solchen Sparmaßnahmen allerdings nicht bedroht ist. Dabei gilt es ein Ereignis zu nutzen, das sich nur alle 76 Jahre wiederholt: Die Annäherung des nach einem englischen Astronomen benannten Kometen Halley an Sonne und Erde. Auf seinem Flug durch unser Planetensystem wird er Anfang 1986 voraussichtlich auch in unseren Breiten mit Fernrohren zu beobachten sein.

Jahrhundertelang haben Kometen, die ein Astronom einmal als »langgeschwänzte Außenseiter der himmlischen Gesellschaft« bezeichnet hat, Furcht und Schrecken verbreitet – ähnlich wie »Nebensonnen«, Nordlichter und mancherlei andere rätselhafte kosmische Erscheinungen.

Man betrachte Holzschnitte des späten 16. Jahrhunderts, die sich mit besonderem Interesse den unerklärbaren Objekten widmen und lese die erläuternden Texte, in denen mit himmlischen Strafen wie Pest, Teuerung, Krieg und Umsturz im Gefolge des Himmelsboten gedroht und zu Gottesfurcht und Buße gemahnt wird.

Die erste bekannte Abbildung des Halleyschen Kometen findet sich auf dem Wandteppich von Bayeux aus dem 11. Jahrhundert. Der Wirklichkeit ähnlicher ist der Schweifstern auf einem Fresco, das der toskanische Maler Giotto di Bondone 1303 in Padua geschaffen hat. Über der Weihnachtskrippe mit der »Anbetung durch die Heiligen Drei Könige« erscheint der Komet als Stern von Bethlehem.

Der mittelalterliche Maler steht denn auch Pate, als man einen Namen für die Raumsonde sucht, die sich dem Halleyschen Kometen bei seiner Wiederkehr 1986 nähern soll. Bei der Erscheinung des Himmelskörpers 1910 blieb es der Wissenschaft noch vorbehalten, ihn aus beträchtlicher Entfernung mit Teleskopen zu beobachten. In den vergangenen Jahren gelang es dann mit modernen Geräten die Kenntnis über Kometen zu vertiefen, die auf stark exzentrischen Ellipsen durch unser Sonnensystem rasen und deren Kerne die Forscher als »schmutzige Eisberge« bezeichnen, deren Staubteilchen durch den Strahlungsdruck der Sonne weggeblasen werden.

Mit Giotto, dem kompliziertesten unbemannten Raumflugkörper, den die Europäer je gebaut haben, soll nun zum erstenmal versucht werden, dem Schweifstern »auf die Haut zu rücken«. Die 1,60 m hohe und fast 1000 kg schwere Sonde wird so gesteuert, daß sie sich dem Kometenkern, der einen Durchmesser von etwa 20 km hat, bis auf 500 km nähert. Ausgerüstet mit Kameras, Sensoren und anderen Meßinstrumenten sowie mit eigens für dieses Unternehmen entwickelten Spektrometern wird sie, sollte ihr Flug glücken, Antwort auf viele Fragen geben, die bisher ohne solche Instrumente der Raumfahrt offenbleiben müssen.

Der Giotto-Flug ist Teil eines internationalen Forschungsprogramms, an dem sich die Sowjetunion und Japan mit je zwei Kometensonden und die USA mit einem weiteren Raumflugkörper beteiligen. Außerdem wollen die Amerikaner einen Space Shuttle-Flug dazu benutzen, um den Himmelskörper mit fünf Spezialteleskopen zu beobachten. Daß zumindest auf diesem Gebiet die Zusammenarbeit von Nationen mit unterschiedlichen politischen Systemen im Weltraum möglich ist, belegt auch die Tatsache, daß die sowjetischen Sonden Meßinstrumente mitführen werden, die im Westen gebaut wurden.

Zu den Ursprüngen des Universums

Mit ähnlicher Ungeduld, mit der man auf die Enträtselung des Halleyschen Kometen wartet, sehen die Astronomen in aller Welt den Ergebnissen entgegen, die das amerikanische Weltraumteleskop zu erzielen verspricht. Es ist bereits als ein ähnlich bedeutsamer Schritt in der Geschichte der Himmelsforschung bezeichnet worden wie die Pionierarbeiten Galileo Galileis vor 370 Jahren.

Das 10 000 kg schwere Fernrohr, dessen erste Pläne auf das Jahr 1969 zurückgehen, hat die Ausmaße eines Eisenbahnwaggons. Es ist 13 m lang und mißt bis zu 4 m im Durchmesser. Mit Hilfe des Space Shuttle gelangt es auf eine Kreisbahn von 500 bis 600 km Höhe, wo es fünf Jahre verbleiben soll, bis es zu einer Generalüberholung zur Erde zurückkehrt, um anschließend erneut in den Weltraum transportiert zu werden.

Auch dem Laien wird die Bedeutung dieses revolutionären Instruments der Astronomie verständlich, wenn er erfährt, daß es mit einer Reichweite von 14 Milliarden Lichtjahren vielleicht bis zum Ursprung des Universums zurückblicken kann. Erdgebundene Fernrohre haben wegen der Filterwirkung, die durch die Atmosphäre unseres Planeten verursacht wird, nur eine Reichweite von zwei Milliarden Lichtjahren. Mit dem Weltraumteleskop hofft man Sterne und Milchstraßen ausmachen zu können, deren Helligkeit nur ein Fünfzigstel der Helligkeit von Himmelskörpern beträgt, die mit den derzeit besten Instrumenten von der Erde aus beobachtet werden.

Das hervorragende Auflösungsvermögen erlaubt vielfältige astronomische Programme wie die Beobachtung der dichten Kerne von kugelförmigen Sternhaufen und die Suche nach Schwarzen Löchern sowie die Erforschung von Planetensystemen nahegelegener Sterne. Aber auch unser eigenes Sonnensystem wirft noch immer Fragen auf, die der Antworten harren. So wird man versuchen, neue Erkenntnisse über die Wolken in der Atmosphäre von Jupiter, Saturn, Uranus und Neptun zu gewinnen und die Oberfläche der Jupitermonde kartographisch erfassen.

Besondere Sorgfalt beim Bau des Teleskops gilt dem Ausrichtungs- und Lageregelungssystem, denn das Gerät soll in der Erdumlaufbahn mit einer Genauigkeit von 0,01 Bogensekunden auf die zu erforschenden Objekte ausgerichtet werden können.

Zu den wissenschaftlichen Instrumenten an Bord gehören zwei Kameras, zwei Spektrographen und ein Hochgeschwindigkeitsphotometer. Die Steuerung erfolgt durch Telekommandos, während die Daten gespeichert und später zur Erde gefunkt werden.

Neben den USA sind auch Mitgliedsländer der Europäischen Weltraumorganisation am Bau beteiligt. Während eine britische Firma den Solargenerator für die Energieerzeugung beisteuert, sind deutsche und französische Hersteller mit der Entwicklung einer der beiden Kameras beauftragt worden. Als Gegenleistung werden die Amerikaner den Europäern entsprechend ihrem Beitrag die Benutzung des Wunderteleskops ermöglichen.

Kopernikus und EURECA

In der Geschichte der Raumfahrt fehlt es nicht an poetischen Einfällen, wenn es gilt, den Trägerraketen und den kugel-, tonnen- oder kastenförmigen Satelliten und Sonden Namen zu geben. Da gibt es Sputnik (Begleiter) und Early Bird (Frühaufsteher), Explorer (Kundschafter) und Voyager (Reisender), Azur und Symphonie.

Mit Titan, Saturn und Apollo wird gar die antike Götter- und Sagenwelt beschworen. Neuerdings scheint man auch Gefallen daran zu finden, großen Gestalten der Geschichte im Weltraum bewegliche Denkmäler zu errichten. Columbus, der europäische Teil der zukünftigen Raumstation, ist ein Beleg dafür – und Kopernikus, das deutsche Satelliten-Kommunikationssystem, das ab 1987 die irdischen Kabel- und Richtfunknetze der Bundesrepublik Deutschland ergänzen soll.

Nicht zuletzt wegen des anfangs noch großen Aufwands ist die Kommunikationsbrücke über Satelliten zunächst nur für den interkontinentalen Nachrichtenverkehr oder für die Versorgung dünnbesiedelter Gebiete wie Nordkanada oder Indonesien interessant. Mit der technischen Verfeinerung und der Kostensenkung wächst jedoch heute das Interesse an der Satellitennutzung auch für einzelne Länder – zumal der Bedarf an Text-, Faksimile- und Datenverkehr sowie an Videokonferenzen so stark steigen wird, daß die irdischen Kommunikationsnetze nicht mehr ausreichen. Hinzu kommt der Wunsch nach neuen Hörfunk- und Fernsehprogrammen, der in Zukunft nur noch mit Hilfe himmlischer Verteilstationen erfüllt werden kann.

Das System Kopernikus besteht aus drei Satelliten, von denen zwei in die geostationäre Bahn 36 000 km über dem Äquator gebracht werden. Sollte eine Störung auftreten, wird von einem Gerät sofort auf das zweite umgeschaltet ohne Unterbrechung des Kommunikationsflusses. Einen dritten Satelliten hält man am Boden als Reserve bereit. Die entscheidende Neuerung gegenüber früheren Systemen besteht darin, daß mit Kopernikus der Fernmeldeverkehr einer verhältnismäßig kleinen Region – nämlich die der Bundesrepublik Deutschland – via Weltraum erfolgt. Bereits vorher wird es mit TV-SAT auch den ersten Satelliten geben, der es deutschen Rundfunkhörern und Fernsehzuschauern erlaubt, ihre Programme ohne den Umweg über Kabelanlagen mit Hilfe eines kleinen Parabolspiegels direkt zu empfangen.

Weniger erinnerungsträchtig als das System Kopernikus ist ein europäisches Unternehmen, das im März 1988 gestartet werden soll. Es trägt die nüchterne Bezeichnung EURECA (European Retrieveable Carrier) und ist ein neuer Versuch der ESA mit verhältnismäßig geringem Aufwand großen Nutzen zu erzielen.

Als unbemannte, rückführbare und wiederverwendbare Plattform ist EURECA als Bindeglied zwischen Spacelab und der permanent besetzten Raumstation der neunziger Jahre zu sehen.

Das Gerät mit einer Masse von 3,5 Tonnen – davon entfällt eine Tonne auf die Nutzlast – ist 4 m lang und 2,45 m breit und so konzipiert, daß es in die Nutzlastbucht des amerikanischen Raumtransporters paßt, der es auf eine Erdumlaufbahn in ca. 300 km Höhe bringen wird. Dort ausgesetzt soll EURECA mit eigenem Antriebssystem auf einen Orbit in 500 km Höhe aufsteigen. Als automatisch arbeitendes, vom Boden gesteuertes und kontrolliertes Langzeitlabor kehrt es nach sechs Monaten auf eine niedrige Bahn zurück, wo es nach einer Wartezeit von bis zu drei Monaten durch den Raumtransporter und seinen Ladearm wieder eingefangen und zur Erde zurückgeführt wird, um es für den nächsten Flug vorzubereiten. Die ersten noch nicht endgültig festgelegten Nutzlasten und Experimente sollen der Materialforschung sowie biologischen und biochemischen Untersuchungen dienen. Dabei hat die Plattform gegenüber bemannten Raumstationen den Vorteil, daß Störungen, die dort durch die Bewegungen der Besatzung an Bord oder durch raketengesteuerte Flugmanöver nicht zu vermeiden sind, hier ausbleiben. Für spätere Flüge werden auch Aufgaben aus den Bereichen Astronomie, Sonnenphysik und Erderkundung vorgesehen.

Die Erdbeobachtung ist neben der Kommunikation und der Wettervorhersage durch Satelliten ein Anwendungsbereich, der besonders augenfällig den direkten Nutzen der Raumfahrt beweist. So ist es für die Europäer ein weiterer logischer Schritt, wenn sie mit dem Satelliten-Erdbeobachtungssystem ERS-1 am Ende dieses Jahrzehnts amerikanischen Vorbildern folgen. Das mehr als zwei Tonnen schwere und fast 12 m hohe, kastenförmige Gerät mit einer Lebensdauer von etwa drei Jahren soll durch Wetter- und Seegangsvorhersagen dem Schiffsverkehr und der Fischwirtschaft dienen. Es wird unter anderem Eisgang, Meeresverschmutzung und Gezeiten überwachen sowie Wind- und Wellenfelder bestimmen. Seine Daten werden Behörden, Instituten und internationalen Organisationen zur Verfügung stehen. Hauptauftragnehmer des Projekts ist die Dornier System GmbH. Das Programm wird mit Startkosten und dreijährigem Betrieb einen finanziellen Aufwand von 1,3 Milliarden DM erfordern.

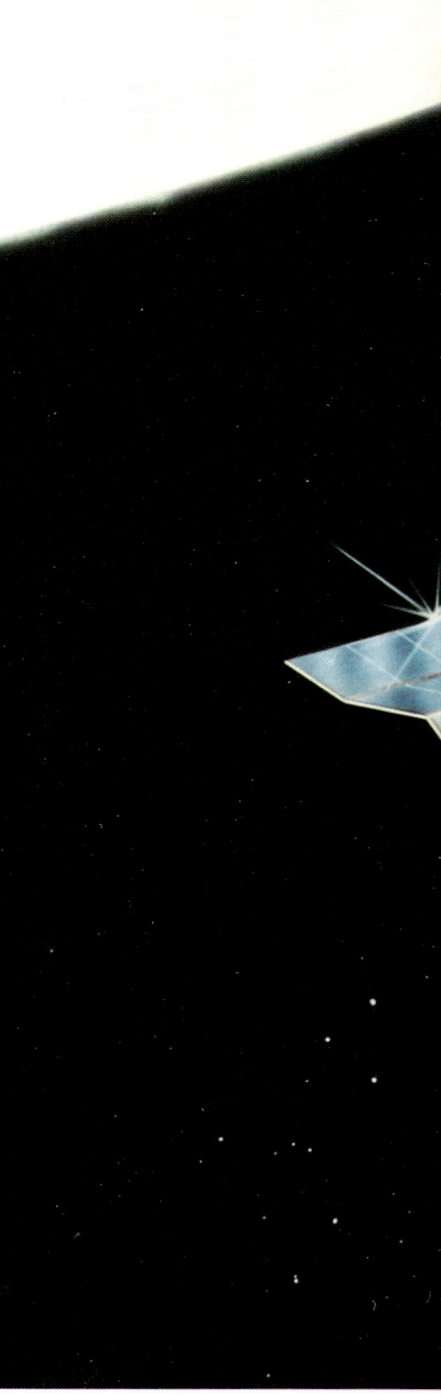

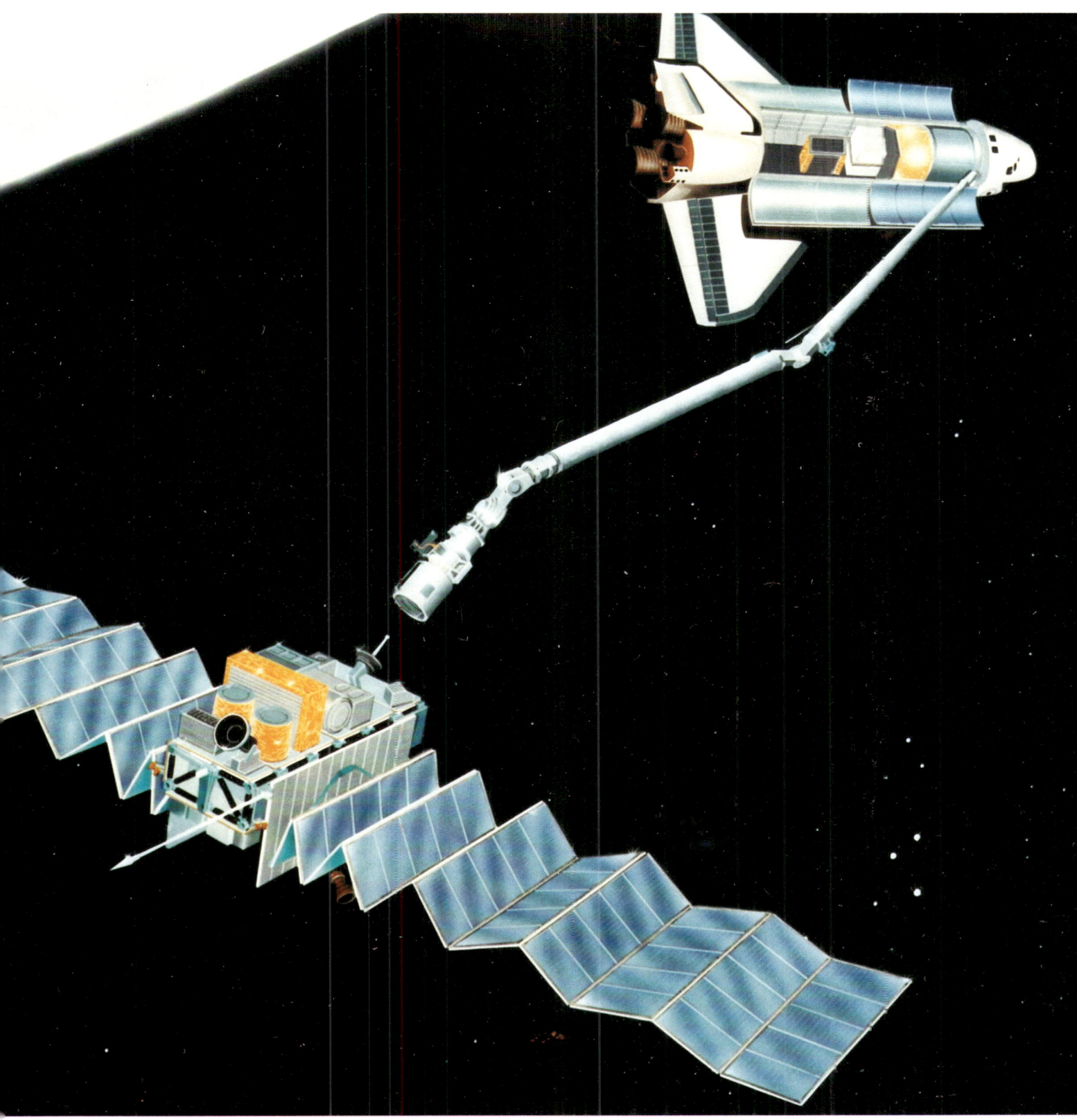

Langzeitexperimente in 500 km Höhe die vom Boden aus gesteuert und kontrolliert werden, wird die unbemannte Plattform EURECA übernehmen. Der Erstflug ist für 1988 vorgesehen.

Krieg der Sterne

Wer heute sein Informationsbedürfnis ausschließlich durch die aktuellen Nachrichten in Presse, Hörfunk und Fernsehen befriedigt, muß oft den Eindruck gewinnen, daß die Raumfahrt der Zukunft nur noch militärischen Zwecken dienen wird. Vergessen oder in den Hintergrund gedrängt werden die vielen sehr unterschiedlichen Projekte mit zivilen Zielen, die heute auf den Reißbrettern der Planungsbüros in Raumfahrtorganisationen und Industrie entstehen. Neben der Entwicklung von Satelliten für Zwecke der Kommunikation, Navigation und Meteorologie wird in der Zukunft der Bau von Sonden zur Erforschung unseres Sonnensystems vorangetrieben.

Dazu kommt als neues Feld die Nutzung der Schwerelosigkeit für die Entwicklung neuer Produkte und für die Verfahrenstechnik.

Dennoch ist nicht zu leugnen, daß die Raumfahrt wie fast alle anderen technischen Errungenschaften vom Auto bis zum Flugzeug und von der Raketentechnik bis zur elektronischen Datenverarbeitung ein doppeltes Gesicht trägt. Und es kann auch nicht vergessen werden, daß die erste moderne Rakete, noch bevor der Sprung in den Weltraum gelungen ist, keine friedliche Botschaft sondern eine Bombe transportiert hat.

Es liegt also nahe, daß sich schon wenige Jahre nach Sputnik und Explorer die Militärs auf den Plan gerufen fühlen. Ihr Interesse gilt zunächst passiven Systemen, vor allem Spionage- und Frühwarnsatelliten. Dann kommen Kommunikations- und Navigationshilfen im Weltraum zum Beispiel für die Positionsbestimmung von U-Booten und die Steuerung von Marschflugkörpern dazu. Und schon in den sechziger Jahren wird mit den sowjetischen Killersatelliten der Schritt in eine neue Dimension getan. Mit Sprengsätzen versehen sind sie in der Lage, die Satelliten potentieller Gegner in niedrigen Umlaufbahnen zu zerstören.

Was als nächster Schritt unter dem Schlagwort »Krieg der Sterne« gegenwärtig die Schlagzeilen beherrscht, erinnert den Laien zunächst an jene Phantasiefilme, in denen graugepanzerte Venusamazonen gegen Marsmenschen zu Felde ziehen oder zumindest an Pläne, zukünftige Kriege von den Schlachtfeldern der Erde in die unendlichen Regionen zwischen den Sternen zu verlagern.

Die Tatsachen sind weit nüchterner aber nicht weniger erschreckend. Jedermann weiß, daß die beiden Weltmächte USA und Sowjetunion seit Jahren Arsenale von Interkontinentalraketen unterhalten, die in der Lage sind, das Territorium eines Gegners und seiner Verbündeten in wenigen Minuten in eine Wüstenlandschaft zu verwandeln. Die Möglichkeit der gegenseitigen Vernichtung hat zu einem überaus empfindlichen Gleichgewicht des Schreckens geführt. Unter einem doppelten Damoklesschwert ist es möglich, daß der Angriff der einen Macht ohne Verzögerung den Gegenangriff der anderen Macht auslöst, und bevor die Raketen des Angreifers ihr Ziel erreichen, sind auch die Waffenträger des Angegriffenen unaufhaltsam auf ihrem Weg zum Gegner auf der anderen Seite. Was seit einer Rede des amerikanischen Präsidenten im März 1983 als »Star Wars« in das Wörterbuch des Schreckens aufgenommen ist, bedeutet, daß an die Stelle der atomaren Balance ein Verteidigungssystem rückt, dessen Ziel es sein soll, einen gegnerischen Angriff im Keim zu ersticken. In den ersten 300 Sekunden nach dem Start – so die Vorstellung der Militärs – müßten die aufsteigenden Raketen durch Infrarotsensoren aufgespürt, verfolgt und schließlich durch ein System von Strahlenwaffen vernichtet werden. Politiker fürchten indes, daß der tiefgestaffelte »Abwehrzaun« das stabilisierende Gleichgewicht außer Kraft setzen könnte und darum eine neue Eskalation der Waffentechnik die Folge sei.

Auch wenn auf diesem neuen Weg der Militarisierung des Weltraums noch erhebliche technische Hürden zu überwinden sind und die Neutronenstrahler und chemischen Laser durch Gegenmaßnahmen unschädlich gemacht werden können – es ist nicht zu übersehen, daß die Pläne der Militärs und ihre weltweite Diskussion in der Meinung vieler Zeitgenossen auch die Projekte der zivilen Raumfahrt in Mißkredit gebracht haben. Erneut wird der alte Satz beschworen, daß letztlich der Krieg der Vater aller Dinge sei. Wenn außerdem daran erinnert wird, daß bereits für das Finanzjahr 1985 Ausgaben in Höhe von 2,1 Milliarden Dollar – das sind 6,3 Milliarden DM – vorgesehen sind und für die folgenden fünf Jahre insgesamt vermutlich 25 Milliarden Dollar benötigt werden, um Planung und Vorbereitung des gigantischen Abwehrsystems voranzutreiben, denken die Initiatoren ziviler Weltraumprojekte in den USA an ihre gleichzeitig schrumpfenden Finanzen. Mit dem Etat der Militärs könnten sie bis zum Ende dieses Jahrhunderts nicht nur mehrere der geplanten Raumstationen bauen, sondern auch einen Plan wieder aufgreifen, der in den siebziger Jahren tief in den Schubladen versunken ist.

Rückkehr zum Mond

Im Januar 1972 sitzen wir in einem Frankfurter Hotel mit Wernher von Braun zusammen. Acht Amerikaner sind inzwischen auf dem Mond gelandet, vier weitere werden folgen. Dann – so sieht es der Plan der NASA vor – soll noch vor Ende dieses Jahres das Apollo-Programm abgeschlossen sein.

Das Gespräch mit dem Mann, den die Nachwelt als den Organisator des größten Weltraumunternehmens in Erinnerung behält, gilt der Zukunft. Werden eines Tages wieder Menschen zum Mond fliegen? Oder sind die Exkursionen zum Trabanten des Planeten Erde ein Irrweg? Welchen Zweck könnte es haben, auf diesem Himmelskörper eine Station oder eine Basis zu errichten?

Wernher von Braun erinnert an die Erforschung der Antarktis, die er kurz zuvor selbst besucht hat. Dorthin habe es zunächst waghalsige Entdeckungsfahrten mit Segelschiffen und Hundeschlitten gegeben. Heute fliege man diese Ziele mit Frachtflugzeugen an, die an Bord containerähnliche Laboratorien mitführten. Studenten machten dort Untersuchungen, die sie für ihre Doktor- und Diplomarbeiten benötigten. Ähnlich könnten eines Tages Wissenschaftler in Mondlabors arbeiten.

Fast genau zwölf Jahre später sind solche Pläne nicht vergessen. Aber noch immer mutet wie ein futurologischer Scherz an, was James Begg, der Direktor der amerikanischen Weltraumbehörde im März 1984 als logische Schritte eines langfristigen Konzepts bezeichnet. Zu Beginn des nächsten Jahrhunderts, so meint er, werde es eine bemannte Station auf einer Bahn um den Mond geben. »Diese Station wird es ermöglichen, die Bodenschätze des Mondes zu nutzen.« Und ungefähr um das Jahr 2010 könne eine »menschliche Kolonie« mit einer kleinen Forschungsstation auf der Mondoberfläche errichtet werden. Zehn oder zwanzig Jahre später seien dort bereits Produktionsstätten möglich. »Ungefähr um das Jahr 2040 dürfte die Kolonie auf dem Mond blühen und gedeihen. Und nur zwanzig Jahre später wird das gleiche auf dem Mars der Fall sein. Mit der Technik, die heute entwickelt wird, könnten wir große Mengen Material abbauen, unsere wirtschaftliche Tätigkeit in den Weltraum ausdehnen, und die Erde hätte den Nutzen davon.«

Raumfahrtplaner, die die Rückkehr zum Mond als ebenso folgerichtig bezeichnen wie die Kolonisierung des Wilden Westens, möchten dieses Projekt schon aus Kostengründen als ein amerikanisch-europäisches Gemeinschaftsunternehmen sehen. Ob wissenschaftlicher Außenposten oder Startbasis für Flüge zu den Planeten – vorerst wird über ein neues Mondflugprogramm allenfalls an Konferenztischen spekuliert. Detaillierte Pläne dürften noch etliche Jahre auf sich warten lassen – zumal sich das Interesse gegenwärtig ganz auf die Raumstation der neunziger Jahre konzentriert.

Indes ist eine Antwort auf die Frage, ob die Rohstoffe unseres Trabanten als Baumaterial zu nutzen sind, eine Voraussetzung für Pläne, die noch weiter in die Zukunft reichen und denen selbst wagemutige Optimisten mit Skepsis begegnen.

Die Weltraumkolonien des Professors O'Neill

Sollte es eines Tages möglich sein, daß große Gruppen von Menschen ihren Heimatplaneten verlassen, um für längere Zeit oder für immer im Weltraum zu leben und zu arbeiten? Für den 1927 geborenen amerikanischen Physikprofessor Gerard K. O'Neill ist die Frage mit ja zu beantworten. Die Idee, diese Möglichkeit zu erörtern, kommt ihm bereits 1969, im selben Jahr also, in dem Armstrong und Aldrin als erste den Mond betreten. Er kann sich dabei auf einen Mann berufen, den man längst als einen der geistigen Väter der Raumfahrt bezeichnet: Konstantin Ziolkowski, der, allerdings in Romanform, schon um die Jahrhundertwende das Leben auf einen Kunstmond beschreibt.

O'Neill, der seine Ideen von der Besiedlung des Weltraums mit fast missionarischem Eifer betreibt, macht es sich nicht leicht. Mit der Beweispflicht des Naturwissenschaftlers bedenkt, berechnet und beschreibt er in seinem Buch »The High Frontier«, das 1977 erstmals erscheint, alle Einzelheiten seines Projekts, das in seiner Kühnheit eher wie das Phantasieprodukt eines Science-fiction-Autors anmutet.

Die in den siebziger Jahren von vielen Wissenschaftlern und Publizisten beschworene Endzeit des Planeten Erde, auf dem immer weniger Rohstoffe und Nahrungsmittel auf immer mehr Menschen zu verteilen sind, die damals als ausweglos beschriebene Energiekrise und nicht zuletzt der »menschliche Tatendrang, neue Möglichkeiten und neue Entwicklungsgebiete zu erschließen«, bestärken O'Neill im Glauben an seine eigenen Voraussagen.

Drei geometrische Grundformen bieten sich ihm als »Hülle für das Leben im All« an: Kugel, Rad und Zylinder. Die Kolonisation könnte nach seiner Meinung mit einem kugelförmigen Habitat beginnen, das er »Insel Eins« nennt und das sich entweder auf einer hohen kreisförmigen Umlaufbahn zwischen Erde und Mond oder auf einem exzentrischen Orbit mit einer Umlaufzeit von zwei Wochen bewegen sollte.

Wenn sie von 10 000 Menschen bewohnt würde und 45 m² Fläche pro Person zu veranschlagen wären, müßte der Umfang dieser Kugel bereits 1,6 km betragen. Ihren Bewohnern fielen Pionieraufgaben zu. Neben der Produktion hochwertiger Erzeugnisse, die durch die Schwerelosigkeit im Weltraum möglich würde, und wissenschaftlichen Arbeiten, eignete sich dieser »Brückenkopf« besonders für den Bau von Sonnenkraftwerken, für die schon detaillierte Pläne vorlägen, und für die Errichtung weiterer Weltrauminseln. Das dafür benötigte Baumaterial müßte zunächst von der Erde zur »Baustelle« befördert, später aber auf dem Mond gewonnen werden. Als Transportgerät schlägt O'Neill eine Katapultanlage vor.

Utopie und Wirklichkeit

Am Ende der Entwicklung, die sich über Jahrzehnte erstrecken würde, sieht der Autor Weltraumkolonien, deren paarweise angeordnete und rotierende Zylinder mit Längen von 32 km und einem Durchmesser

Weltraumheimat für Millionen?

Zu den utopisch anmutenden Zukunftsplänen gehören die Weltraumkolonien, die der amerikanische Physikprofessor Gerard K. O'Neill als ständigen Wohnort im All vorschlägt.

von jeweils 6,5 km mehreren Millionen Menschen eine neue Heimstatt bieten könnten.

In immer neuen Anläufen bemüht sich der Professor, das Leben in einer solchen Kolonie, die er »Insel Drei« nennt, in bunten Farben und mit vielen Einzelheiten zu schildern: »In den Tälern gibt es kleine Dörfer, Wälder und Parklandschaften, an den Ausgängen der Täler, am Fuß der Berge Seen und auf den ufernahen Hügeln die Stadt. Das Gros der Menschen wohnt in den Dörfern, zum Besuch von Theatern, Museen oder Konzerten aber fährt man in eine nahegelegene Stadt.« Selbstverständlich wird dem Siedler im Kosmos auch nicht das Einfamilienhaus mit Garten verwehrt – getreu nach amerikanischem Zuschnitt. Denn der Mensch, seine Psyche und seine Bedürfnisse werden sich – so glaubt der Zukunftsplaner – nicht ändern. Also kein neuer Homo sapiens oder gefühlloser Apparatschik mit Maschinenhirn und kaltem Herzen!

Der Autor verzichtet auch darauf, Lebensformen und menschliche Gewohnheiten in ähnlicher Weise »hochzurechnen«, wie er es bei der Darstellung der technischen Möglichkeiten tut. Obwohl er seine Weltraumsiedler in eine bisher nur von wenigen erlebte exotische Welt befördert, beläßt er ihm die Sozialstrukturen, die er von seinem Heimatplaneten gewohnt ist. Familie, Nachbarschaft und Arbeitsgemeinschaft bleiben erhalten.

Einige seiner Schilderungen lesen sich wie die Texte einer Werbebroschüre, die ein Reiseveranstalter verfaßt haben könnte, der Reisen ins Schlaraffenland anbietet: »Bei der Vielfalt der zur Verfügung stehenden Lebensmittel, den vielen Getreidesorten, dem Brot und den Teigwaren, dem Geflügel und dem Schweinefleisch werden die Weltraumbewohner ihr Erntedankfest mit Truthahn und ihre Weihnachten mit saftigen Schinken feiern können, wie ihre Altvorderen es auf der Erde taten.«

O'Neill betont, daß seine Pläne auf der Grundlage heutiger naturwissenschaftlicher Erkenntnisse und technischer Fähigkeiten zu verwirklichen seien. Unser Know-how reiche aus, um den größten Teil der Menschheit bereits wenige Jahrzehnte nach dem Bau des ersten Habitats in kosmischen Kolonien anzusiedeln. Dabei vergißt er auch nicht Kostenrechnungen und Finanzierungsfragen, wobei er Inflationsraten gleich einkalkuliert.

Was aber ist von solchen Entwürfen, wie sie der Physikprofessor auf den Tisch legt, zu halten?

Immerhin hat sich die amerikanische Weltraumbehörde nicht gescheut, 1977 die erste Studie O'Neills über Weltraumsiedlungen als Buch zu veröffentlichen. Und das Hudson Institut, das in seinen Prognosen allerdings immer optimistischer ist als andere Zukunftsforscher hat einen Katalog von Vorhersagen herausgegeben, demzufolge bereits im Jahr 2013 die Auswanderung der Erdbewohner in den Weltraum beginnt. Schon 100 Jahre später könnten – so diese Studie – im Kosmos mehr Menschen leben als auf der Erde.

Ob man Zukunftspläne der Raumfahrt belächelt oder leidenschaftlich diskutiert – in einem Punkt wird man auch kühnen Phantasien die Berechtigung nicht absprechen: immer notwendiger wird es, zur Bewältigung von Einzelproblemen ein großes, vielleicht utopisches Ziel ins Auge zu fassen. Erst bei der sorgfältigen Beachtung des Ganzen werden alle Teile und Glieder in ihrer gegenseitigen Abhängigkeit verständlich. Manche Gedankenspiele mit unserer Zukunft im Weltraum sind schöpferische Arbeiten mit Anregungen und Vorschlägen, die uns auch dann nützen, wenn wir weiterhin Bürger des Planeten Erde bleiben.

Register

Aeros 27
Apollo 15, 19, 47, 57, 67, 87, 93, 103, 158, 193, 203
Ariane 32 ff.
Astronautenlook 111
Astronautentraining 64–127
Azur 19 ff., 46

Bundesministerium für Forschung und Technologie, BMFT 6 f., 46, 69
Bundesministerium für Wissenschaftliche Forschung 19, 27, 46

Cape Canaveral 19, 24, 58, 80, 127, 194
Chemisch-Technische Versuchsanstalt 23
Columbus 15, 195, 197

Deutsche Forschungs- und Versuchsanstalt für Luft- und Raumfahrt, DFVLR 15, 27, 29, 66 ff., 74 f., 78, 82, 150, 179, 184–189
– Experiment Computer Operations System, ECOS 186
– German Space Operations Center, GSOC 78, 80, 179, 182, 184–189
– Kontrollzentrum, siehe GSOC
– Nutzlastbetriebszentrum, siehe POC
– Oberpfaffenhofen 77, 80, 178, 179, 183–189
– Payload Operations Center, POC

D1, Deutsche Spacelab-Mission D1 15, 49, 60 f., 68 f., 73 f., 78 f., 103, 118, 123, 126 f., 142, 145, 148, 158, 161 f., 165, 167, 169, 171 f., 174 f., 180, 184, 186 f.
– Biowissenschaften 150–158, siehe auch Experimente
– Crew 64–83
– Crew Interface Coordinator, CIC 186 f.
– Experimente 78 ff., 83, 123–127, 128–181
– Life-Science 130–149, siehe auch Experimente
– Materialforschung 159–175, siehe auch Experimente
– Mission Sequence Test 78, 80, 129
– Navigationsexperimente, NAVEX 176–181, siehe auch Experimente

– Nutzlast 73, 77, 79 f., 123 ff., 152
– Prozedur 77 f., 126, 129
– timeline 78 f., 80, 126
DOMSAT 185
Dornier 25, 162, 171, 200

Entwicklungsring Nord, ERNO, siehe MBB-ERNO
EURECA 200 f.
European Launcher Development Organisation, ELDO 24, 32, 36
Europa-Rakete 24, 25, 32 ff.
Euro-Shuttle 197
European Space Agency, ESA 10, 14, 21, 36, 41, 48, 67, 71, 123, 150
European Space Operations Centre, ESOC 37
European Space Research Organisation, ESRO 25, 27, 36, 48 f.
European Space Research and Technology Centre, ESTEC 41, 50, 77 f., 150

Giotto 198

Halley, Komet 197 f.
Helios 27 ff.
Heos 25, 27
Hermes 196, 197

INTELSAT 184, 185

Johnson Space Center, JSC 80, 184, 185

Kayser/Threde 171
Kennedy Space Center, KSC 14, 58, 80, 85, 86, 93
Kopernikus 199 f.
Kodak 162
Kourou 32, 34, 35

Messerschmitt-Bölkow-Blohm, MBB, siehe MBB-ERNO
MBB-ERNO 17, 25, 29, 45, 49, 50, 56 f., 60 f., 77 f., 117, 123
METEOSAT 37 ff.
Mikrogravitation 46, 156, 185
Missionsspezialist 14, 73 f., 77, 83, 94, 117 f.

National Aeronautics and Space Administration, NASA 11, 37, 48 f., 53, 58, 61 f., 73, 77, 82 f., 184 f., 187, 193, 203
NAVSTAR 179

Parabelflug 68, 73, 76, 79, 80, 136
Power Tower 193 f.

Raketenflugplatz Berlin 22 ff.
Raumkrankheit 68, 144
Raumstation 15, 47, 48, 190–205

Saljut 117, 156, 193
Saturn 24, 87, 88, 93, 194
Schwerelosigkeit 70, 80, 102, 103, 108, 111, 112, 132, 133, 134, 135, 136, 137, 139, 141, 142, 144, 145, 147, 148, 149, 150, 151, 156, 159, 161
Shuttle Pallet Satellite, SPAS 17, 90, 126
Skylab 117, 162, 193
Spacelab 42–65, 114–127
– Abnahmezertifikat 58, 59
– Critical Design Review, CDR 58
– Deactivation 126 f.
– Druckkabine 50 ff., 58, 118
– Energieverteilungssystem, EPDS 118
– Entwicklung 43–63
– Feuerlöschsystem 120
– Hard-Mockup 56 f., 58
– Hardware 58, 61, 80, 129
– Iglu 54, 121, 122, 123
– Kabinendruck 118 ff.
– Modell 53, 56
– Modul 47, 50 f., 58, 115, 118
– Nutzlast 118 ff.
– Nutzlastintegration 60
– Palette 50, 51, 52, 54, 90, 115, 120, 122
– Payload Crew Activity Plan, PCAP 78
– Preliminary Design Review, PDR 57
– Segment 52, 58, 122, 123
– Simulator 74, 77, 78, 186
– Soft-Mockup 56 f.
– Software 57
– Spacelab-1 9, 10, 13, 14, 43, 44, 47, 68, 73 f., 77, 82, 102, 117, 118, 120, 126, 131, 172, 186
– Spacelab 1, Experimente 9, 10, 13 f., 51, 53, 67, 78 f., 81, 115, 123, 130, 134, 141, 145, 161 f., 174
– Transfertunnel 117, 123, 126
– Umweltkontrollsystem 52, 53, 118 ff.
– Wärmedämmung 118
Space Shuttle 10, 11, 13, 14, 17, 43, 49, 52, 56, 57, 62, 74, 85–113, 117, 120, 127, 182, 184 f., 194, 198
– Außentank 11, 87, 93, 95, 101
– Bremstriebwerk 110, 111
– Cockpit 93, 94, 100, 111
– Countdown 11, 14, 93 f.
– Energieversorgung 93, 118
– Entwicklung 57 f., 87
– Feststoffrakete 11, 14, 87, 88, 95, 99, 101
– Fluglage 184 f.
– Greifarm, siehe Ladekran
– Haupttriebwerk 87, 88, 94, 95, 99, 102
– Hitzeschutz 89 ff., 112
– Hygiene 108 f.
– Kabinendrucksystem 103
– Kommunikationssystem 11, 94, 112
– Ladebucht, siehe Nutzlastbucht
– Ladekran 85, 90, 106
– Landung 110 ff.
– Leibliches Wohl 103 f.
– Missionsablauf 93–113, 126, 127
– Mitteldeck 11, 14, 94, 108, 111
– Notlandung 95 ff.
– Nutzlastbucht 17, 43, 52, 90, 93, 106, 120
– Pilot 14, 74, 83, 94, 111 f.
– Schlafplatz 109 f.
– Simulator 78, 80
– Speisekarte 103, 104 ff.
Space Station, siehe Raumstation
– Toilette 108
Space Transportation System, STS 10, 13, 47, 83, 102
Spacetug 47
Standard Elektro Lorenz, SEL 178, 179
Symphonie 32 f.

Tracking Data and Relay Satellite, TDRS 57, 120, 179, 183, 184

Van-Allen-Strahlengürtel 21, 138
Verein für Raumschiffahrt 23 f.
Vereinigte Flugtechnische Werke, VFW 25

Wissenschaftsastronaut 64–83
Woomera 24 f.

Personen

Aldrin 19
Armstrong 19, 57

Bignier 62
Bluford 74, 77, 81, 83, 129

Braun, von 19, 23, 24, 203
Buchli 74, 83
Cretin 156
Dunbar 74, 77, 83, 105, 159
Einstein 181
Engel 23
Furrer 65, 66, 68 f., 73 f., 81, 82, 133, 135, 136

Gagarin 25, 58, 87
Galilei 198
Giotto di Bondone 198
Glenn 25, 67
Goddard 23, 193

Halley 197
Harrington 62
Hartsfield 74, 83
Hocker 56
Hoffmann 54, 60, 62

Kennedy 193
Kirsch 135
Kolumbus 193

Langbein 131
Littke 173 f.
Lüst 21

Matthöfer 69
Merbold 9, 13, 65, 66, 73, 77, 117, 129, 131, 135, 186
Messerschmid 65, 66, 69 ff., 73 f., 81, 82, 109, 129, 133, 136, 146, 184
Messner 102

Nagel 74, 83
Nebel 22 ff.
Nicollier 73
Nixon 47
Nordemann 57
Nürnberg, von 176

Oberth 22 ff., 30, 194
Ockels 14, 65, 66, 71 ff., 73, 77, 81, 82, 100, 111, 133, 135, 149
O'Neill 204 f.
Oser 70

Padday 162, 165
Plateau 165, 166

Reagan 193
Riedel 23
Riesenhuber 6

Schwabe 167
Stromeyer 186

Titow 25

Wever 170

Young 108

Ziolkowski 23, 194

Bildquellen

Ahlborn, A., und Mitarbeiter: 174
Bär, H.-J.: 76/77
BMFT: 6/7, 195
Brandt, T.: 145 (unten)
Cogoli, A.: 156
Cordes, R.: 134
CNES (Centre National d'Etudes Spatiales): 196
DFVLR: 64/65, 72/73, 75 (Freigabe: Regierungspräsident in Düsseldorf, Freigabenummer ON 645), 79 (unten), 136 (oben), 141, 158, 182/83, 188/89 (Freigabe: Regierung von Oberbayern, Freigabenummer GS 300/9825/84), Umschlag (vorne)
Dornier: 197
Ecker, A.: 175
ELDO: 25
ESA: 8/9, 10/11, 12/12, 13 (2), 15, 31, 34, 35, 36, 38/39, 39, 40/41, 42/43, 44, 48, 60/61, 62/63, 71 (2), 114/15, 130, 143, 148/49, 153, 163, 200, 201
ESTEC: 26, 154, 155
Eyer, A.: 172
Furrer, R.: 69, 132, 135, 136 (unten)
Hahn, H.-M.: 56, 133, 187
Kodak/Padday, J. F.: 166
MBB: 28, 32/33
MBB-ERNO: 20, 49, 50/51, 52, 54/55, 59, 60, 68, 70, 78, 80, 116, 119, 121, 122/23, 124, 125, 126/27, 128/29, 140, 142, 151, 152, 162, 168, 171, 178, 184, 185, 192, Umschlag (hinten rechts)
Messerschmid, E.: 66, 70 (unten)
NASA: 16/17, 81, 82/83, 84/85, 86, 89 (unten), 90, 90/91, 92, 93, 94/95, 96, 96/97, 97, 98, 99, 101 (oben), 102, 103, 106, 107, 109, 112, 113, 145 (oben), 146, 204/05, Umschlag (vorne)
Ravenswaay, D. van: Umschlag (hinten links), 177, 181
Reeken, J. van: 156/57
Richter, J., und Mitarbeiter: 169 (unten)
Schwabe, D.: 167
USIA: 190/91
USIS: 18
Westermann Verlag: 46/47, 79 (oben), 87, 88, 89 (oben), 100, 101 (unten), 108, 110, 160, 160/61, 164 (Padday), 166 (oben), 167 (oben, Schwabe), 169 (oben), 170/171, 172 (unten), 173 (Langbein), 174, 179

D1-Mission: Experimentatoren

LIFE SCIENCE

F. Baisch, DFVLR, Köln; R. v. Baumgarten, Univ. Mainz, J. Draeger, Univ. Hamburg; A. D. Friederici, J. M. Levelt, MPI, Nijmegen; M. Hoschek/J. Hund; L. Young, MIT, Cambridge; K. Kirsch, FU Berlin; H. E. Ross, Univ. Stirling

BIOWISSENSCHAFTEN

M. Bouteille, Univ. Paris; H. Bücker, DFVLR, Köln; O. Ciferri, Univ. Pavia; A. Cogoli, ETH Zürich; J. Gross, Univ. Tübingen; R. Marco, Univ. Madrid; H. D. Mennigmann, Univ. Frankfurt/M., D. Mergenhagen, Univ. Hamburg; J. Neubert, DFVLR, Köln; G. Perbal, Univ. Paris; H. Planel, Univ. Toulouse; V. Sobick, DFVLR, Köln; R. R. Theimer, Univ. München; R. Tixador, Univ. Toulouse; G. Ubbels, Univ. Utrecht; D. Volkmann, Univ. Bonn

MATERIALFORSCHUNG

H. Ahlborn, Univ. Hamburg; K. W. Benz, Univ. Stuttgart; A. Bewersdorff, DFVLR, Köln; B. Billia/J. Favier, Univ. Marseille; R. K. Crouch, Langley R. C., USA; J. Da Riva, Univ. Madrid; D. E. Day, Univ. Missouri-Rolla; A. Deruyttere, Univ. Leuven; A. A. H. Drinkenburg, Univ. Groningen; J. Dupuy, Univ. Lyon; A. Ecker, RWTH Aachen; J. J. Favier/D. Camel, CEN, Grenoble; H. Fischmeister, MPI, Stuttgart; Chr. Frischat, TU Clausthal; H. S. Gelles, Columbus, USA; M. Harr, Battelle-Inst., Frankfurt/M.; H. Klein, DFVLR, Köln; H. Kölker, Wacker-Chemie, München; D. Langbein, Battelle-Inst., Frankfurt/M.; J. C. Launay, Univ. Bordeaux; J. C. Legros, Univ. Brüssel; W. Littke, Univ. Freiburg/Br.; Y. Malmejac, CEN, Grenoble; G. Müller, Univ. Erlangen-Nürnberg; R. Naehle, DFVLR, Köln; L. Napolitano, Univ. Neapel; D. Neuhaus, DFVLR, Köln; I. H. Nieswaag, TH Delft; R. Nitsche, Univ. Freiburg/Br.; J. F. Padday, Kodak Ltd., Harrow; J. Pötschke, Krupp-FI, Essen; R. B. Pond, Marvalaud Inc., USA; C. Potard, CEN, Grenoble; J. P. Praizey, CEN, Grenoble; S. Rex, RWTH Aachen; J. Richter, RWTH Aachen; D. Schwabe, Univ. Gießen; H. Sprenger, MAN, München; J. Straub, TU München; H. M. Tensi, TU München; J. P. B. Vreeburg, NAL, Amsterdam; H. Wever/G. Frohberg, TU Berlin; H. Wiedemeier, Rens. Polyt., Troy

Hinweis

Weitere Informationen zu den wissenschaftlichen Zielen der während der D1-Mission ablaufenden Experimente enthält eine von der wissenschaftlichen Projektführung D1 zusammengestellte Broschüre mit dem Titel „Wissenschaftliche Ziele der deutschen Spacelab-Mission D1/Scientific Goals of the D1-Mission". Die Broschüre kann bezogen werden bei:

WPF D1
c/o DFVLR
Postfach 90 60 58
D–5000 Köln 90

Reinhard Furrer — FLIEGEN, das sind AUGENBLICKE wie diese

„Ohne Flieger ist der Himmel nur Luft", meint D1-Wissenschafts-Astronaut und Langstrecken-Flieger Reinhard Furrer in seinem Buch „Fliegen, das sind Augenblicke wie diese". In eindrucksvollen „Wort-Fotografien" und gleichermaßen phantastischen Farbbildern skizziert Reinhard Furrer mit unverwechselbarer Sprache Momente und Empfindungen, die das Fliegen auch heute noch zum profunden und elementaren Erlebnis werden lassen. Ein großartiges Fliegerbuch, von hohem literarischen Anspruch, für Flieger und Nichtflieger und vor allem jene, die sich den Blick für das Wirkliche bewahrt haben.

216 Seiten, zahlreiche, großformatige Farbbilder; zu beziehen über jede Buchhandlung (ISBN 3-923338-02-3) oder den Verlag Dr. Neufang KG, Abteilung W, Nordring 10, Postfach 5, D-4650 Gelsenkirchen-Buer. Postkarte genügt.